本书获得宜宾学院学术著作出版基金

智慧学习环境构建

陈金华　著

国防工业出版社
·北京·

内 容 简 介

本书在论述关于学习、学习理论和学习环境的基础上,分析了环境构成的智慧地球概念框架,智慧城市的功能、模型、系统和蓝图以及智慧校园的环境感知、体系架构,特别是在构建智慧学习环境的关键技术,包括云计算技术、物联网技术、增强现实技术、普适计算技术、移动通信技术、人工智能技术等,以及智慧学习环境构建的模型架构、学习资源、学习技术、未来教室等方面的最新研究进行了详细论述,使读者对智慧学习环境具有更深入的理解和认识,对促进学习理论的发展与应用具有重要的价值。

本书适合于信息类、计算机类、教育技术类等专业研究生、高年级本科生阅读,还可供教育信息化、数字化环境建设以及从事教育教学等相关领域的研究人员、教师参考使用。

图书在版编目(CIP)数据

智慧学习环境构建 / 陈金华著. —北京:国防工业出版社,2013.9
ISBN 978-7-118-09117-5

Ⅰ.①智… Ⅱ.①陈… Ⅲ.①互联网络—应用②智能技术—应用 Ⅳ.①TP393.4②TP18

中国版本图书馆 CIP 数据核字(2013)第 229524 号

※

国防工业出版社出版发行

(北京市海淀区紫竹院南路 23 号 邮政编码 100048)
北京奥鑫印刷厂印刷
新华书店经售

*

开本 787×1092 1/16 印张 11 字数 288 千字
2013 年 9 月第 1 版第 1 次印刷 印数 1—2000 册 定价 76.00 元

(本书如有印装错误,我社负责调换)

国防书店:(010)88540777 发行邮购:(010)88540776
发行传真:(010)88540755 发行业务:(010)88540717

序　言

　　基于计算机的学习诞生于 20 世纪 50 年代末期,60 年代随着人工智能的研究与计算机的发展产生了智能计算机辅助教学系统。这些系统主要从教学角度进行开发,而非围绕学生学习中心;虽然能控制不同层次学生的学习,但不能给学生提供自由探索的空间;要么认为学生具有很多知识,要么认为学生知识不足;把学生个体特征强行纳入概念系统,且对用户的交互限制太多。20世纪 70 年代后,人工智能技术有了很大的发展,专家系统大量出现,促使计算机教学研究人员在教学系统中应用人工智能技术,以使教学行为更加有效,促进了智能教学研究的发展。20 世纪 80年代,智能教学系统大量出现。90 年代后,随着智能学习环境(Intelligent Learning Environment,ILE)和智能教学系统开发工具研究的发展,智能教学研究继续向前发展。人们开始尝试从建构主义学习理论出发建立智能学习环境,以克服智能教学系统的不足。进入 21 世纪,智慧学习环境的构建引起了很多学者的高度重视,特别是云计算(Cloud Computing)、物联网(The Internet of Things)、增强现实技术(Augmented Reality)、普适计算技术(Pervasive Computing 或者 Ubiquitous Computing)、移动通信技术(Mobile Communication)和人工智能技术(Artificial Intelligence)的发展,以及新课程背景与教育教学改革突飞猛进,构建智慧学习环境,开发和应用智慧学习技术成为学习研究的必然选择。

　　对于智慧(能)学习环境,有众多的论述。典型论述认为它是一种场所、活动空间或工具,它能激发学生学习兴趣,能通过活动引导学生建构式地学习,同时强调概念的理解;认为智慧学习环境以学生为中心,提供丰富的教学材料,支持实时信息访问,建立个性化学习模式,构建自动易用的工具集,允许方便的互动交流;认为智慧学习环境具有开放性、合作性和异步性,自主驱动的,具有交互性、交流性、合作性和导航性,它不仅提供丰富的学习资源,而且便于不同学习群体之间有意义的交互。马来西亚学者 Chin 认为,智慧学习环境是一个以信息通信技术的应用为基础、以学习者为中心的且具备以下特征的环境,可以适应学习者不同的学习风格和学习能力,可以为学习者终生学习提供支持,为学习者的发展提供支持。北京师范大学黄荣怀教授认为,智慧学习环境应具有 3 个特征:其一,智慧学习环境应实现物理环境与虚拟环境的融合;其二,智慧学习环境应更好地提供适应学习者个性特征的学习支持和服务;其三,智慧学习环境既支持校内学习也支持校外学习,既支持正式学习也支持非正式学习。他认为,智慧学习环境是一种能感知学习情景、识别学习者特征、提供合适的学习资源与便利的互动工具、自动记录学习过程和评测学习成果,以促进学习者有效学习的学习场所或活动空间。智慧学习环境是普通数字化学习环境的高端形态,是教育技术发展的必然结果。

　　对于智慧学习环境,本书基于前沿思维(Thinking)、前沿理论(Theory)和前沿技术(Technology)构建。本书总体架构模型如下图所示。

　　图中,前沿理论包括活动理论、沉浸理论、基于案例的学习理论、认知负荷理论、情境认知理论、关联主义学习理论和分布式认知理论等;前沿思维包括智慧地球、智慧城市、智慧校园再到智慧教室;前沿技术包括云计算技术、物联网技术、增强现实技术、普适计算技术、移动通信技术和人工智能技术等。总体架构模型代表当今前瞻性思维、前瞻性开发和前瞻性应用的学习环境。

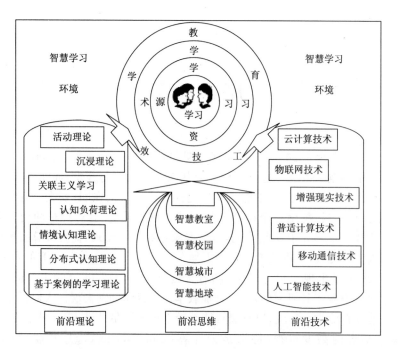

本书共 10 章。第 1 章为智慧学习环境概述,主要介绍关于学习、学习理论、学习环境研究以及智慧学习环境的提出;第 2 章是智慧地球概念的提出,主要介绍智慧地球概念、基本特征、主要内容、体系框架、重要价值等;第 3 章是智慧城市的形成,主要介绍智慧城市的主要功能、参考模型、架构体系、平台架构、信息系统、发展蓝图等;第 4 章是智慧校园的构建,主要介绍智慧校园的功能特征、环境感知、体系架构等;第 5 章是智慧学习环境构建的关键技术,主要介绍云计算技术、物联网技术、增强现实技术、普适计算技术、移动通信技术、人工智能技术等;第 6 章是智慧学习环境构建的架构模型,主要介绍智慧学习环境构建的系统模型、通用模型、情境模型、协同模型、联通模型、WebX 模型、分布式模型等;第 7 章是智慧学习环境构建的学习资源,主要介绍国际主流学习资源标准、学习资源的服务、学习资源的进化、学习资源的检索;第 8 章是智慧学习环境构建的学习技术,主要介绍智慧学习环境中的工具支架、协同学习、移动学习、互动体验、交互阅等;第 9 章是智慧学习环境构建的智慧教室,主要介绍智慧学习环境中未来教室的技术、特征、构建、应用等;第 10 章是智慧学习环境工效学研究,主要介绍智慧学习环境中的人机系统模型、人体机能特征、典型要件设计、移动交互模型等。

本书撰写得益于在北京师范大学做高级访问学者期间,北京师范大学教育学部副部长、博士生导师黄荣怀教授的指导;得益于陕西师范大学博士生导师傅钢善教授的支持、关怀、帮助与建议。本书在编写过程中参考了很多专家学者的专著、论文及网络资源,有的出处难以考证或丢失,可能存在疏漏,特向相关作者表示衷心感谢!

由于本书作者水平有限,书中欠妥和纰漏之处在所难免,恳请读者和同行不吝指正。

陈金华
2013 年 7 月 6 日

目　　录

第1章 智慧学习环境概述

1.1 关于学习的研究

1.1.1 学习概述

人类学习是一种情境濡染熏陶和能动的适应性习得过程,课堂学习既不是唯一的学习方法,也不是最佳的学习路径。那么,什么是学习?从行为学的视角考察,学习是学习者行为的改变;从信息科学的视角考察,学习是学习者知识经验即信息的获取;从社会学的视角考察,学习是学习者的社会化过程。认知理论认为,学习的实质就是获得符号性的表征或结构,并应用这些表征或结构的过程。情境理论则认为,学习的实质是个体参与实践,与他人、环境等相互作用的过程,是形成参与实践活动的能力、提高社会化水平的过程。学习更多的是发生在社会环境中的一种活动。

Saljo 通过研究分析出学习者的学习观有 5 种:①学习是知识的增加,教师拥有给学生的知识,学习就是教师把知识像往瓶子里倒水一样注入学生头脑中,学习者只是被动接受;②学习就是记忆,是无关事实的积累,在这种学习中,学习者只是生搬硬套、机械重复;③学习就是获得技能,如读、写、计算能力,学习者通过大量练习使技能达到自动化;④学习是获得和运用新信息对已有知识进行更新、修改,学习者表现出积极、主动的态度;⑤学习是理解现实,其过程与④相似,但它还能使人以不同的方式观察世界、思考问题。Van Russum 和 Schenk 发现,持有上述前 3 种观点的学习者多采取"浅层学习法",他们只是把学习材料"克隆"一遍而已;而后两种观点的学习者多采取"深层学习法",他们思考学什么,寻求理解、发展学习材料、改变已有知识。乔纳森曾概括出学习的 13 种观点,认为:学习是大脑中的生物化学活动;学习是相对持久的行为变化;学习是信息加工;学习是记忆和回忆;学习是社会性协商;学习是思维技能;学习是知识的建构;学习是概念转变;学习是活动;学习是境脉性变化;学习分布于共同体之中;学习是根据环境给养调适感知;学习是混沌的等。从这些纷繁多样的研究背后,可以区分出 3 个公理性的假设:①学习是计算的(Computational);②学习是社会性的(Social);③学习是由连接感知和行动的大脑回路支持的,且极其复杂的大脑构制(Machinery),是需要持续适应和塑造的。如果从这 3 个基本假设出发,并参照研究工作的侧重,就可以将关于人类学习的不同视角的研究工作划分为围绕学习的"认知机制"、"社会境脉"和"设计"的 3 股研究力量,它们彼此关联和交汇,构成了当下国际学习科学领域的学术共同体。

学习在人类的活动中无所不在,戴维·乔纳森(David H. Jonassen)博士曾经在《学会用技术解决问题》一书中总结过,学习是大脑的生化活动,学习是相对持久的行为变化,学习是信息加工,学习是记忆与回忆,学习是社会协商,学习是思维技能,学习是知识建构,学习是概念的转变,学习是境脉的变化,学习是活动,学习分布在共同体中间,学习是根据环境给养调适感知,学习是混沌。所有的这些都是有意义的学习。有意义学习的 5 种属性如图 1.1 所示。

即有意图的(反思的、调整的)、主动的(操作的、关注的)、建构的(清楚表述的、反思的)、合作的(对话的、协作的)、真实的(复杂的、情境的)。这 5 种属性彼此关联、相互作用、相互依赖。

在教育界,学习被认为是人类个体在认识与实践过程中获取经验和知识,掌握客观规律,使身心获得发展的社会活动。这种观点把学习当作一种社会活动来进行考察,因此这种观点认为学习的本质就是人类个体的自我意识与自我超越。在心理学界,关于学习的定义是:学习是指人和动物因经验而引起的倾向或能力相对持久的变化过程。心理学界侧重点是考察学习的心理过程,而且很明显,心理学中的学习的概念更为客观,认为学习的本质就是产生了变化。著名的人工智能学家西蒙(Simon)认为:学习是系统内部的适应性变化,使系统在以后从事同一任务或同一问题范围中类似的任务时效率更高。此外,还有许多不同或类似的定义,大致可以归结出:学习就是获得明确的知识,是系统自身性能的改进或效率的提高。

当今,心理学、脑科学、教育研究和机器学习4大领域的研究成果已被公认为是学习科学的关键基础。来自国际学习科学权威组织(如国际学习科学学会 ISLS)、研究机构及权威学术期刊(如《Science》、《The Journal of the Learning Sciences》)的成果表明,对当今国际基础教育的变革与发展影响最大的学习科学研究的丰硕成果主要集中于5大范畴,即记忆与知识的结构、问题解决与推理、学习的早期基础、元认知过程与自我调节、文化体验与共同体参与,如图1.2所示。

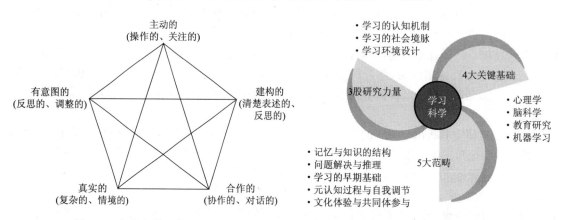

图1.1 有意义学习的5种属性　　　　图1.2 学习科学的关键基础、研究范畴和力量

学习科学在促进有意义学习的学习模式中要求学习者:①在新的观念、概念与先前的知识、经验之间建立联系;②把自己的知识整合到彼此关联的概念系统中;③寻求模式和根本原则;④对新的观念进行评估,并把它们与结论相联系;⑤理解知识创造的对话过程,批判性地检验某论点的逻辑性;⑥对自己的理解和学习过程进行反思。

学习科学家提出,信息技术应该承担起变革学习和教育的重要作用。机器不应该作为教师或专家权威的替代品,仅仅发挥传递信息的功能,它应该能够发挥更具促进性和支撑性的作用,帮助学习者去获得促进深度理解的经验,即把抽象的知识用具体的形式进行表征,让学习者通过视觉化方式和言语方式清晰阐述知识的发展,清晰阐述、反思和学习的复杂设计过程,利用网络可以让学习者分享和整合他们的理解,并从协作学习中获益。

1.1.2 学习的认知模型

人工智能专家温斯顿对学习的概念及本质进行了专门探索,在《人工智能》一书中他将学习分成4类:①根据被编制的程序而学习;②根据指示而学习;③根据观察样品而学习;④根据发现而学习。他还认为学习是一个包括各类学习的嵌套式的层次结构系统。学习形式每上升一类都在已有的简单学习类型的机制上再加上一些东西。他的学习认知模型如图1.3所示。

正是温斯顿学习认知模型,使我们对学习的本质进

图1.3 学习的认知模型

行研究和解读有了依据和深层次理解,同时也使得人类的学习有了被计算机模拟和实现的可能性。

1.1.3 人类学习的本质

人类的学习是一个积极、主动的建构过程,学习者不是被动地接受外在信息,而是根据先前认知结构主动地有选择性地感知外在信息,建构当前事物的意义,这就是学习的本质。而学习本质的关键,就是在新知识与已有的概念之间建立起一座认知的桥梁。人类学习的本质在于:①学习是人类所特有的个体化、社会化的活动;②学习的对象是一切人类知识及创造的文明;③学习的机制是将外部信息不断转化为学习者的内在智慧;④学习的结果是学习者学习系统的完善和优化;⑤学习的目的是认识和改造主、客观世界。

有学者把学习的本质描述为学习的动力、能力、毅力和创造力,即学习力。这种观点认为,学习的动力是指学习的动机和需要。学习的动机取决于学习的需要,因此,要解决学习的动力问题,首先需要解决学生对于学习的内在需要,只有内在需要,学生才能主动地、积极地学习;学习的能力是指学习的方法和学习的策略。当学习的方法正确、策略有效时,学习的能力也就会形成,学习的毅力是指学习行为的强度和持久性。尽管学习的毅力与学习的动力、学习的能力有着很大的关系,但是,它和人的个性特征和行为习惯有着更加密切的联系。所以,特别应该关注学习者的意志、耐力、勇气和乐观进取的精神。学习的毅力能够使学习者持续学习;学习的创造力是指学习者对学习的改造、运用与创新。学习并不是机械地接受,不是简单的模仿,不是"死记硬背",也不只是积极的消化吸收和融会贯通、纠正和改造旧有知识,更重要的是举一反三、灵活运用,甚至是根据已学知识,结合自己的经验与想象,进行创新,这是学习力的最有价值的内容,是学习力的最高境界。学习力具有从低级到高级的4个要素:学习的动力、能力、毅力和创造力,它们相互联系、相互依赖、相互促进、相得益彰,决定着学习者的学习技巧和水平。

1.1.4 学习的分类

Rosemary J. Stevent 和 Joy A. Palmer 在《学习的原理、过程与实践》一书中指出,学习可以分为内隐学习和外显学习。内隐学习是人和动物所共有的能力,在无意识情况下发生。这种学习包括注意世界的规律性并不断对这种规律做出反应,在动物界被称为条件反射。通过内隐学习习得的知识称为内隐知识,内隐知识存在于日常生活中,是难以描述的。内隐知识可以通过外显学习习得,在经过反复练习达到自动化程度后,这种新型的内隐知识就是自动化的技巧性知识,成为对新学习起重要作用的原有知识。外显学习是人类特有的学习能力,需要意志努力和巧妙思考,是在学校或其他教育机构中培养形成的。外显学习通过理解、问题解决、记忆3个步骤实现。

当今,有学者把学习分为正式学习与非正式学习两类,正式学习是指有组织、预先设定了时间和地点、有明确学习目标的学习形式,如课堂学习、培训学习和讲座学习。非正式学习是相对于正规的学校教育或企业培训学习等而言的,指在工作、生活、社交等非正式学习时间和地点接受知识的学习方式。事实上,任何学习都是发生在一定的学习情景之中的。黄荣怀教授将学习情景归类为5种,如表1.1所列。

5种学习情景的基本特征如表1.2所列。

黄荣怀教授认为,有明确学习地点、学习事件和学习伙伴的学习情境,通常是班级教学或学习辅导等形式,以"课堂听课"为代表;学习地点、学习事件和学习伙伴都不明确,典型的形式是自学,以"个人自学"为代表;学习地点、学习事件和学习伙伴这3个要素中至少有一个是不明确的,因而又可分为3种类型,分别以"小组研讨"、"做中学"和"在实际工作中学习"为代表。

表 1.1　5 种典型的学习情景

学习情境	学习活动	学习地点	学习时间	学习伙伴
课堂听课 （集体）	·教师面对面讲授 ·预备的教学内容	固定的授课 环境	固定的时间	班级同学
个人学习 （个体）	·特定的学习内容 ·预设的学习目标 ·专门的评价要求	（不明确）	（不明确）	（不明确）
研讨性学习 （小组）	明确的研讨主题	（不明确）	相对集中的 讨论时段	·适度的成员规模 ·强有力的组织者
边做边学 （群体）	·与任务匹配的评价 ·与学员匹配的支持	与环境匹配 的组织	与目标匹配 的任务	（不明确）
基于工作的学习 （群体）	·植根于工作的学习内容 ·与工作强度匹配的任务	"工作" 公所	（不明确）	·"工作"伙伴 ·适合于学习的人际关系

表 1.2　5 种学习情景的基本特征

学习情景	优势	不足或挑战	依赖条件
课堂听讲 （集体）	·易于组织 ·"感觉"轻松	·通常以记忆为主 ·较少交流机会	·教师授课技能 ·对内容的兴趣
个体自学 （个体）	·时间与地点灵活 ·通常节省时间	·容易产生孤独感 ·不易获得帮助	·材料的可读性 ·个人学习兴趣
研讨性学习 （小组）	·容易产生兴趣 ·更多交流机会	·时间花费较多 ·容易"搭便车"	·组长的组织能力 ·良好的人际关系
边做边学 （群体）	·容易产生兴趣 ·学习效果佳	·不易获得帮助 ·不一定能通过"考试"	·工作任务的设计 ·学习的支持服务
基于工作的学习 （群体）	·工作产生学习兴趣 ·"学以致用"	·"工"与"学"的矛盾 ·不一定能通过"考试"	·群体的学习氛围 ·个体的学习技能

1.2　关于学习理论研究

1.2.1　基于案例的学习理论

基于案例是认知科学和人工智能领域建立的一种可信服的认知模式,它作为一种概念性框架被应用于人工智能领域专家系统的设计中,以提高智能机器解决复杂问题的智能化程度。基于案例在人工智能领域的应用研究的确有益于人类学习的研究,不仅促成了有用的问题解决应用程序的创建,而且明确阐述了人类解决问题的认知过程。基于案例利用专家过去经验来解决问题的认知过程引发了一些关于学习本质特征的新认识,而且还产生了一些关于有效地促进学习的新建议,由此赋予了"人是如何学习的"一些新内涵。基于案例的学习认为:①学习是案例的积累过程,拥有案例是专家能够解决复杂和不确定性问题的根本原因;②学习是案例的索引过程,案例索引的过程就是经验学习的过程;③学习是经验预期的失败过程,学习本质是一个发现失败的过程,这个过程对智力的形成是最基本的,是一种自然行为;④学习是案例的反思过程,反思对于创建索引、理解经验、提出和评价解决方案来说是极其重要的。

学习就是不断地审视和重新使用以前积累的经验特征,学习者不仅要注重对于经验的积累和描述,而且要进行解释,使经验得到深层次的解读和理性提升,从而形成经验法则。

1. 基于案例学习的认知特征

案例作为推理基元,进行分析、判断和决策等推理。这是人们对于具体知识的获取、经验积累以及思维的适应性变化过程,也是人最自然和最常用的问题解决和学习过程,基于案例学习的认知特征如图1.4所示。

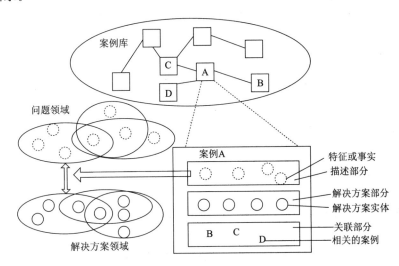

图1.4　基于案例学习的认知特征

人类在发展过程中积累了大量的经验知识,这类知识大都以案例的形式存储在人的头脑中,正是这些案例知识决定了人们解决问题的判断和决策;反过来,又提高人类的记忆、推理和解决问题的能力。案例库中的案例是比较客观且真实地记录了事件发生的背景、人物等境脉信息,这些信息能够使人们在动态的情境中把握规律、寻求答案、启迪和引导人们思考和决策。案例是一种以对实际情境的描述而引起的分析、讨论、演绎、归纳、最终解决实际问题的方法。

在问题解决的过程中,如果某一单个案例是恰当的,而且也得到了恰当的改造,那么它就能够为人们提供指导。问题解决源于"原案例"与"目标案例"之间的相似程度。当专家面对一个新情境或一个新问题时,他可以利用恰当的策略从他的记忆库中检索出恰当的故事,然后通过类比推理来解决问题。

2. 基于案例学习的认知过程

在问题解决过程中人们习惯于用与过去相似的案例来解决当前问题,以此为基础通过类比推理得以解决遇到的新问题。奥莫特(A. Aamodt)和普拉扎(E. Plaza)认为,基于案例是由检索(Retrieve)、重用(Reuse)、修正(Revise)和存储(Retain)4个阶段组成的一个循环过程,也称为4R认知模型,如图1.5所示。

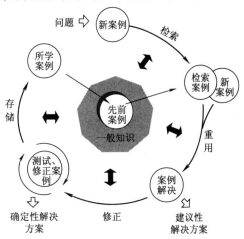

图1.5　奥莫特和普拉扎4R认知模型

5

根据奥莫特和普拉扎 4R 认知模型,首先要根据新问题的特征在案例库中检索相似案例,即从记忆中提取先前案例知识的过程。一旦相似的案例被检索到,这个案例将被用来适应新的问题情境,即案例的重用过程。案例的重用过程是一个非常重要的认知过程。检索到的案例在重用到新问题时,往往会有两种境遇,即成功或失败。每当对预期遭遇失败时,就需要解释它,不让其再发生;每当对预期获得成功时,也要解释它,以便以后再重用。无论检索到的案例成功地解决了新的问题,还是它在解决新的问题时遭遇失败,这对问题解决者而言都是很有价值的经验知识,即将其存储于案例库。有了案例存储,人就可以学习更多的案例,以获得更多的经验知识。从图 1.5 还可以看出,奥莫特和普拉扎把一般知识(General Knowledge)放在中心位置,这意味着他们强调一般知识在基于案例推理过程中也起着重要的支持作用,这个支持范围依据基于案例方法的类型从弱到强。

1.2.2 认知负荷理论

认知负荷理论(Cognitive Load Theory,CLT)是由澳大利亚教育心理学家 J. Sweller 及其同事于 1988 年提出的一种新的关注短时记忆负荷的教学设计理论,认知负荷是在某种场合下施加到短时记忆中的智力活动的总的数量,对认知负荷起主要作用的是短时记忆必须注意内容数量。

1. 认知负荷理论的基本观点

(1)人类的记忆主要包含短时记忆和长时记忆。短时记忆是信息加工的主要场所,其容量极为有限;长时记忆是信息的储存场所,其容量可视为无限,它所储存的信息必须被提取到短时记忆中才能被加工。

(2)短时记忆是信息加工的主要场所,但它的容量很小,只能同时存储 7 个左右或者加工 2~3 个信息单元。短时记忆对于信息的保存时间也很短,只有 1min~2min,除非信息得到进一步加工进入长时记忆,否则将会被遗忘。

(3)长时记忆是信息存储的主要场所。长时记忆的容量是无限的,且存储的信息永远不会被遗忘。

(4)信息存储的模块化和信息加工的自动化。信息存储的模块化是指信息大多以图示(Schema)的形式存储在长时记忆中,图示是结构化的信息。信息加工的自动化是指当信息经过多次加工可以达到熟练的自动化程度,此时加工速度很快,而且占用的认知资源非常少。认知负荷理论认为,促进图示的建构和加工的自动化是降低认知负荷的两种最主要方式。

(5)认知加工可分为两类,即控制加工和自动加工。前者是一个有意识的序列性的加工过程,速度较慢,需要占用注意资源;后者是一个快速的、自动的并行加工过程,可不经意识的控制而发生,几乎不占用注意资源。

(6)储存在长时记忆中的知识是有结构的,图式是知识表征的基本单位。图式建构可把多个元素组织成一个整体,从而减少短时记忆中信息加工单元的数量;图式的自动化水平不同,高度自动化的图式在激活时不需要有意识控制和资源消耗。

2. 认知负荷理论的分类

根据影响认知负荷的基本因素,可以将认知负荷分为内在认知负荷(Intrinsic Cognitive Load)、外在认知负荷(Extraneous Cognitive Load)和关联认知负荷(Germane Cognitive Load)3 类。

(1)内在认知负荷。内在认知负荷是指由学习材料的难度水平带来的负荷。学习材料的难度可分为绝对难度和相对难度两个方面。绝对难度是指它本身的复杂程度,反映在它包含的信息元素的数量及这些元素间的关联度;相对难度是指同样的学习材料在不同知识水平的学习者身上有不同的反映。学习材料的这两种难度,实际上分别对应了学习材料的性质和学习者的经验两个方面。由于内在认知负荷取决于学习材料的性质及学习者的经验水平,反映了获得某种图式所必需的同时在短时记忆中加工的信息元素的量,所以在既定学习条件下,它较难改变。

(2)外在认知负荷。外在认知负荷是指由学习材料的呈现方式及其所要求的学习活动带来的,与学习过程无关的活动引起的,不是学习者建构图式所必需的,因而又称无效认知负荷(Ineffective Cognitive Load)。认知负荷理论者认为,外部认知负荷主要由教学设计引起,如果学习材料的设计和呈现方式不当,就容易给学生带来较高的外在负荷,干扰其学习。

(3)关联认知负荷。关联认知负荷是指在新的图示建构或图示自动化的过程中占用的认知资源。例如,学生听课时做笔记,它能促进学习;教师讲课时补充例子,有助于概念、原理的理解。与外在认知负荷一样,关联认知负荷也与教学设计有关。良好的教学设计会适度增加学生的关联认知负荷,使之在图式建构中投入更多的努力,寻求更好的信息加工策略,从而提升其学习质量。

认知负荷理论者认为,内在认知负荷、外在认知负荷和关联认知负荷是相互依存的、是可以累加的。它们的总和如果超出了短时记忆的总体承载能力,就会使学习陷入困境。由于内在认知负荷是一种基本负荷,除非通过建构另外一些图式或者使先前获得的图式自动化,否则就不易减少。这意味着,借助认知负荷调控来影响学生的学习,其重心应该放在降低外在认知负荷或增加关联认知负荷两个方面。

3. 认知负荷水平表征

谢和赛尔文迪斯(Xie & Salvendy)创造性地对认知负荷水平做了不同区分:瞬时负荷、峰值负荷、平均负荷、累积负荷、总体负荷,通过检测这些负荷,可以连续、动态、细致、全面地评估教学效果,如图1.6所示。

瞬时负荷反映的是认知负荷的动态特征,在认知加工的整个过程中都会不断地波动,由时间与对应的认知负荷构成的瞬时负荷曲线表征。这是认知负荷测量的最为基本的水平,其他都是以此为基础的。峰值负荷是认知加工过程中的最大负荷值,通过比较所有瞬时负荷获得。累积负荷是学习者在整个学习任务中所体验的负荷总和,由瞬时负荷曲线下面的面积所代表。平均负荷代表认知加工任务的强度,其值等于累积负荷与单位时间的比值。总体负荷是整个学习任务中所经历的认知负荷的总和,既不等于累积负荷,也不等于平均负荷,其代表的是个体感觉到的智力努力程度。

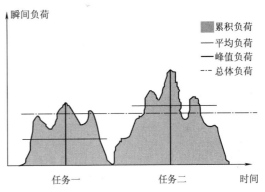

图1.6 谢和赛尔文迪斯划分的认知负荷水平

从认知负荷水平表征可以证实:短时记忆的容量是极其有限的;长时记忆在本质上是无限的。学习过程要求将短时记忆积极地用于理解(和处理)教学材料,并把即将习得的信息编码储存在长时记忆中,如果超过了短时记忆的资源,那么学习将会无效。

4. 认知负荷水平的决定因素

常欣和王沛等人认为,因果性因素与评价性因素都会影响认知负荷。因果性因素(Causal Factors)可能来自学习者的自身特征(如自我的认知能力)、作业性质(如作业复杂度)、环境(如干扰)及其交互影响。评价性因素则包括心理负荷(Mental Load)、心理努力(Mental Effort)及其相应的行为。心理负荷是指经由作业和环境方面的要求所造成的认知负荷。心理努力是指实际上学习者分配给作业的认知容量。学习者的学习行为或绩效则是对心理负荷、心理努力以及上述提及的因果性因素的反应结果(见图1.7)。

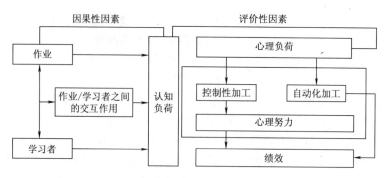

图 1.7　认知负荷水平的决定因素

1.2.3　情境认知理论

1. 情境认知理论概述

情境认知理论是一种关于知识获取的理论,认为学习发生在活动行为的境脉中。"情境认知"(Situated Cognition)又称为"情境学习"(Situated Learning),最早由 Brown、Collins 和 Duguid 于 1989 年在一篇题为"情境认知与学习的文化"的论文中提出。他们研究发现:坊间一些从事职业性工作的人,如木匠、修理工、面包师等,虽然只是从学徒做起,且没有受过完整的专业教育或训练,却能像专家那样解决工作上的难题。究其原因,发现在真实的工作情境中,这些人由于受情境中活动的影响,与他人和环境等发生了相互作用,通过将新旧知识进行重组,从而获取了解决问题的技能。情境认知理论的主要观点包括:情境是一切认知、学习和行动的基础,强调情境的真实性;知识是一种应用工具,是真实的活动结果;学习是一种适应某种实践共同体文化的过程,注重运用认知工具或丰富的资源和知识的协作性社会建构,要求学习者在学习的过程中清晰地表达自己的理解和反思;教师的主要角色是帮促者,帮促学习者形成自己的建构。

2. 情境认知知识观与学习观

情境认知认为,认知过程是由情境建构、指导和支持的,个体的心理通常在情境中进行活动。情境(Context)可分为以下 3 个方面:物质的或任务方面的(包括人工制品和外在的信息表征)、环境的或生态的(如工作场合或商业中心)、社会的或互动的(如教育、教学或临床情境)。该观点认为认知加工的性质取决于其所处的情境,不能脱离情境孤立地去研究。人类行为具有可变性,极大地依赖于当时的具体环境。情境认知观主要有 3 种:情境寓身认知(Embodiment Thesis)、情境嵌入认知(Embedding Thesis)和情境延展认知(Extension Thesis)。

(1)情境寓身认知。情境寓身认知主要是指认知能力不仅与大脑有关,而且与身体有关,要依赖和使用身体。

(2)情境嵌入认知。情境嵌入认知认为,认知活动发生在主体的身体与物质和社会环境之间动态的交互作用中,并受到这种交互作用的影响。大多数情境认知学者都认同这一观点,所以一般意义上的情境认知理论就是指情境嵌入认知。也有人认为,情境嵌入认知包含寓身认知。

(3)情境延展认知。情境延展认知认为,认知活动不仅发生于大脑内部,而且延伸到情境中,情境因素成为心理的一部分。该观点认为,当个体的认知活动持续地依赖社会结构、他人和文化产品时,就形成了社会文化系统。例如,书写系统,书写系统本身扩展了人的认知能力,包括短时记忆、长时记忆、推理、自我评价能力等。

情境认知理论的知识观认为,知识有 3 个特点:①知识是基于社会情境的一种活动;②知识是个体与环境交互过程中建构的一种交互状态;③知识是一种人类协调一系列行为,适应动态变化的环境的能力。情境认知理论学习观认为,实践不是独立于学习的,而意义也不是与实践和情境脉络相分离,意义正是在实践和情境脉络中通过互动和协商产生的。在互动中,个体不仅形成了关于社会世界的意义,而且形成了人的身份,即个体从根本上是通过与世界的关系而被建构起来的。这样,学习的隐喻应当从"获得"隐喻(认知注意)向"参与"隐喻转变。

1.2.4 活动理论

1. 活动理论的核心思想

活动理论的核心思想包括以下内容:

(1)人类的活动是人与社会、文化和物理环境之间双向交互的过程。一个活动系统包括主体、工具、客体、劳动分工、共同体和规则6个互动要素。

(2)活动是人与客体的交互,意识是这一交互过程中人的心理状态。意识和活动二者不可分割、相互作用,二者共同构成了人与环境交互的组成部分。一方面,意识是在人进化过程中出现的;另一方面,活动的进行要受到意识的影响。

(3)工具中介改变了人类活动的性质,工具被内化后,还会影响人的心理发展。活动的进行是一个漫长的过程,在具备主体、客体、目标的情况下,还需要借助工具对活动形式、操作方式加以协调,工具对活动的开展会有促进或限制作用,尤其是心理工具。

(4)内化过程是指客体(如社会环境)会对人发生作用,人的大脑对这一作用进行意识处理,形成内在需求的过程。外化过程则是需求刺激人产生相应活动的过程,活动就是需求的外化表现。

(5)活动理论把环境作为一种客体,包括社会属性和文化属性。它们独立于人的意识存在,同时又会激发个体产生相应的需求。

(6)活动理论最大的特点就是把个体行为划分为活动、行为、操作3个层次,分别对应刺激、目标、现实条件。动机刺激产生活动,目标驱动行为产生,实际条件决定操作(图1.8)。刺激是用于满足需求的客体(如环境)、材料或者观点。行为是活动的下属层次,它受到特定目标的驱动。目标和客体的分离会极大影响活动的效果。操作是实现行为目标的具体动作,受到实际条件的限制。

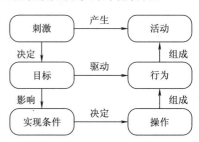

图1.8 活动的层次结构

2. 活动理论模型

1987年,恩格斯托姆在维果斯基和列昂捷夫研究成果的基础上,通过分析动物进化的活动模式,进一步完善了人类的活动模式,并用一个三角模型展示了活动理论的框架。提出包含主体、客体、工具、规则、劳动分工、共同体和结果在内的7个要素,形成活动理论的基本结构。规则是指活动进行的正式或非正式的、法律上的、传统的限制。共同体即包括中介工作小组或组织团体、社区。劳动分工指用户群体的任务分工。主体、客体、工具、规则、劳动分工、共同体这6个要素相互组合构成了4个小三角形,分别是生产、交流、分配与消耗4个子系统(含有6个互动的要素),如图1.9所示。

4个子系统包括:①生产子系统(主体—工具—客体),指主体和客体之间以工具和符号为中介的互动和关系,其目标是把活动的客体转换为一个结果;②消耗子系统(主体—共同体—客体),指主体和周围的共同体怎样合作作用于客体,实现参与者和制品之间认知责任的分配,任何活动系统中的知识都分布在主体成员与他们互动的共同体中,分布在他们使用的工具中和他们生产的产品中;③分配子系统(分工—共同体—客体),通过确定劳动分工把活动客体与共同体联系起来,分工既指共同体内合作成员横向的任务分配,也指纵向的权力和地位分配;④交流子系统(主体—规则—共同体),规则和共同体是主体活动的情境因素,规则是对活动进行约束的明确规定、法律、政策、惯例、潜在的社会规范、标准和共同体成员之间的关系,引导着共同体能够接受的活动或行为。

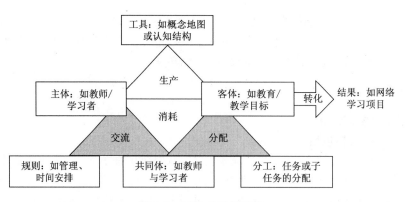

图 1.9　活动的系统结构

恩格斯托姆在第一代系统三要素(主体、客体及工具)的基础上,增加了规则、共同体和分工 3 个社会要素,构建了第二代活动理论的系统模型,即每项活动均由主体、客体、工具、共同体、规则与分工 6 大要素组成。其中,主体、客体、共同体为核心要素,工具、规则、分工则为调节成分,如图 1.10 所示。

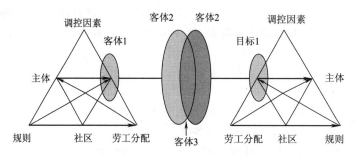

图 1.10　第二代活动理论系统模型

1.2.5　分布式认知理论

1. 分布式认知的要义

分布式认知(Distributed Cognition)或分布式学习、分布式智力、分布式能力,是目前国际上一种正在发展的分析学习环境设计的理论。分布式认知的主要观点包括认知在个体内、在介质中、在文化上分布以及在社会中、在时间上分布等。

(1)认知在个体内分布。知识是在脑中非均匀分布的。模块说认为,人脑在结构和功能上都是由高度专门化并相对独立的模块组成,这些模块复杂而巧妙的结合,是实现复杂而精细的认知功能的基础。

(2)认知在介质中分布,认知活动可以被看成是在介质间传递表征状态的一种计算过程。介质可以是内部的(如个体的记忆),也可以是外部的(如地图、图表、计算机数据库等)。

(3)认知在文化上分布。文化是指规范、模式化的信念、价值、符号、工具等人们所共享的东西。文化以间接方式影响着认知过程。

(4)认知在社会中分布,在具体情境中(如在餐厅),记忆、决策等认知活动不仅分布于工具(菜单、椅子和桌子)中,而且分布于规则(就餐后离开餐厅前付账等)中,分布于负责着不同性质工作的人中。

(5)认知在时间上分布。认知横向分布于每个认知主体特有的时间维度上,纵向分布于特定认知主体的过去、现在和未来。

2. 分布式认知中"制品"的价值

"制品"是分布式认知中的核心术语,它具有非常重要的价值。

(1)使用制品有利于拓展人的智能,使人更聪明、更有效率。比如信息库能拓展人的记忆能力,多种符号使人们能以多种方式表达思想或观点,微型世界能更好地模拟真实世界的实验等。人的内部认知能力加上外部制品的功用,极大地提升了人类的认知水平。

(2)人们在使用制品的过程中会产生认知留存(Cognitive Residue)现象。

(3)当媒体作为思维工具时,使用者通过内化媒体符号系统,接受媒体的"元认知指导"。

(4)各种制品能有效分担学习者的认知负荷,比如各种资源库可以减轻记忆负荷,写作软件可以减轻思维负荷等。

(5)提供认知给养,根据吉布森(Gibson)的给养理论,环境和客体是一种"给养"。各种存在于活动文化—物质境脉之中的客体,为交互的可能提供了给养的前提条件。学习就是要能充分地利用来自客体的给养,并以此来促进认知活动任务的完成。显然,制品特别是智能制品是丰富的认知给养之源。

3. 分布式认知与环境设计

分布式认知理论认为,在审视学习环境设计时需要:①高度重视社会—物质境脉;②运用智能制品促成分布式认知活动;③运用技术支持的分布式交互和协作;④将各种学习环境要素看作一种系统,强调设计;⑤强调运用技术支持的思维可视化和知识表征,使学习者清晰地表达观点,拓展和提炼思维。分布式认知对学习环境设计的启示主要表现在以下几个方面:

(1)在分布式认知中,人和制品同样重要,个体、群体或共同体同样重要,人和制品能形成聚合性的认知力量,是"君子善假于物"的理想认知方式。

(2)学习共同体、实践共同体、知识建构共同体和多样化的协作学习等,是具有重要价值的分布式认知活动。它们不仅契合人类认知的分布式特点,而且是发展学习者高阶能力重要推手或活动平台。

(3)交流是实现分布式学习,获得分布式认知效果的必然方式。分布式认知要求学习者充分利用各种制品表达自己的观点或看法,以达到交流、沟通、辩论、发散或聚合知识的目的。

(4)分布式认知以个体、制品及其在特定情境中相互关系组成的功能环境作为分析单元,提供了一种从全局把握认知活动全貌的全新观点。

(5)强调认知的分布性是分布式认知最明显的特征。分布式认知重视表达学习的群体性、社会性,突出个体的主体地位,恰当地表达了信息时代强调学习活动的主动性、交互性与社会性的观点。

(6)分布式认知框架强调将功能环境作为分析单元,即由单纯考虑在头脑中参与认知活动的个体转变为考虑在社会和物质情境脉络中参与认知活动的个体。这实际上也肯定了社会和物质的情境脉络以重要的交互性方式融入了个体参与其中的认知工作。

4. 分布式认知的同心圆模型

Hatch 和 Gardner 就教室中的认知活动提出了分布式认知的同心圆模型(the Concentric Model),该模型也强调个体的作用,如图 1.11 所示。

同心圆模型中的 3 个圆表示 3 种力:最外围的圆是文化力,代表惯例、活动及信仰,超越了特定的情境,影响许多个体;中间的圆是地域力,是持分布式认知观点的人最关心的,它强调在一个特定的本地情境中的资源及直接影响个体行为的人物。本地情境包

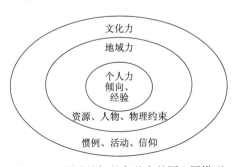

图 1.11 影响认知的各种力的同心圆模型

括一些典型场所,如家、教室及工作场所;最里边的圆是个人力,表示个体带到许多本地情境中的倾向及经验。这几种力相互依赖,缺一不可。个体的智力和兴趣等是在与同伴、家庭成员及老师的交往中形成的,受当时所提供的资源限制,受文化价值和期望的影响。甚至在同一文化中,这些力对不同个体的影响也有所不同。

1.2.6 沉浸理论

1. 关于沉浸理论

沉浸理论(Flow Theory)于 1975 年由创造力研究者、美国著名心理学家 Mihalyi Csikszentmihalyi 首次提出。他把"沉浸"解释为"由于全神贯注投入而更好地完成任务的一种心理状态",认为人们投入到一种活动中去而完全不受外界的干扰,这种体验令人兴奋,使人充满兴趣与毅力去完成某项活动。沉浸理论描述了人们在活动中完全被吸引并投入情境当中,过滤掉所有不相关的知觉,而进入一种沉浸状态。沉浸感或沉浸状态是虚拟交互中最常见的一种状态,并认为它是学习、工作时的"最佳体验",它带来的内在满足感能使人们在从事任务时满怀兴趣,忘记疲劳,不停探索,不断达到新的目标。

2. 沉浸理论模型

在沉浸理论中,技巧和挑战是两个重要的因素,要达到沉浸状态,这两者必须相互平衡。1985年马西米尼和卡里根据研究获得的大量第一手资料,对"挑战"与"技能"的关系进行了全面的梳理,最终得到了 8 种组合关系,如图 1.12 所示。

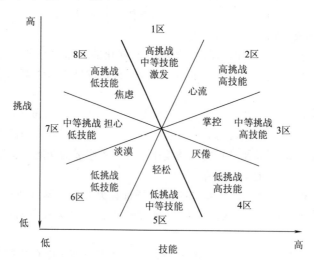

图 1.12 沉浸模型的 8 种组合关系

组合关系包括:高挑战和中等技能,激发;高挑战和高技能,心流;中等挑战和高技能,掌控;低挑战和高技能,厌倦;低挑战和中等技能,轻松;低挑战和低技能,淡漠;中等挑战和低技能,担心;高挑战和低技能,焦虑。在上述模型中,只有当高挑战同时辅之于高技能时,人就进入并维持一种沉浸状态,他们把这种状态称为"心流",见图 1.12 中的 2 区。

1.2.7 关联主义学习理论

关联主义(Connectivism)学习理论由加拿大学者西蒙斯(George Siemens)在"Connectivism: ALearning Theory for the Digital Age"一文中提出。西蒙斯在整合了混沌、网络、复杂性和自组织理论原则的基础上提出了关联主义学习理论,并列述了关联主义学习理论的 8 个基本原理:①学习与知识建立于各种观点之上；②学习是一种将不同专业节点或信息源连接起来的过程；③学习可能存在于非人的工具设施中；④持续学习的能力比当前知识的掌握更重要；⑤为促进持续学习，需要培养与保持各种连接；⑥看出不同领域、理念与概念之间联系的能力至关重要；⑦流通（精确的、最新的知识）是所有关联主义学习活动的目的；⑧决策本身是一种学习过程。选择学习内容，根据不断变化的实际情况理解新信息的意义。

1. 关联主义的核心观点

关联主义认为，学习就是一个形成连接、创建网络的过程。这个过程发生于一个复杂的、混沌的境脉中，因此其本身也带有一定的复杂性和混沌性。学习不仅能够发生于学习者内部，也能够发生于社群、组织和设备中。而学习者也不仅仅是知识的消费者，他们同时是知识的创建者。关联主义借用网络的相关术语，认为学习网络由两个基本元素组成，即节点（Node）和连接（Connection）。此外，有学者认为，学习网络还应包含第三个要素，那就是信息流。节点可以指任何的实体，无论是个人、组织、社群还是设备、数据库等都可以被看作节点，而连接则是这些节点之间的关联。相似或者相关的节点之间容易形成连接，而连接一旦建立，信息流动也便开始。信息流动既是学习网络的产物，同时也是维系学习网络存在和发展的关键要素。在这个富知识的社会中，我们并不是对所有的知识都进行内部的认知加工和知识建构，很多时候，是将内部认知加工的任务卸载到知识网络中。而只要保持在网络中的连接，就可以轻松获得经过网络加工的、最新的知识。因此，获得信息、知识的通道比内容本身重要，要使自己不落伍，最好使自己处于一个专业网络中。因而组织的建立以及组织成员之间的协作就显得尤为重要。

2. 关联主义缔结网络的途径

对于怎样强化节点之间的关系，西蒙斯给出了6个因素。

(1)动机（Motivation）。动机决定了是否准备接受某些思想以及是否愿意培育更深层次的网络连接。

(2)情绪（Emotion）。在评估节点的价值以及遇到有冲突的观点时起着很大的作用。

(3)暴露（Exposure）。重复暴露是一个强化连接的很好方式。当某个节点得到更多的连接节点时，其受欢迎程度大大增加，并开始脱离游离状态而融入整个网络中。

(4)模式化（Patterning）。识别多种类型的信息和知识的本质并加以组织。当接触新领域知识的时候，如果能迅速识别出它与以往领域知识模式的相似性，学习接受的过程就会非常快。

(5)逻辑（Logic）。我们所拥有的知识很多是思考和反思的结果。逻辑与反思相似，但它允许情绪参与进来。

(6)体验（Experience）。很多时候我们进行的是非正式学习。体验是一种获取新节点、在已有节点间建立关系的催化剂。除非学习者在他的领域非常活跃；否则不可能实现完全的自我连接。

1.2.8 计算技术的发展与学习理论的发展

随着计算技术或者说随着计算机及其网络的发展，学习理论或者说教育理论也在发生着巨大的变化。在计算机应用特别是 PC 机的广泛应用时，在行为主义学习的指导下，计算机辅助教学即CAI得到了广泛的应用。计算机网络迅猛发展之后，在认知学习理论和建构主义学习理论的指导下，网络教育（学习）得到了迅猛的发展；今天，随着普适计算、云计算技术不断进展，国家层面推进的"三网融合"、物联网的建设，在建构主义学习理论、情景认知理论和非正式学习理论的指导下，泛在学习、云学习已经成为许多教育工作者，特别是远程教育工作者研究和实践的重要课题。这一发展的历程可以用图 1.13 示意。

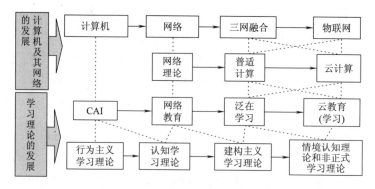

图 1.13　计算技术发展与学习理论发展关系示意图

1.3　关于学习环境研究

1.3.1　学习环境概述

关于学习环境,钟志贤教授认为,学习环境是指促进学习者发展的各种支持性条件的统合。但在此定义未指出学习环境设计的关键及核心。因此认为:学习环境是指促进学习者建构知识和身份的学习活动及学习支持的统合。学习环境设计的核心是让学习者做什么(活动)、给他们提供哪些支持。根据该定义可知学习环境的结构如图 1.14 所示。

通过学习者对学习内容的建构,实现学习者的学习活动;学习活动发生在一定的学习情境中,学习情境可以由教师提供,由学习者根据经验、特定环境及需求来决定,也可以由教师和学习者共同决定(教师为学习者提供大的学习情境,学习者选择自己需解决的问题);学习活动的支持包括教师、学习资源、学习工具以及学习发生所需要的硬件环境。

教育技术专家珀金斯(Perkins)认为,所有的学习环境,都是由 5 个要素构成:①信息库(Information Banks),信息的来源或仓库;②符号簿(Symbol Pads),建构和操纵符号和语言的表面;③现象域(Phenomen Aria),呈现、观察和操纵现象

图 1.14　学习环境的结构

的区域;④建构组件(Construction Kits),已打包的内容组成部分集合,用于组装和操纵;⑤任务管理者(Task Managers),设定任务、提供指导、反馈和指导中的变化的环境元素,如教师或学生。我国学者钟志贤教授归纳了不同学习环境要素观,发现它们的共性在于:都认为情境、资源、工具、支架和学习共同体是构成学习环境的要素。情境是指问题(任务)的物理的和概念的结构,以及与问题(任务)相关的活动目的和社会环境,包括一般的氛围、物理情境和当前的背景"事件"。资源是一切可被开发和利用的客观存在。在技术媒体观下,教学过程是信息传递的过程,教学媒体便是教学活动中用来承载、传递教学信息的工具。当把技术作为认知工具的思想出现时,往日的教学媒体功用大增,成为学习者的学习效能工具、交流协作工具、研究工具、决策工具等。支架原本是建筑施工现场为工人操作并解决垂直和水平运输而搭设的。在建构主义认识论下,学习的过程是知识建构。因此,学习者需要"支架"来帮助他们由浅入深地形成对知识的理解。教学资源、教学媒体都可以看作支架,它们是支持学习者知识建构的物质基础,教学方法也能为知识建构提供支架。学习共同体是指由学习者及其助学者共同构成的团体。

1.3.2 学习环境与学生发展

1. 与学生认知发展

有关学习环境与学生认知发展关系的研究主要集中在学习环境与学生认知过程和学业成绩之间的关系研究。通过大量的实证研究表明,当课堂环境有凝聚力、令人满意、有目标、有组织和少冲突时,学生的学业成绩一般都比较好。弗雷泽等人研究表明,学习环境对学生探究技能的发展具有重要影响。弗雷泽等人还研究了学生感知的实际学习环境与理想学习环境的拟合程度对学生学习成绩的影响。结果表明,实际学习环境与理想学习环境的拟合程度对学生学业成绩的影响与实际学习环境的影响同等重要。因此可以通过改善实际学习环境,使之与理想学习环境更接近,以提高学生的学业成绩。但有学者认为,学习环境和学生学业成绩之间存在中间变量,虽然学生在理想学习环境中会取得更好的成绩,但是学生的自我调节能力起着中介作用。

2. 与学生情感发展

近年来研究者开始关注学习环境与学生情感发展之间的关系。Wong 等人应用"化学实验环境问卷"(CLEI)和"与化学相关态度调查问卷"(QOCRA)两个测量工具,对新加坡 28 所高中的 56 个班级的化学实验环境与学生对化学的态度进行了研究。其中,CLEI 主要包括学生凝聚力、问题开放性、投入、规则明确性和物理环境 5 个维度;QOCRA 包括对化学课的喜欢程度、在化学课中的科学探究态度和科学方法的应用 3 个方面。研究发现,除了物理环境外,化学实验环境中的其他 4 个维度都对学生的科学态度有显著的影响,在凝聚力比较强、问题开放的化学实验环境中,学生会更喜欢化学课,对科学探究的态度更积极,也能更多地采用科学的方法。其他学者如克洛斯特曼(Klooster-man)研究了课堂气氛与学生学习效果之间的关系,发现课堂气氛对学生学习效果的影响是以动机变量为中介的,而且这种联系是一种因果关系。总之,从有关研究可以看出,学习环境与学生认知发展和情感发展有着密切联系,而且这种联系在年龄较大的学生中表现得更为明显。当学习环境是有凝聚力的、令人满意的、有目标的、有组织的和少冲突的,学生的认知和情感发展得会更好。

3. 与学生创造力发展

弗莱斯(Fleith)指出,创造是一个人的思想和社会文化背景相互作用的结果,因此有意义的、和谐的课堂环境有利于学生创造力的发展。他从教师、专家和学生 3 个角度研究了课堂环境中影响学生创造力发展的因素,结果发现,有利于学生创造力发展的课堂环境因素可以从以下几个方面考察:

(1)从教师的态度看,给学生选择的自由、促进学生自信心的建立、尊重学生、给学生发现自己创造力的机会都有利于学生创造力的发展。

(2)从教师的策略看,采用合作教学、分层教学、给学生自由探索的时间、灵活的定向、头脑风暴法等有利于学生创造力的发展。

(3)从活动形式看,开放式的活动、做中学、创造性的写作、绘画等有利于学生创造力的发展。

(4)从课堂氛围看,鼓励学生合理地冒险,允许学生失误,对其他观点进行猜想,对环境进行探索,对假设进行质疑,鼓励学生发现自己的兴趣,对思维过程进行思考有利于学生创造力的发展。

(5)从教育系统看,能够给学生充足的创造性思考时间,对学生创造性思考和创造性产品进行奖励以及非结构化的时间安排都有利于学生创造力的发展。

1.3.3 学习环境设计

1. 学习环境设计理论

学习环境设计包括:情境学习的环境设计;分布式认知的环境设计;活动理论和生态心理学的环境设计;基于案例学习的环境设计;建构主义学习的环境设计。

乔纳森提出的"建构主义学习环境(Constructivist Learning Environments,CLEs)模型",如图 1.15所示。

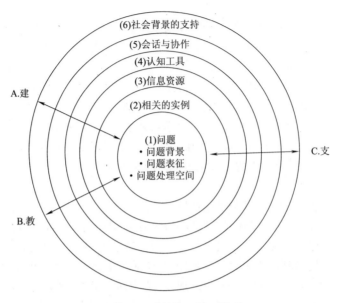

图 1.15　乔纳森 CLEs 模型

(1)问题(包括疑问、项目、分歧等)。这是整个建构主义学习环境(CLEs)设计的中心,学习者的目标是要阐明和解决问题(或是回答提问、完成项目、解决分歧)。

(2)相关的实例(或个案)。与问题相关的实例或个案(如法律、医疗或社会调查等方面的实例或个案)。

(3)信息资源。与问题解决有关的各种信息资源(包括文本、图形、声音、视频和动画等)以及通过 Web 浏览器从 Internet 上获取的各种有关资源。

(4)认知工具。主要指在计算机上生成的,用于帮助和促进认知过程的工具,通常是可视化的智能信息处理软件,如知识库、语义网络、几何图形证明树、专家系统等。

(5)会话与协作。使学习者群体可以互相交流、讨论、协商,共同建构知识的意义。

(6)社会背景的支持。在设计建构主义学习环境时要考虑社会文化背景、客观环境、物质条件等方面对于当前学习所能提供的支持。

建:即建模(Modeling)策略,显性的行为建模和隐性的认知建模;教:即教练(Coaching)策略,监控、分析和调节;支:即支架(Scaffolding)策略,概念框架。

上述学习环境设计理论有着一些共同的关键价值观:①意义学习中学习者的中心地位;②情境化境脉的重要性;③个人看法之间的协商和解释;④学习者先前经验对意义建构的重要性;⑤高级心智活动中技术手段运用的支持需求;⑥学习的目的是致力于学校中的学习和自然场境中的学习方式的尽可能的统一。

2. 个人学习环境设计

2004 年,个人学习环境(PLE)作为一个新概念在英国教育技术和互用性标准 JISC 中心(Centre for Educational Technology and Interoperability Standards,JISC CETIS)会议上被正式提出。对 PLE 的理解,研究者大多从不同的研究视角加以阐述。Harmelen 从功能意义的视角将 PLE 描述为:一种能帮助学习者个体控制和管理自己学习的系统,包括建立学习目标、管理学习内容、控制学习过程和支持学习交流等。随着 Web 2.0 技术的发展,教育模式和理念也在发生变化。非正式学习、数字化学习、实践共同体等新思想叠出,对于学习环境的研究重心也集中到 PLE 上。PLE 的组成如图 1.16 所示。

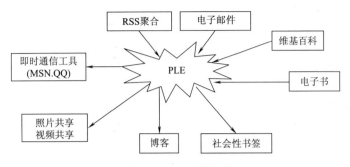

图 1.16　PLE 的组成

作为一种新生事物,个人学习环境的使用和推广必须具有 4 个前提:①学习者具有基本的学习能力和一些关键的技能,如搜索和加工信息;②具备适合于学习的工具,学习者能使用适合自己学习需要的工具;③学习者能够从多渠道获取资源,不仅要求学习者消耗学习资源,还要求他们创造新资源;④必须具有支持工具使用的技术环境。学习者能够把自己认为合适的工具聚合在一起使用,使学习在互联网中流动起来。由此观之,个人学习环境的根本特性就是一种个性化学习支持服务系统,具有 3 个鲜明的特征:高度个性化,学习者完全可以根据自己的学习需求,通过订阅、共享、交流、创作等方式对个人学习实现灵活、高效的管理;服务导向性,个人学习环境提倡一种服务理念,即为个人学习服务、满足个人学习需求;自由开放性,个人学习环境不仅为学习者提供了一个属于自己的个性化学习空间,而且提供了一个与其他学习者相互联系的途径,使得学习者可以跨越时空界限汇聚在一起分享交流,让学习变得更加自由开放。

3. 群体学习环境设计

群体学习环境设计的基本架构包含物质环境、人力环境和制度环境设计 3 个重要的设计维度,如图 1.17 所示。

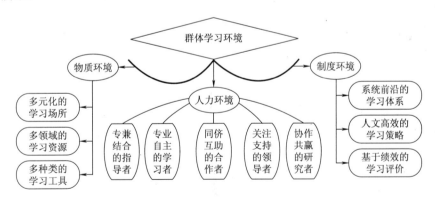

图 1.17　群体学习环境

1.4　关于智慧学习环境的提出

1.4.1　虚拟学习环境的构建

1. 虚拟学习环境的构成

虚拟学习环境是利用网络和虚拟现实等技术来构建的学习环境,其设计目的就是通过创设支持学习者进行学习的条件,促进学习者高阶能力、高阶知识和高阶思维的发展。虚拟学习环境是以学习者为主体的,由物理环境、社会环境和规范环境3个子环境相互作用、相互影响而构成的综合系统,如图1.18所示。

虚拟学习环境具有以下特征:探究性、开放性、交互性、共享性、协作性和自主性;师生、生生异地分离,通过网络联系,利用网络进行学习。虚拟学习环境设计是以建构主义理论为基础,强调以学习者为中心,认为"情景"、"协作"、"会话"和"资源"是学习环境的基本要素。

2. 虚拟学习环境的基本结构

美国的卡恩将网络学习环境分为8个维度:管理、教学论、技术、界面设计、评价、资源支持、道德及机构。从认知负荷理论可以得到以学习者为中心的虚拟学习环境基本结构,如图1.19所示。

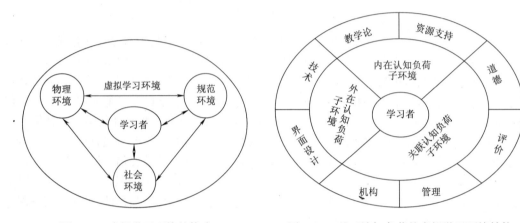

图1.18 虚拟学习环境的构成   图1.19 基于认知负荷的虚拟学习环境结构

从图1.19中可以看出,内在认知负荷子环境由"教学论、资源支持"两因子组成,资源支持又是由信息资源、硬件资源、软件资源等构成的。内在认知负荷子环境是学习者通过各种学习资源进行认知建构的环境。外在认知负荷子环境由"技术、界面设计"两因子组成,是虚拟学习环境实现的必要条件。所有的学习资料和学习任务都要通过技术设计,然后呈现给学习者。关联认知负荷子环境由"机构、管理、评价和道德"四因子构成。关联认知负荷子环境体现了学习者与学习者、助学机构、管理者三者之间的关系,以及在学习者学习过程中所形成的道德风气。同时,关联认知负荷子环境对学习者学习效果的评价也能影响学习者的学习。

3. 虚拟学习环境的构建

虚拟学习环境系统主要包括4个子系统:用户建模子系统、学习资料收集子系统、资源描述子系统、用户接口子系统,如图1.20所示。

(1)用户建模。用户需求的获取和用户模型的构建是个性化服务实现的关键因素。用户建模的实质就是对用户的兴趣、偏好、需求等进行描述,将隐含的用户需求显性化并存储到计算机内部,由系统对用户信息进行维护。构建用户描述文件一般采用基于XML的RDF(Resource Definition Framework)来表达用户描述文件,并利用支持XML的数据库系统来存储用户描述文件。

(2)学习资料收集。学习资料收集是整个系统的基础,其主要作用即根据用户的需求从数字图书馆、Internet等渠道收集某领域学科的学习资料,包括各种电子资

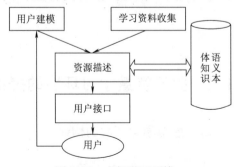

图1.20 虚拟学习环境

源、网络资源及教师课件、历年试卷等。

（3）语义本体知识。它保存了从学习资料中提取收集来的所有有用学习信息以及从用户建模中收集来的用户个人信息，并用元数据进行了统一格式的描述，以本体形式表示。语义本体知识是整个系统的关键核心部分，个性化功能的实现基础就是要建立合理的本体表示模型。目前本体构建工具 Protégé 等数十种工具可供选择，Protégé 使用 Java 编写，具有友好的图形界面，功能也比较强大，是目前比较流行的本体构建工具。对于本体的存储形式，目前主要有 OWL、RDF、XML 等几种方式，并且这些不同格式之间可以相互转换，也可以将本体转换为关系数据库存储和使用。

（4）用户接口。用户接口是用户与系统进行交互的单元，为用户提供各种服务，包括课件学习、试卷参考、智能检索、答疑中心、作业中心、互动论坛等。用户登录后可以浏览课件，并选择相应可视化内容进行点播学习。答疑是网络学习中的重要环节，答疑中心可用于解答学生的问题尤其是专业领域的问题，当用户提交问题后，对应的教师就会收到消息提示。学生可以在线回答教师布置的作业，作业提交成功后教师或者助教会对作业进行批改，学生可以看到批改的结果，并通过互动论坛进行交流。而通过智能检索，用户可以在一个平台上对各种学习资源进行智能化的检索。

1.4.2　增强现实学习环境

增强现实（Augmented Reality，AR）是在虚拟现实（Virtual Reality，VR）技术基础上发展起来的一项新技术。它将计算机生成的场景融合到真实世界中，扩张和补充真实世界而不是完全替代真实世界，从而强化用户对现实的感官和认知。虽然目前对于增强现实的概念尚没有一个统一的定义，但一般认为，增强现实技术是借助三维显示技术、交互技术、多种传感技术、计算机视觉技术及多媒体技术把计算机生成的二维或三维的虚拟信息融合到用户所要体验的真实环境中的一种技术。增强现实技术具有真实性、交互性和实用性的特点，目前已被应用于军事、旅游、医学、娱乐、机器人及远程机器人学等多个领域。

1. 增强现实的系统构成

增强现实的系统主要应用在室内环境，系统设计方案如图 1.21 所示。

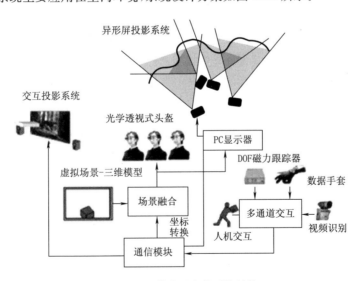

图 1.21　增强现实的系统结构

系统结构总共包括 5 个部分。

（1）多通道交互模块。收集来自实时跟踪系统数据，对数据的坐标进行转换；对图形标记进行识别；对抓取、抛掷动作进行判别。最后将上述处理后的数据和结果传给通信模块，包括磁力跟踪系

19

统、动作识别系统、视频识别系统、人机交互系统等内容。

（2）虚拟场景处理模块。虚拟场景处理模块主要是虚拟现实的内容制作、显示和交互部分，包括真实感图形的生成、各种动画方式的实现（如骨骼动画、刚体动画等）、实时特效、实时交互等内容。

（3）场景融合。场景融合是增强现实系统与虚拟现实系统不同的一个方面，是整个增强虚拟现实系统的效果好坏的关键，主要包括实时虚实场景融合、多种立体显示技术、实时多通道的显示输出、场景光照处理等内容。

（4）通信模块。通信模块是保证整个系统同步运行的基础，主要包括多机同步技术、三维坐标转换技术、多种显示系统的接口等内容。

（5）显示模块。显示模块是本系统与用户直接打交道的部分，也是本系统的一个特色，包括异形屏投影系统、交互投影系统、头盔显示系统和 PC 显示系统等多部分内容。

2. 增强现实系统的工作流程

增强现实系统主要由摄像与处理系统、注册定位系统、融合渲染系统与立体显示系统等几个关键部分组成。其中，摄像与处理系统主要是通过图像采集设备获取真实场景，并通过一定的算法降低噪声；注册与定位系统是通过硬件（跟踪传感器）或者软件（计算机视觉）计算出观察者当前的位置和姿态；融合渲染系统是在获得观察者精确注册信息后，对虚拟景物根据注册信息进行渲染，并且无缝结合到真实场景中；最后再通过立体显示设备输出，使观察者"浸没"在增强后的场景中。在增强现实系统中，跟踪注册是一个非常关键的步骤，一般可分为基于跟踪器的注册和基于视觉跟踪注册两种。其中，后者又包括基于人工标志物和基于自然特征的跟踪注册。另外，由于基于人工标志物的跟踪注册技术，通过预先放置标记，为虚拟物体提供绘制信息，极大地降低了算法的复杂度和计算的要求，因此目前得到较为广泛的采用。

由于 PC 机、工作站具有强大计算能力及图形显示能力，增强现实的开发和应用一直都是以 PC 机或工作站作为系统的运行平台，另加上其他的硬件设备包括摄像头、头盔显示器和硬件跟踪设备等。目前，选择小型移动终端设备，如智能手机、iPAD 作为增强现实技术的新载体，将增强现实系统移植到小型移动设备中，在人机交互性、便携性、移动性、易操作性等方面具有较强的优势。

3. 增强现实的技术原理

增强现实技术的原理概括地说用到了 3 项关键技术，即三维空间注册技术、人机交互技术和 3D 展现技术。有关 3 项技术的研究参见第 5 章相关内容。

增强现实学习环境的发展趋势：

（1）将拓展教学内容及教学活动。例如，如何在这种虚实融合的仿真环境中依据情境认知理论和学习活动理论设立课程内容、创建教学活动，学习者之间如何更直接地交流，用户学习体验模型和用户交互行为模型如何建立，这些问题都有待增强现实学习环境的开发者和用户去发掘。

（2）将与现有学习管理系统整合。作为一门新技术，增强现实环境必须能够与现有的平面信息系统数据共享，或进行某种关联，才能被主流教育工作者接受。深入研究这种整合环境如何增强教学的效果，使之符合现有的和新的教学方法。

（3）将与智能技术相融合。理想的增强现实学习环境应该能够模仿人类教学导师的经验、方法和行为，并具有更友好的交互方式等。

（4）将与移动技术结合。如何让学习者随时随地进行移动学习，又能享受到 PC 机上增强现实技术带来 3D 立体学习体验，还需要技术人员和教育工作者的不懈努力。

1.4.3 智慧学习环境的提出

1. 智慧学习环境的概念

智慧学习环境的概念是在智慧地球、智慧城市和智慧校园等概念的发展中提出来的。北京师范大学黄荣怀教授于2012年提出了智慧学习环境的概念,他认为智慧学习环境是一种能感知学习情景、识别学习者特征、提供合适的学习资源与便利的互动工具、自动记录学习过程和评测学习成果,以促进学习者有效学习的学习场所或活动空间。智慧学习环境与普通数字学习环境相比,在学习资源、学习工具、学习社群、教学社群、学习方式和教学方式等方面有着显著差异,见表1.3。

表1.3 普通数字学习环境与智慧学习环境的比较

	普通数字学习环境	智慧学习环境
学习资源	(1)倡导资源富媒体化 (2)在线访问成为主流 (3)用户选择资源	(1)鼓励资源独立于设备 (2)无缝链接或自动同步成为时尚 (3)按需推送资源
学习工具	(1)通用型工具,工具系统化 (2)学习者判断技术环境 (3)学习者判断学习情景	(1)专门化工具,工具微型化 (2)自动感知技术环境 (3)学习情景被自动识别
学习社群	(1)虚拟社区,侧重在线交流 (2)自我选取圈子 (3)受制于信息技能	(1)结合移动互联的现实社区,可随时随地交流 (2)自动匹配圈子 (3)依赖于介质素养
教学社群	(1)难以形成社群,高度依赖经验 (2)地域性社群成为可能	(1)自动形成社群,高度关注用户体验 (2)跨域性社群成为时尚
学习方式	(1)侧重个体只是建构 (2)侧重低阶认知目标 (3)统一评价要求 (4)兴趣成为学习方式差异的关键	(1)突出群体协同知识建构 (2)关注高阶认知目标 (3)多样化的评价要求 (4)思维成为学习方式差异的关键
教学方式	(1)重视资源设计,重视讲解 (2)基于学习者行为的终结性评价学习结果 (3)学习行为观察	(1)重视活动设计,重视引导 (2)基于学习者认知特点的适应性评价学习结果 (3)学习活动干预

黄荣怀教授还认为智慧学习环境应具有以下3个特征:

(1)智慧学习环境应实现物理环境与虚拟环境的融合。在智慧环境中,对物理环境的感知、监控和调节功能进一步增强,增强现实等技术的应用使虚拟环境与物理环境无缝融合。

(2)智慧学习环境应更好地提供适应学习者个性特征的学习支持和服务。智慧学习环境强调对学习者学习的过程记录、个性评估、效果评价和内容推送。根据学习者模型,对其自主学习能力的培养起到计划、监控和评价作用。

(3)智慧学习环境既支持校内学习也支持校外学习,既支持正式学习也支持非正式学习。这里的学习者并非只是校内的学习者,也包括在工作中有学习需求的所有人。

2. 智慧学习环境的功能

智慧学习环境一般具有以下功能:

(1)概念学习。智慧学习环境不仅提供一种"做中学"的学习环境,而且强调概念理解。

(2)知识建构。智慧学习环境让学习者运用已有的知识建构新的知识。

(3)自动导航。智慧学习环境根据学习者的知识、习惯、情绪及过程表现提供学习内容、实践活动、交互协作、学习提示等。

(4)学习指导。智慧学习环境模仿教师陈述概念、示范举例和答疑,且学习指导是针对学习者的具体情况而不断调整组织实施的。因此应具备收集新的学习策略的功能,不断增强学习指导的实效性。

(5)学习伙伴。智慧学习环境提供典型的学习伙伴,配合学习者的学习,同时自动收集学生者学习行为,不断丰富学习伙伴。

3. 智慧学习环境中学习与环境的转变

智慧学习环境终极目标在于促进学习者的个体学习和社会化学习,以促进学习者的发展,是一个充分发挥学习主体的主动性、能动性、和谐、自由发展的教与学的环境与活动。智慧学习环境中学习与环境的转变如图1.22所示。

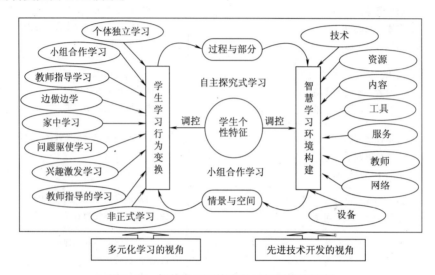

图1.22　智慧学习环境中学习与环境的转变

智慧学习环境中的学习大大打破了以往对于学习与学习环境之间关系的认知。智慧学习环境允许学习者自己进行环境的配置和个性化打造。智慧学习环境被学习者依据他们的目标、兴趣、活动甚至情绪等因素进行着精心的设计和个性化建构,从而使得学习者能舒适地在其中享受学习的自由和乐趣。而智慧学习环境又在学习者的学习经历驱使下不断进行着演化。学习者在学习过程中总是热衷于发现能更好服务于其学习需要的工具和资源,每一次学习者对自己的学习过程、学习结果的反思也将孕育下一次智慧学习环境的优化和重组。

参 考 文 献

[1] 姚梅林. 从认知到情境:学习范式的变革[J]. 教育研究,2003/02:60-64.

[2] 裴新宁. 学习科学研究与基础教育课程变革[J]. 全球教育展望,2013/01:32-44.

[3] 王美. 学习科学、技术设计与科学教育的整合——用技术增进一致性的科学理解[J]. 全球教育展望,2013(01):p. 70-79.

[4] [美]Winston P H. 人工智能[M]. 倪光南,周少柏,译. 北京:科学出版社,1983.

[5] 张晓荣. 试论人类学习的本质与机器学习[J]. 学术论坛,2009(01):p. 53-55.

[6] 刘永和. 提升学习力:当前推进素质教育的解决方案[J]. 上海教育科研,2009(05):p. 65-67.

[7] 黄荣怀,等. 关于技术促进学习的五定律[J]. 开放教育研究,2010(01):p. 11-16.

[8] 冯锐,等. 基于案例的学习环境设计研究[J]. 中国电化教育,2011(10):33-35.

[9] 庞维国. 认知负荷理论及其教学涵义[J]. 当代教育科学,2011(12):23-27.

[10] 司国东,赵玉,宋鸿陟. 基于认知负荷理论的网络学习资源多层次模型[J]. 中国电化教育,2013(02):79-81.

[11] 赵立影,吴庆麟. 基于认知负荷理论的复杂学习教学设计[J]. 电化教育研究,2010(04):44-46.

[12] 曹娟,潘来齐. 基于认知负荷理论的虚拟学习环境设计[J]. 电化教育研究,2010(04):75-77.

[13] 张同柏. 认知负荷理论研究:问题挑战与融合超越[J]. 外国教育研究,2012(11):11-18.

[14] 梁波.基于认知负荷理论视野下的运动技能教学设计原理研究[J].武汉体育学院学报,2012(09).73-77.

[15] 常欣,王沛.认知负荷理论在教学设计中的应用及其启示[J].心理科学,2005(05):1116-1118.

[16] 刘亚龙.基于情境认知理论的大学英语多媒体网络教学研究[J].电化教育研究,2009(07):113-116.

[17] 刘革,吴庆麟.情境认知理论的三大流派及争论[J].上海教育科研,2012(01):37-39.

[18] 钟志贤.学习环境设计的理论基础:心理学视角[J].中国电化教育,2011(06):30-36.

[19] 刘娟.活动理论视角下的图情领域用户信息行为研究范式[J].图书情报知识,2013(02):88-94.

[20] 罗厚辉.从活动理论看领导风格对教师课程领导发展的影响[J].全球教育展望,2009(11):44-48.

[21] 谢守美,赵文军.分布式认知视角的企业知识生态系统研究[J].情报理论与实践,2012(03):28-30.

[22] 周国梅,傅小兰.分布式认知———一种新的认知观点[J].心理科学进展,2002(02):148-152.

[23] 李欣.分布式认知视角下的智能授导系统的设计与开发[J].电化教育研究,2008(01):52-56.

[24] 张洁.基于境脉感知的泛在学习环境模型构建[J].中国电化教育,2010(02):16-19.

[25] 马艳梅.基于沉浸理论的中学文言文学习动机激发策略研究[J].教学与管理,2011(33):111-113.

[26] 张力.基于关联主义网络协作学习的要素模型探讨[J].中国电化教育,2010(04):46-50.

[27] 张秀梅.关联主义理论述评[J].开放教育研究,2012(03)44-47.

[28] 杨孝堂.泛在学习:理论、模式与资源[J].中国远程教育,2011(06):p.69-73.

[29] 钟志贤.论学习环境设计[J].电化教育研究,2005,(7):35-41.

[30] 陆根书,杨兆芳.学习环境研究及其发展趋势述评[J].高等工程教育研究,2008(02):55-60.

[31] 董宏建,等.网络课程中协作学习环境的设计框架研究[J].电化教育研究,2012(05):43-44.

[32] 张红,杨素娟.面向摄影专业学生综合能力培养的学习环境建构——以"摄影构图与用光"课程为例[J].电化教育研究, 2010(04):80-81.

[33] 简婕,解月光.试论学习环境及其数字化———一种教学论的视角[J].中国电化教育,2011(02):15.

[34] 陆根书,杨兆芳.学习环境与学生发展研究述评[J].比较教育研究,2008(07):1-5.

[35] 杨广军,嵇学红.从学习环境设计理论解读高中物理教材[J].教学与管理,2006(33):111.

[36] 李青.个人学习环境的功能混搭和互操作规范研究[J].中国远程教育,2009(07):65-69.

[37] 尹睿,李丹飒.国外个人学习环境研究的进展与趋势[J].中国远程教育,2012(07):20-23.

[38] 张丽霞,王文利.生态系统视角下的虚拟学习环境的构建[J].中国电化教育,2010(08):29.

[39] 曹娟,潘来齐.基于认知负荷理论的虚拟学习环境设计[J].电化教育研究,2010(04):76.

[40] 叶甜,基于本体的E-learning虚拟学习环境构建[J].图书馆学研究,2010(21)48-49.

[41] 姚争为,陈一民,陈明.增强现实系统中抛体实时旋转的研究与实现[J].系统仿真学报,2009(23)7503-7508.

[42] 程志,金义富.智能手机增强现实系统的架构及教育应用研究[J].中国电化教育,2012(08):134-137.

[43] 吴帆,万平英,张亮.增强现实技术原理及其在电视中的应用[J].电视技术,2013(02):40-43.

[44] 蔡苏,宋倩,唐瑶.增强现实学习环境的架构与实践[J].中国电化教育,2011(08):114-119.

[45] 黄荣怀,杨俊锋,胡永斌.从数字学习环境到智慧学习环境——学习环境的变革与趋势[J].开放教育研究,2012(01): 76-77.

[46] 钟国祥,张小真.一种通用智能学习环境模型的构建[J].计算机科学,2007(01):170.

[47] 施良方.学习论[M].北京:人民教育出版社,1994.

[48] 戴维·乔纳森.学会用技术解决问题:一个建构主义者的视角[M].任友群等,译.北京:教育科学出版社,2007.

[49] Sawyer R K(Ed.). The Cambridge Handbook of the Learning Sciences[M]. New York:Cambridge Uni-versity Press. 2006. xi.

[50] 布兰斯福特.人是如何学习的:大脑、心理、经验及学校[M].程可拉等译.上海:华东师范大学出版社,2002.

[51] 杨南昌.学习科学视域下的设计研究[M].北京:教育科学出版社,2010.

[52] James W. Pellegrino, Margaret L. Hilton(Ed). Education for Life and Work:Developing Transferable Knowledge and Skills in the 21st Century[M]. National Academy of Sciences,2012.

[53] 查尔斯.赖格卢斯.教学设计的理论与模型(第2卷):教学理论的新范式[M].北京:教育科学出版社,2011.

[54] 美国国家研究理会.学习理解:改进美国高中的数学及科学先修学习[M].陈家刚,译.北京:教育科学出版社,2008.

[55] 吴刚.从课程到学习———重建素质教育之路[M].上海:上海教育出版社,2007.

[56] Wang S K,Yang C C. The Interface Design and the Usability Testing of a Fossilization Web-Based Learning Environment [J]. Journal of Science Education and Technology,2005,(14):305-313.

［57］理查德. E. 迈耶. 多媒体学习［M］. 北京：商务印书馆，2006.

［58］Spanjers I A E，Van Gog，T. & Van Merrienboer J J. G. A Theoretical Analysis of How Segmentation of Dynamic Visualizations Optimizes Students' Learning［J］. Educational Psychology Re-view，2010，22（4）：411-423.

［59］乔纳森. 学习环境的理论基础［M］. 郑太年，任友群，译. 上海：华东师范大学出版社，2002.

［60］魏婧，覃征. 基于境脉感知的智能用户界面构件模型［A］. 计算机技术与应用进展会议论文集［C］. 合肥：中国科学技术大学出版社，2007.

［61］Fraser B J，Walberg H J. Research on Teacher Student Relationships and Learning Environments：Context，Retro-spect and Prospect. International Journal of Educational Research，2005，（43）：103-109.

［62］Wolf S J & Fraser B J. Learning Environment，Attitudes and Achievement among Middle- school Science Students Using Inquiry- based Laboratory Activities. Research in Science Education，2007，Online First.

第2章 智慧地球概念的提出

2.1 智慧地球的概念

"智慧地球"的概念就是 2008 年 11 月初,在纽约召开的外国关系理事会上,IBM 董事长兼 CEO 彭明盛发表了《智慧的地球:下一代领导人议程》。此后,奥巴马在就任美国总统后,2009 年 1 月 28 日与美国工商业领袖举行了一次"圆桌会议"。作为仅有的两名代表之一,IBM 首席执行官彭明盛提出"智慧地球"这一概念。

智慧地球的理念是把传感器嵌入和装备到电网、铁路、桥梁、隧道、公路、建筑、供水系统、大坝、油气管道等各种物体中,并且被普遍连接,形成物联网,并通过超级计算机和云计算将物联网整合起来,实现人类社会与物理系统的整合,支持人与人、人与物、物与物的智能化沟通,人类可以用更加精细和动态的方式管理生产和生活,实现一个国家乃至全球更透彻的感知、更广泛的互联、更深入的智能化和更智慧的洞察,使社会更智慧地进步、人类更智慧地生存、地球更智慧地运转。

智慧地球的技术内涵,是对现有互联网技术、传感器技术、云计算技术等信息技术的高度集成,是实体基础设施与信息基础设施的有效结合,是信息技术的一种大规模普适应用。实质上,智慧地球是数字地球的延伸和发展,是数字地球和物联网的结合。不过,目前世界仍处于智慧地球的初级阶段,其特征如表 2.1 所列。

表 2.1 数字化、网络化、两化融合、智能化与智慧地球的不同特征

数字化、电子化	网络化、信息化	两化融合	两化深度融合、智能化	智慧地球
初级阶段	中级阶段	中高级阶段	高级阶段	更高阶段
1970—1990	1990—2000	2000—2010	2010—2020	2020—2050
计算机	网络技术、互联网	嵌入式技术 传感器技术 移动通信信息集成技术	物联网技术 商业智能、知识管理	互联网、物联网与云计算的融合
单机	联网	集成	综合集成、智能	智慧

智慧地球具有 4 个方面的特征:

(1)更透彻的感知。指利用任何可以随时随地感知、测量、捕获和传递信息的设备、系统或流程,通过使用这些新设备,从人的血压到公司财务数据或城市交通状况等任何信息都可以被快速获取并进行分析,便于立即采取应对措施和进行长期规划。特别是通过射频识别、红外传感器、全球定位系统、激光扫描器等信息传感设备,将任何物品与互联网连接起来,进行信息交换和通信,以实现智能化识别、定位、跟踪、监控和管理。甚至在物理世界的实体中部署具有一定感知能力、计算能力和执行能力的嵌入式芯片和软件,使之成为"智慧物体",从而实现物与物、物与人之间的互联。

(2)更广泛的联通。智慧系统通过各种形式的高速网络工具,将个人电子设备、组织和政府信息系统中收集和储存的分散信息及数据连接起来,进行交互和共享、实时监控,从全局的角度分析并实时解决问题,使得工作和任务可以通过多方远程协作来完成。

（3）更深入的分析。使用先进技术（如数据挖掘和分析工具、科学模型和功能强大的运算系统）来处理复杂的数据，分析、计算和汇总，以便整合和分析跨地域、跨行业和职能部门的海量数据和信息，并应用到解决方案中，更好地支持决策和行动。

（4）更智能的处理。利用云计算、模糊识别等各种智能计算技术，对海量的数据和信息进行分析和处理，对物体实施智能化的控制。

建设智慧地球需要 3 个步骤：①各种创新的感应科技开始被嵌入各种物体和设施中，从而使得物质世界极大程度地实现数据化；②随着网络的高度发展，人、数据和各种事物都将以不同的方式联入网络；③先进的技术和超级计算机则可以对这些堆积如山的数据进行整理、加工和分析，将生硬的数据转化成实实在在的洞察，并帮助人们做出正确的行动决策。

2.2 智慧地球的主要内容

智慧地球的核心是以一种更智慧的方法，通过利用新一代信息技术来改变人们交互的方式，以便提高交互的明确性、效率、灵活性和响应速度。智慧方法具体来说具有以下 3 个方面的特征：更透彻的感知；更广泛的互联互通；更深入的智能化。由于这 3 个概念的英文是"Our world is becoming Instrumented"、"Our world is becoming Interconnected"和"All things are becoming Intelligent"，所以，智慧地球被称为"3I"。综合 3I 技术，目前已经提出了"智慧能源"、"智慧医疗保健"、"智慧城市"、"智慧交通"和"智慧银行"等内容。

1. 智慧能源

智慧能源也称为"智慧电网(Smart Grid)"、"智慧公共用电设施(Smart Utilities)"。目前的智慧型公共供电系统可以设计得更像是在互联网上一样，而不是像传统的电网方式。数以千计的各类能源，包括环境友好型的风能和太阳能也可以互联起来。所有经过智能化处理的能源会产生一些新的数据，通过数据分析可以实时做出更好供配电决策。个人或消费团体也可以根据数据分析的结果做出更有效的用电消费决策。整个电网系统可以变得更加有效、可靠、自适应。智慧电网通过智能电表使消费者控制家庭用电情况，从而提高整个电网对清洁能源接入的适应性以及运行控制的灵活性。智慧能源赋予消费者管理其电力使用并选择污染最小的能源的权力，提高能源使用效率并保护环境。

2. 智慧医疗保健

智慧医疗保健可应用先进的分析方法改善、研究、诊断和治疗。电子信息健康系统(Geisinger Health System)在医疗智能环境中集成了临床、财务、手术、过敏史、染色体和其他方面的信息，可以为医生提供更加个性化的具体帮助。这将会使医生在诊疗时做出更加智慧的决策，并提供更高质量的医疗服务。利用系统医生可以方便地将信息转为可控制的知识。帮助一些世界顶级的大学开发全球医疗保健数据网络系统，这类知识库目前已保存有数百万张数字影像资料。医生能够从中搜索、分析和引用大量科学证据来支持他们的诊断。智慧医疗保健系统能实时感知、处理和分析重大医疗事件，进而快速、有效地做出反应，还能推动临床研究和创新。智慧医疗保健系统可以提供超过其所在特定社区、病人和疾病治愈经验的医疗服务。系统可靠、互联、普及，既有助于疾病的预防，又有助于医疗技术的创新。

3. 智慧城市

环视全球，智慧化正在注入我们城市运转的各个方面。在新加波、布里斯班和斯德哥尔摩，交通运输部门的官员正在利用智能系统来减少拥堵和污染。在纽约，公共安全部门的官员不仅能够处理犯罪和应急响应，而且能够帮助预防犯罪与紧急事件的发生。在阿尔伯克基市，城市的管理者在许多市政事务处理方面的办公效率已经提高了 20 倍。在法国巴黎，正在实施一项大型医院的综合病例护理管理解决方案,着重解决跨业务科室之间的无缝通信,由此可使院方能够跟踪病人在医院的每一个阶段。意大利、马尔他和德克萨斯州在采用智能电表使城市电网更稳定、有效,并已准备整合可再生能源和电动汽车。迈阿密的学校官员已建起了一个透明的数据管理系统,该系统可对学生、家长和教育工作者提供帮助,以便于提高学生的学习成绩。在巴西的巴拉圭—巴拉那河流域盆地的智能用水管理系统,正在改善圣保罗1 700万居民的用水质量。

4. 智慧交通

智慧交通的目标是采取措施缓解超负荷运转的交通运输基础设施面临的压力。减少拥堵意味着产品运输时间缩短、工人交通时间缩短和生产力的提高,同时更能减少污染排放,更好地保护环境。智慧交通要保障:①环保,大幅降低碳排放量、能源消耗和各种污染物排放,提高生活质量;②便捷,通过移动通信提供最佳路线信息和一次性支付各种方式的交通费用;③安全,检测危险并及时通知相关部门;④高效,实时进行跨网络的交通数据分析和预测,避免不必要的浪费,实现最大化交通流量;⑤可视,将所有公共交通车辆和私家车整合到一个数据库,提供单个网络状态视图;⑥可预测,持续进行数据分析和建模,改善交通流量和基础设施规划。智慧交通要帮助管理者及时采取最有针对性的措施来缓解超负荷运转的交通运输压力,减少拥堵,更能减少尾气排放。

5. 智慧银行

智慧银行也称为"智慧货币(Smart Money)"。智慧银行是提高银行在国内和国际市场的竞争力,减轻风险,提高市场稳定性,进而更好地支持小公司、大企业和个体经营的发展。智慧银行要保障:①高效,不涉及客户交互的后台流程被集中进行远程处理,确保流程合规性,以便分行将精力集中到增值服务;②创新,持续开发新产品和新流程,提高竞争力并打入新市场;③客户洞察,通过社会网络来发现并分析个人、团体和组织的非官方信息及相互关系,从而更深入地了解客户,从数据体系结构、信贷管理、运营到货币交易,实现防范风险运营;④互联,将交易和客户交互流程数字化,实时连接客户并实现客户自助服务,以便客户自主选择并掌握所需要的服务;⑤整合,将跨区域部门、服务业务及渠道,整合到一个平台,形成一个共享客户视图,并为客户提供"一站式"服务。

除上述内容外,还有智慧铁路、智慧零售、智慧食品、智慧供应链等元素。智慧地球的主要模型已经清楚地呈现在面前:一方面是公路、铁路、能源、保险、食品等所组成的实体基础;另一方面是移动电话、个人计算机、互联网、数据中心所组成的信息基础,这两大设施通过人物交流、人人交流、物物交流的复杂交互形式,整合成为由无数系统构成的全球性系统。

2.3 智慧地球的体系框架

具体地说,智慧地球包含四大要素:一是用来捕捉信息的传感器;二是用来传递信息的网络;三是用来储存信息的管理服务设备;四是用来处理信息的智慧应用系统。图2.1所示为智慧地球的体系结构。

智慧地球的体系结构可分为4个层次。

(1)感知识别层,包括智能GPS、智能传感器节点、智能RFID、手机、个人计算机、PDA、家电、监控探头等,该层是智慧地球的神经末梢。

(2)网络构建层,包括无线传感网、P2P网络、互联网,该层是融合网络通信技术的保障。

(3)管理服务层,包括数据中心、云计算、数据挖掘、网络管理、Web服务等。对信息数据的高速计算、挖掘、管理和服务提供保障。

(4)智慧应用层,包括智慧物流、智慧交通、智慧电网和智慧建筑等各类面向视频、音频、集群调度、数据采集的应用。

目前,智慧地球的概念大多还只是停留在功能前景的描述上,对具体怎样实现相应的功能缺乏技术规划,而技术体系正是智慧地球功能实现的关键所在。智慧地球的技术体系从地球空间信息学角度进行描述,如图 2.2 所示。

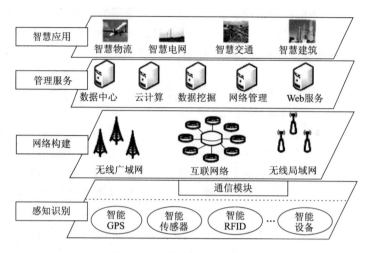

图 2.1　智慧地球的体系结构

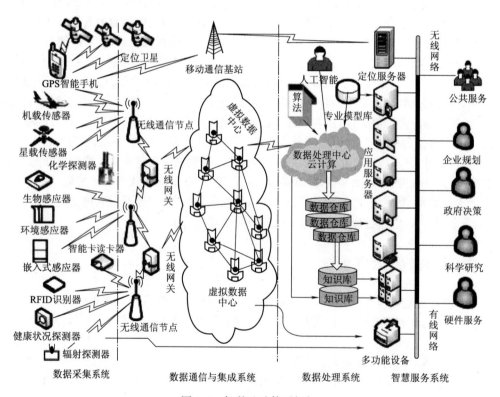

图 2.2　智慧地球体系框架

智慧地球的体系框架包括几个部分:第一,通过各种传感器和专业探测器获取地球及其相关事物的数据和信息,包括与日常生活、企业规划、政府决策和科学研究等密切相关的数据。例如,通过温度、湿度、噪声等传感器获取环境相关数据;通过条形码、磁卡、无线射频技术获取食物及产品的数据;通过血压传感器、血糖传感器、甚至整个健康指数传感器获取人体或生物体的健康状况信息;通过星载、机载传感器等获取资源环境、国土监控、地球空间等专业信息;通过嵌入式传感器获取微观领域的信息等,并通过云计算传回数据中心。第二,采用移动无线通信技术、云计算技术、无缝数据库技术等对数据进行传输、集成,并建立虚拟数据中心对数据和信息进行管理。第三,采用人工智能、模式识别等算法模型对数据进行分析、挖掘和集成,获得所需要的知识。第四,通过硬件集成、软件开发、个性化服务定制、商业和非商业化运作,把知识转化为适应需求,为最需要的人,在最适宜的时间和地点,提供最适宜的服务。

2.4 智慧地球的重要价值

智慧地球的概念成为全球的研究热点,其重要价值在于:

(1)智慧地球带来世界重大改变。智慧地球的战略已席卷全球,对世界各国未来政治、经济、社会、文化等各个方面都带来重大改变的作用。

(2)智慧地球再次引发科技革命。智慧地球最终是要实现地球上70亿人和万事万物的高度智能化。但要实现其宏大的愿景,3种条件不可或缺:拥有大量的信息数据、利用数学模型优化分析和进行高性能计算。

(3)智慧地球重构世界运行模型。智慧地球是克服了信息技术应用中“零散的、各自为战的”现状,从总体产业或社会生态系统出发,针对长远目标,调动该生态系统中的各个角色,以创新的方法,充分发挥先进信息技术的潜力,推动整个产业和整个公共服务领域的变革,形成新的世界运行模型。

(4)智慧地球改变世界的潜力。运用“智慧”的理念、“智慧”的技术,不但能够刺激经济增长,创造就业岗位,而且将提升科技创新水平,更加绿色、高效地利用资源,改善环境。“智慧地球”理念意义深远,信息科技确实存在着改变世界的潜力。

(5)智慧地球拓宽信息发展思路。实现满足用户需求的解决方案,建立智慧信息网络,主导智慧产品开发。

不仅如此,智慧地球的价值还体现在以下几个方面:

(1)为社会带来的机会。第一,对技术的推进作用。推动“物联化”、“互联化”、“智能化”技术。第二,对节能环保的促进作用。“智慧的电网”使电力变得智慧起来,“智慧的交通”减少拥堵,从而减少了能源的消耗,减少了排放。钢铁、石油、煤炭、建材、电力、制造、物流等利用智能的控制,实现准确的跟踪监控、精确化生产作业,可以减少能源、原材料的消耗和污染物的排放。第三,带来的大量工作机会。实施“智慧地球”的过程中,可以促进许多行业的快速发展。IBM 中国商业价值研究院与国家信息中心信息化研究部协作,根据 Wassily Leontief 提出的“投入产出方法”创建了“创造就业岗位模型”。国家信息中心信息化研究部使用各个行业员工劳动生产率(即每个员工创造的 GDP,由中华人民共和国国家统计局提供)的数据确定在各个行业中创造的直接就业岗位。然后使用国家统计局提供的各行业劳动者就业乘数来计算间接就业岗位和带动就业岗位。具体情况如表 2.2 和表 2.3 所列。

表 2.2 创造就业岗位参数

项目	直接就业岗位参数	间接就业岗位参数	带动就业岗位参数
软件服务	0.02504	0.01494	0.08680
硬件	0.07419	0.05081	0.06550
建筑安装	0.01996	0.04356	0.07557
注:直接就业——通过新投资创造就业岗位;间接就业——通过提供原材料和其他生产资料创造就业岗位;带动就业——通过从业人员的消费创造建设旅馆、连锁商店等的就业岗位			

表 2.3 智慧医疗/宽带/电网创造的就业岗位

行业	投资(亿元)	直接岗位(千)	间接岗位(千)	效应岗位(千)	总岗位(千)
智慧医疗	250	91.4	58.4	204.5	354.3
智慧宽带	500	256	232.9	351.3	840.1
智慧电网	250	101	79.1	194.7	374.8

（2）为企业带来的机会。当今企业不仅是对信息化的需求紧迫,还迫切需要智能化,从而提高整个企业的"智商"变成一个"智慧企业",这正是"智慧地球"能够为企业带来的东西。"智慧企业"可以让一个企业从硬件设施、人员、产品等方面全面协调起来,从而在大大增强企业的管理能力的同时降低管理成本;"智慧企业"还能够对企业的商业数据进行全面分析并且辅助决策,使企业更好地抓住商业机会,获得更多的利润;同时,企业也能更好地与客户保持良好关系,提升服务质量,从而提升品牌形象。这一切,都是在增加企业的核心竞争力。

（3）为个人带来的机会。智慧地球能够为我们带来使生活更美好的机会,智慧的交通减少了堵车,让我们不再浪费大量时间在路上,同时也减少了追尾等交通事故的发生;智慧的医疗可以使我们的病历联网,到任何一家医院都可以让医生更了解自己的情况;智慧的银行减少我们排队的时间,让更多的业务可以通过网络办理,从而省时、省力;智慧的城市可以让我们更快地获得政府服务,可以更好地行使我们的权利。这一切都将提高我们的生活质量。可以看出,"智慧地球"不仅可以帮助人们过上更好的生活,还可能成为人类实现进一步梦想的基石。

参 考 文 献

[1] IBM 中国商业价值研究院. 智慧地球[M]. 北京:东方出版社,2009.

[2] 袁渊,李沁. 智慧地球概念的军事影响[J]. 科技创新与应用,2012(8):26.

[3] 赵刚. 关于智慧城市的理论思考[J]. 中国信息界,2012(05):20-21.

[4] 钟书华. 物联网演义(三)——IBM 的"智慧地球"[J]. 物联网技术,2012(07):86-87.

[5] 武岳山. "智慧地球"概念的内涵浅析(三)——IBM 的"智慧地球"概念说了些什么?[J]. 物联网技术,2011(06):91-92.

[6] 崔茜,王喜富. 基于物联网环境下的"智慧地球"[J]. 中国的建设,2012.:50-53.

[7] 武岳山,"智慧地球"概念的内涵浅析(二)——IBM 的"智慧地球"概念说了些什么?[J]. 物联网技术,2011(05):90-91.

[8] 李爱国,李战宝. "智慧地球"的战略影响与安全问题[J]. 计算机安全,2010(11):85.

[9] 柳林,李德仁,李万武. 从地球空间信息学的角度对智慧地球的若干思考[J]. 武汉大学学报(信息科学版),2012(10):1248-1250.

[10] 赵婷,李世国. 智慧地球中的信息服务设计探析[J]. 艺术与设计(理论),2012(05):37-39.

[11] 姜明. 浅析推行"智慧地球"为我国带来的机会[J]. 电子商务,2010(12):2-3.

[12] 王阳. 两化融合下的智慧地球[EB/OL]. http://www.docin.com/p-43478364.html. 2013-7-20.

第3章 智慧城市的形成

3.1 智慧城市概述

3.1.1 智慧城市的概念

1. 智慧城市的概念

智慧城市是能够充分运用信息和通信技术手段感测、分析、整合城市运行核心系统的各项关键信息,从信息化和关注人的价值角度,对城市状态的形象刻画,表征在生态城市、数字城市等工业城市文明基础之上,运用物联网、云计算、光网络、移动互联网等前沿信息技术手段,把城市里分散的、各自为政的信息化系统整合起来,动态整合城市信息数据资源,连接物理城市与虚拟城市,向政府、企业、公众提供的个性化、动态化、多样化的综合信息应用服务,建设信息化基础设施完善、信息数据资源丰富、信息产业高度发达、公众参与程度高、关注人本价值、具有较强公众意识的良性城市状态。

智慧城市是人类智慧与信息通信技术紧密结合的产物,其特征包括以下4个方面:高智能化、互联整合、交换共享、关联应用。其核心理念和实现的关键是借助新一代的云计算、物联网、决策分析优化等信息技术,通过感知化、互联化、智能化的方式,将城市中的物理基础设施、信息基础设施、社会基础设施和商业基础设施连接起来,成为新一代的智慧化基础设施,使城市中各领域、各子系统之间的关系显化,犹如给城市装上网络神经系统,使之成为可以指挥决策、实时反应、协调运作的"系统之系统"。智慧城市形态特征如图3.1所示。

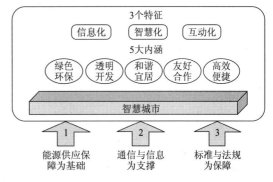

图 3.1　智慧城市形态特征

其中,绿色环保是指低碳、清洁、可持续、环境优美;透明开发是指依托城市统一公共信息服务平台,实现信息透明与共享;和谐宜居是指人与自然、人与社会和谐相处,生活美好;友好协作是指城市各部门、各个流程和每个人协作有序;高效便捷是指市民享受到高效、快速、方便的公共服务。

2. 智慧城市神经系统

智慧城市神经系统有5个基本要素:

(1)神经末梢,城市基础设施,如汽车、手机、工具等城市基础零件,通过装备芯片、传感器、RFID等技术,实现物体智能化以至局部的城市物联网。

(2)神经网络,基于IPv6的地址,通过传感器网络和物联网接入通信网、有线电视网络和互联网。

(3)中枢系统,城市数据中心通过虚拟化的数据资源池构成了云计算的共享基础设施,云计算平台以服务的方式提供,如政务云、商务云、医疗云、教育云等。

(4)血液和养料,城市各个业务系统产生了大量数据、信息和知识,构成了城市海量数据、信息和知识资源库。

(5)细胞和生命元,城市智力劳动者通过相互协作关系所建立起来的社会组织结构是扁平化的、基于社交网络进行协作的、学习型的、快速反应的智慧型组织。这些组织体现为智慧企业、智慧政府、智慧社区等。

3. 智慧城市相关术语

智慧城市的概念在技术与人本因素这两个维度上与数字城市、智能城市、泛在城市、创新型城市、学习型城市、知识型城市等相关概念存在一定的重叠与交叉（参见表3.1）。

表3.1 智慧城市相关概念的定义

类型	相关概念	定　　义
更侧重技术层面的相关概念	数字城市	数字城市是从信息化角度对信息时代及准信息时代城市状态的形象刻画,表征在花园城市、园林城市、生态城市等工业城市文明基础之上,信息化基础设施完备、信息数据资源丰富、信息化应用与信息产业高度发达、工业化与信息化持续协调发展、人居环境舒适的良性城市状态
	智能城市	智能城市是城市发展的新阶段,其核心思想是基于时空一体化模型,以网格化的传感器网络作为其神经末梢,形成自组织、自适应并具有进化能力的智能生命体;其关键是实时反馈的数字神经网络和自主决策系统,可以说数字城市是智能城市的初级阶段
	泛在城市	泛在城市是数字城市的延伸,移动技术的发展与应用使得公众可以随时随地通过任何设备实时地获取信息与服务
更侧重以人为本的相关概念	创新型城市	创新型城市是在新经济条件下,以创新为核心驱动力的一种城市发展模式,应拥有优良的交通电信基础和功能完善的城市中心区;拥有充足的经营、文化、媒体、体育及学术活动的场所设施;拥有研究、开发与创新能力,有受教育程度较高的劳动力队伍;拥有多样化的文化事业基础设施和政府服务高效等
	学习型城市	学习型城市是指在现代日新月异的时期,全体城市居民努力学习新知识从而不断提升城市竞争力的城市;学习型城市是学习型社会理论在指导城市时的具体应用,一般认为,学习型社会理论是由终生教育理论、学习化社会理论和学习型组织理论等融会贯通组合而成的
	知识型城市	知识型城市是追求知识和发展的城市,它超越传统的工业化城市模式,以知识社会、知识经济为其深厚的生存背景和发展空间,视知识为再生资源,从而为培养新经济发展模式奠定基础;知识型城市是以知识为生产与生活活动的基础,不断以知识武装各类产业,并对知识自身的发展创造有利条件的城市

根据表3.1中侧重人本维度的相关概念,智慧城市既是一个创新型城市,它通过鼓励发展物联网、云计算技术等高新技术产业推动创新与研发,也是一个学习型城市,它通过优质的高等教育、终生学习的社会文化氛围培育智慧的公民,最终创建以知识为导向的知识型城市。因此,智慧城市是高新技术范畴与人本范畴的完美整合,代表着城市发展的新形态。

4. 智慧城市技术方案

智慧城市可以说是继数字城市、智能城市、泛在城市之后的更高阶段,是城市信息化建设的新目标。借助的主要核心技术见表3.2。

表3.2 数字城市、智能城市、泛在城市、智慧城市借助的核心信息通信技术

概念	借助的核心 ICT 技术
数字城市	3S(地理信息系统 GIS、全球定位系统 GPS、遥感系统 RS)、互联网、多媒体及虚拟仿真等
智能城市	传感器网络、网络技术等
泛在城市	无线宽带接入(WiBro)、射频识别(RFID)、无线传感器网络(USN)等
智慧城市	物联网、云技术及以上各类技术的整合

由此可见,技术进步只是实现智慧城市的一个重要前提,如何使技术带给人类更智慧、更美好、更可持续的生活才是智慧城市的核心价值和内涵。我国几个智慧城市具体项目方案指标如表 3.3 所列。

表 3.3　各城市智慧城市具体项目方案

维度	实施内容	上海	宁波	深圳	佛山	台北
智慧经济	创新产业	☆☆	☆☆	☆☆	☆☆	☆☆
	生产力提高	☆	☆☆	☆☆	☆☆	
	产业升级	☆	☆☆	☆☆	☆☆	
	企业国际化/品牌		☆☆		☆☆	
	电子商务	☆☆	☆	☆☆		☆☆
智慧公民	创造力					
	高技术人才		☆☆		☆☆	
	终生学习/学习型城市					☆☆
	数字鸿沟					☆☆
智慧治理	公民参与					☆☆
	电子治理	☆☆	☆☆	☆☆	☆☆	☆☆
	透明政府		☆	☆		☆☆
	跨部门协调	☆		☆	☆☆	☆☆
智慧移动	信息通信基础设施	☆☆	☆☆	☆☆	☆☆	
	信息通信平台建设	☆☆	☆☆	☆☆	☆☆	☆☆
	交通/物流	☆☆	☆☆	☆	☆☆	☆☆
智慧环境	低碳环保			☆	☆☆	
	污染治理/循环经济			☆	☆☆	
智慧生活	文化设施与氛围		☆☆		☆☆	☆☆
	医疗	☆☆	☆☆	☆☆	☆☆	
	教育	☆☆	☆	☆☆	☆☆	☆☆
	个人/信息安全	☆☆	☆☆	☆☆	☆☆	☆☆
	住房		☆			
	社会保障/就业		☆	☆☆	☆☆	
	社区	☆☆	☆☆	☆☆	☆☆	☆☆
	旅游	☆				

各建设智慧城市战略目标、战略规划的具体实施内容,依据六维度框架梳理出相同或类似的要点,描述的详略程度分为略有提及(☆)与详细描述(☆☆)。

3.1.2　智慧城市发展沿革

在城市建设的初期重点是基础设施的建设,解决公共基础设施从无到有、从少到多的问题。在社会、经济发展到一定的阶段,传统的管理手段已经很难应对城市生产、生活诸多方面的管理和服务要求,信息化成为城市建设的一个重要方面。我国智慧城市发展沿革如图 3.2 所示。

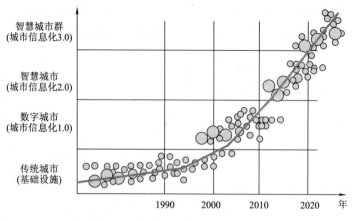

图 3.2 智慧城市发展沿革

在 20 世纪 90 年代,城市信息化得到普遍重视,不过在城市信息化初期,主要关注在少数业务单元或者少数行业条线,在解决业务信息化的同时,也留下不少行业信息孤岛,城市级的共享和协调程度还不够。随着城市进程进一步推进,资源与环境约束问题进一步增强,并直接影响到人们的生活质量。城市需要更智慧化的解决方案成为一种共识。自 2009 年开始,"智慧城市"作为承载转型发展的抓手,受到世界,尤其是中国政府的高度重视。从世界各国和中国对未来的发展规划来看,当前已经进入智慧城市建设阶段。在城市智慧化建设基础上,以共享和协调为特征的区域城市群的建设将促进更大范围的共享和协同,通过大范围的一体化社会管理和公共服务,延伸拓展人们的幸福感。未来智慧城市群将成为城市的一个发展趋势。

3.1.3 智慧城市的基本数学模型

将智慧城市的基本原则作用于智慧城市的基本要素,智慧城市的基本数学模型,可以定位为

$$SC = f_1(x_1, x_2, x_3, x_4, x_5) + f_2(x_1, x_2, x_3, x_4, x_5) + f_3(x_1, x_2, x_3, x_4, x_5)$$

式中　SC——智慧城市;

f_1——消除信息不对称的原则;

f_2——信息的资源替代原则;

f_3——信息资源供需平衡原则;

x_1——智能化的城市部件;

x_2——城市互联互通的信息网络;

x_3——基于云计算的城市新型业务应用平台;

x_4——城市的海量数据;

x_5——知识型的劳动者。

3.1.4 智慧城市建设态势

目前国内外有很多城市提出了智慧城市发展战略,部分已得到实施。全球在建的智慧城市超过 100 个,但是总体来说,智慧城市仍处于试验阶段。

1. 国外智慧城市建设

国外的智慧城市建设,美国保持着国家竞争优势的根本战略,此后,日本、荷兰、瑞典、新加坡等国家先后开始推进各具特色的智慧城市建设战略,其中一些城市已经取得不错的成果。至今,已有近 20 个国家的 30 余个国外城市在进行智慧城市建设。具体国外部分"智慧城市"建设战略概况见表 3.4。

表 3.4　国外部分"智慧城市"建设战略

国家或城市	项目名称	理念或愿景
新加坡	iN2015	通过包括物联网在内的信息技术,使新加坡成为一个有咨询通信驱动的智慧国家与全球都市
日本	U-Japan	发展无处不在的网络和相关产业,将日本建设成为一个"何时、何地、何人、何物"都有,可以获取信息和服务的环境
	i-Japan 战略 2015	在 2015 年,建立一个"安心且充满活力的数字化社会"
韩国	U-Korea	布建智慧网络、推广最新信息技术等,使民众可以随时随地享受科学智能服务
美国	高速宽带发展计划	将迪比克市建成一个由高科技武装的 60000 人社区,2020 年之前,美国家庭互联网速度提高至 100M
卢森堡市	Hot city	无线城市计划,确保市民能时刻与城市互动;改善市政工人的日常工作状况;开启大量商业化网络
阿姆斯特丹	ASC	降低住宅、商业设施、公共建筑、交通设施等的耗能;提高市民生活水平并创造新的就业机会
斯德哥尔摩	2030 城市愿景	成为能够提供丰富生活资源和经验的世界级大都市,具有国际竞争力的创新区域中心和公民广泛享有质量和高成本效力社会服务的城市
戈尔韦	智慧港计划	旨在海洋和环保计划领域,提升市场潜力

2. 我国的智慧城市建设

2010 年 11 月,"2010 年中国智慧城市论坛大会"在武汉召开,这是中国智慧城市发展史上的标志性事件。迄今为止,北京、上海、宁波、无锡、武汉等城市已经纷纷启动"智慧城市"战略,进入了我国智慧城市的第一梯队。至 2011 年年底,全球共有近 50 个城市或国家在进行智慧城市的建设与实践探索,我国在其中占了半数。在"十二五"(2011—2015 年)期间,随着各级政府"十二五"规划及配套信息化规划的陆续启动实施,国内大中城市也纷纷以智慧城市为主题,积极提出改变城市未来发展的蓝图。国内部分"智慧城市"建设战略概况见表 3.5。

表 3.5　国内部分"智慧城市"建设战略

城市	项目名称	理念或愿景
北京	智慧北京	"4+4"总体发展思路,实现从数字北京向智慧北京跃升
上海	上海市推进智慧城市建设 2011～2013 行动年计划	提升网络的宽带化和应用的智能化水平
南京	南京市"十二五"智慧城市发展规划	到 2015 年,基本建成宽带、泛在、融合、安全的信息化基础设施,实现各领域比较广泛的智慧应用,打造一批智慧产业基地
深圳	智慧深圳	从科技、人文、生态三方面打造,并以此作为建设国家创新型城市的突破口
宁波	宁波市智慧城市发展总体规划	智慧到 2020 年,成为智慧应用水平领先、智慧产业集群发展、智慧基础设施完善、具有国际港口城市特色的"智慧城市"
武汉	智慧武汉	构建基于"中国云"和"智慧城市"基础设施及其能处理的基础平台
台湾	i-236 智慧生活科技运用计划	以智慧小镇和智慧经贸园区为推动轴,在防灾、节能、交通、农业、休闲等领域开展智慧生活科技创新应用服务示范

3.2 智慧城市的主要领域

目前用户最为关注的智慧城市应用领域为智慧政务、智慧交通、智慧公共服务等，如图3.3所示。

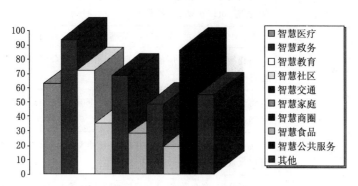

图3.3 智慧城市关注领域

研究多数用户认为，"智慧政务"被认为是智慧城市建设的基础和核心，为其他领域的智慧应用提供重要支撑；智慧公共服务排在第二位，涉及对城市安全管理、环保管理以及市政基础设施建设等内容，与智慧政务密切相关；智慧交通作为第三关注点，涉及"一卡通"、"智能交通管理"、"智能公交系统"、"智能电子收费"等内容，以期缓解城市普遍存在的交通拥堵这一城市病，实现人、道路、交通工具的和谐。智慧教育也受到了极大的关注。

（1）智慧医疗。通过云计算建立市民的健康信息网、健康档案，医疗机构共享健康信息。市民去医院，不必重复拍片，所有检查记录都存储在云端，各家医院都可使用，医生、护士通过无线网络，方便地实现病历检索、电子处方下达、多方会诊等功能，医院诊疗效率大幅度提升，直接缓解看病难、看病贵的现状，同时享受优质的医疗卫生服务，如图3.4所示。

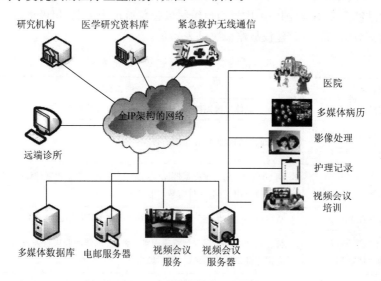

图3.4 智慧城市的医疗服务

（2）智慧政务。通过云计算可以对政府部门IT信息系统进行整合，创新政务的服务机制，方便公众办事和企业行政审批，民众将享有公正、透明、高效的政府服务。

（3）智慧教育。目前智慧校园成为智慧教育研究的热点，基于云计算和物联网技术将从技术上实现设备的共享、优质教育资源的共享，从而为学生提供开放、便捷、优质的学习环境。

（4）智慧交通。智慧交通通过感知交通流量并进行预测和建立模型，整合公共汽车系统、出租车系统、城市捷运系统(MRT)、城市轻轨系统(LRT)、城市高速路监控信息系统(EMAS)、车速信息系统(TrafficScan)、电子收费系统(ERP)、道路信息管理系统(RIMS)、优化交通信号系统(GLIDE)、电子通信系统和车内导航系统信息，提供综合的实时信息服务，并对交通流量进行预测和智能判断，并对突发事件优化应急方案，调动救援资源。

（5）智慧社区。智慧社区可以通过云计算获得海量存储和集中调配的能力，实现平安社区视频监控、家庭家电智能管理、楼宇消防电梯智能管理等多种智能安保和智能家庭功能，让市民出行更放心、在家更省心。

（6）智慧家庭。智慧家庭提高了家庭生活、学习、工作、娱乐的品质，是未来生活的愿景。智慧家庭包括信息、通信、娱乐和生活4大功能。交互式网络电视(IPTV)、计算机娱乐中心、网络家电及智能家居等，都是智慧家庭的体现，如图3.5所示。

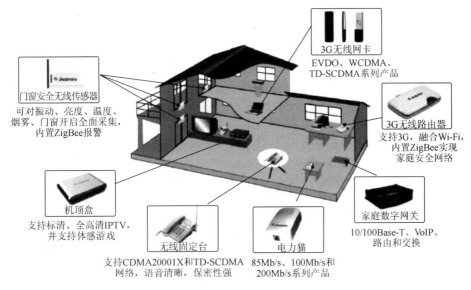

图 3.5　智慧家庭

（7）智慧商圈。可以让百姓生活更便捷。通过无线宽带和云计算的结合，可以实现移动支付、商圈个性化信息推送和提醒、顾客无线上网、商圈内停车位智能管理等多项"智慧商圈"应用，方便顾客购物和交易。

（8）智慧食品。智慧食品系统包括3个子系统：一是追踪系统，通过物联网技术对农、林、畜、牧、渔的食品原料生产、原料加工、物流运输环节和销售环节，再到餐桌上整个闭合圈全程监控，明确供应链上各个企业责任，控制风险；二是生产评估系统，原料企业、加工和深加工企业可以通过数学模型，把食品质量和工艺联系起来，分析工艺的风险程度，确保符合国家标准；三是食品行业应急机制，食品安全的早期预警和突发问题应急管理。当出现突发食品安全事故时，可以追踪事发点、当事人，并查明食品去向，把影响控制在最小范围。

3.3　智慧城市的业务模型

"智慧的城市"，目标是解决商用和民用城市基础设施不完善、城市治理和管理系统效率低下、紧急事件响应不到位等问题。智慧城市业务模型如图 3.6 所示。

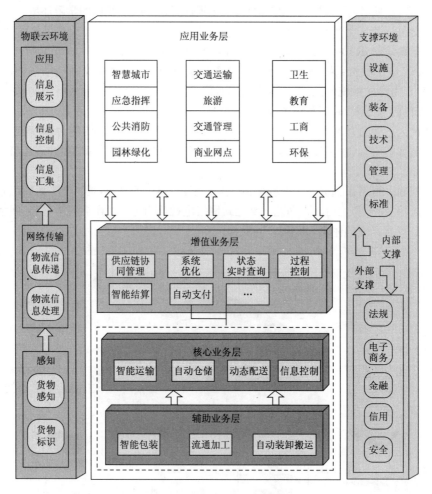

图 3.6 智慧城市业务模型

　　智慧城市业务包括应用业务、增值业务、核心业务和辅助业务。这些业务都是通过物联网、云计算技术支撑,在内、外支撑环境下进行运营。物联感知通过芯片、传感器、RFID、摄像头等手段实现对城市范围内基础设施、环境、建筑、安全等方面的识别、信息采集、监测和控制;互联网、电信网、广播电视网三网融合为智慧城市提供大容量、高带宽、高可靠的光网络和全城覆盖的无线宽带网络所组成的网络通信基础设施;数据融合和信息共享是支撑城市更加"智慧"的关键。智慧城市建设涉及物联网、云计算、SOA、移动互联网、三网融合等新技术、新方法或新模式的整合应用,虽然目前还没有统一的架构和相关标准,但以物联网、SOA 等重点领域的标准应用为积极探索智慧城市的规划和建设,发挥着重要的作用。

3.4　智慧城市的架构体系

3.4.1　智慧城市的架构设计

1. 智慧城市的云架构设计

　　智慧城市考虑基于云计算架构进行设计,以云计算数据中心为核心,打造独立于多个应用系统的公共云,通过各类不同的云,如市政云、交通云、教育云、安全云、社区云、旅游云为各类上层应用提供支持,其架构能后续扩展支持其他云。智慧城市云架构设计如图3.7所示。

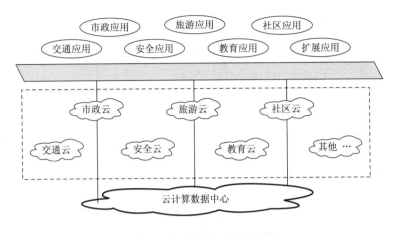

图3.7　智慧城市云架构设计

(1)市政云。建立统一的移动智能政务平台,统一访问门户、统一安全认证、统一的无线网关(短信、彩信、位置服务)和统一的城市综合多媒体信息系统。

(2)交通云。将无线技术与ITS的理念结合,为市民提供便民服务:交通调度指挥、交通出行信息服务、交通安保服务。

(3)教育云。打破时间、空间的限制,实时共享教师和资源,并且能进行实时的互动、交流,以较快提升整个城市的教学水平。

(4)安全云。部署高清视频监控系统,整合各种资源以适应城市应急保障需求,通过数字视频集中管理等系统化科技手段打造“平安城市”。

(5)社区云。采用现代传感技术、数字信息处理技术、数字通信技术、计算机技术、多媒体技术和网络技术,实现社区内各种信息的采集、处理、传输、显示和高度集成共享,实现社区自动化、智能化监控,实现社区生活与工作的安全、舒适、高效,建设国际领先智能化数字社区,以满足社区居民的实际需求。

2. 智慧城市的基础架构设计

智慧城市中基础设施的集成主要分为资源层、感知层、网络层、中间件层、核心服务层及智慧应用处理层,如图3.8所示。

首先,智慧城市中基础设施的集成把感应器嵌入和装备到电网、铁路、桥梁、隧道、公路、建筑、供水系统、大坝、油气管道等各种物体中,并且被泛在连接,形成“物联网”。其次,通过感知层,将不同环境下的感应器收集到感知层。再次,通过网络支撑层,将不同的感知层通过不同的网络进行汇集;通过超级计算机和云计算将“物联网”整合起来,实现人类社会与物理系统的整合。最后,把新前沿技术面向用户,面向产业,充分运用在各行各业之中,以更加精细和动态的方式管理生产和生活,从而达到“智慧”状态。

3. 智慧城市的平台架构设计

智慧城市的平台架构,建立以城市数据系统为中心,基于云计算平台管理下的集中资源,通过资源的智能适配,承载和建设开放的业务引擎、包括业务控制引擎、事务处理引擎、数据分析引擎及上下文感知协同引擎等。与各种终端协同,形成面向服务的智能化平台,如图3.9所示。

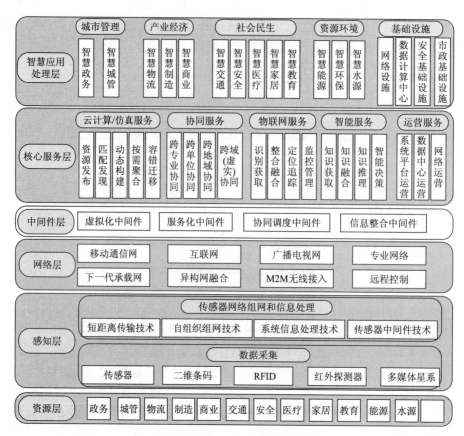

图 3.8　智慧城市的基础设施集成架构

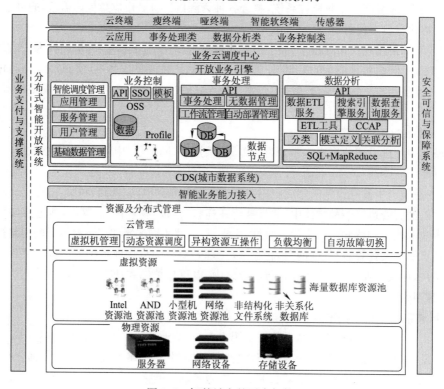

图 3.9　智慧城市的平台架构

40

智慧城市的网络架构,以城市大规模数据中心为核心,进行资源集中,基于数据中心,构建3种基础设施能力,包括计算、存储及网络的能力,同时提供4种引擎,面向城市提供多样化的服务。

3.4.2 智慧城市的建设愿景

智慧城市的建设愿景可以概括为以云计算数据中心为核心,以物联网为触角,以 Wi-Fi、3G 无线全覆盖、宽带通信为高速信息通道,构建智慧城区,如图 3.10 所示。

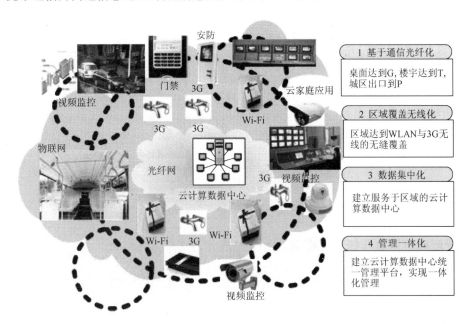

图 3.10　智慧城市的建设愿景

3.5　智慧城市的信息系统

3.5.1　智慧城市的信息环境特点

与传统的城市形态相比,智慧城市的信息环境具有以下特点:①智慧城市的开放性,智慧城市网络都是社会大众共有、共用、共享的开放式网络;②智慧城市的移动化,智慧城市将是以移动网络为核心的信息基础设施城市;③智慧城市的云服务,智慧城市将大量采用云计算技术;④智慧城市的协同化,智慧城市将有越来越多的企业、政府部门和社会机构的信息系统走向网络化、外部化、协同化,除少数涉及绝密信息的领域外,大多数信息系统都将是一种开放的协同系统;⑤智慧城市的高渗透,从网络应用层面上看,当前社会已进入了 Web 3.0 时代,博客、微博、SNS 大行其道,普通民众不再是被动的接收信息,而是主动地参与信息创造和发布以及网络运转的其他环节。因此,无论是在空间维度上还是在时间维度上,智慧城市中网络对人类社会的渗透水平都将大大提升。

3.5.2　智慧城市的信息流转

智慧城市各个部门的信息和数据流转,如图 3.11 所示。

智慧城市各个机构部门的数据信息最终流入到数据信息中心,通过增强虚拟现实系统呈现,并可以实时监控。

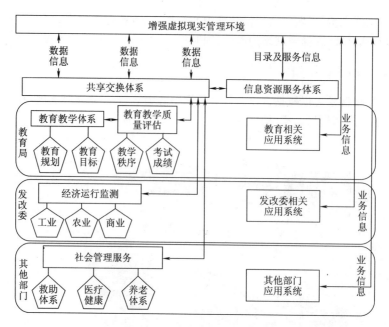

图 3.11 智慧城市信息流转关系

3.5.3 智慧城市信息系统总体框架

智慧城市的总体框架包括物联网感知和控制层、云计算数据中心、智慧化平台、管理中心和应用5 个层次,如图 3.12 所示。

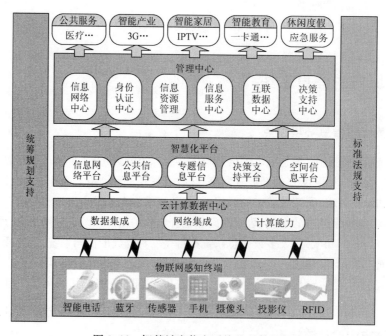

图 3.12 智慧城市信息系统的总体框架

智慧城市信息系统的总体框架呈现下列特征:

(1)普遍部署的物联网感知终端对城市系统和环境进行感知与采集,通过宽带通信网络对感知信息进行传送。

(2)在云计算数据中心对信息进行汇聚、提取和处理。

(3)在智慧化平台实现行业集成的应用接口整合。

(4)通过业务管理平台实现用户、业务、数据、安全、认证、授权和计费等管理功能。

(5)最后实现各行业的应用服务。

另外,标准、法规的完善和全局的统筹规范有利于保障整个信息系统的管理和控制,保证智慧城市的建设和运营,使系统真正具有智能运营、交付和服务能力。

3.6 智慧城市的发展蓝图

3.6.1 智慧城市顶层设计

城市的智慧化程度关键在于城市各类主体的需求得到满足的程度。在进行城市智慧化总体规划时,从城市生活的最基本对象入手,分析各类主体的各层次需求。注重对各类城市主体运行状态的透彻感知,注重各业务环节的互联互通,注重各行业深入的智能化应用。智慧城市顶层设计如图3.13所示。

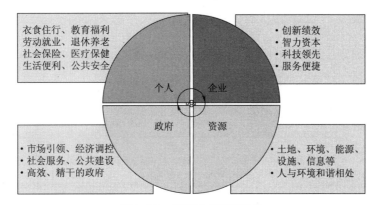

图 3.13 智慧城市顶层设计

3.6.2 智慧城市一体化逻辑架构

原有的各自为政的分散城市模式很容易导致信息孤岛,形成信息烟囱,影响了信息共享和业务协同。智慧城市一体化管理和服务,通过资源整合与共享、信息共享与业务协同,形成区域乃至全国一体化的模式,如图3.14所示。

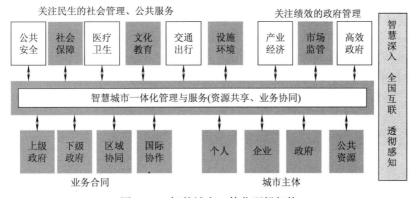

图 3.14 智慧城市一体化逻辑架构

43

智慧城市一体化逻辑架构适应政府"大部制"改革,"归口管理"的趋势,直接面向个人、企业、政府和公共资源设施这一顶层设计,从政府职能入手,将政府管理和服务归口成几个重点线条。通过系统整合,支撑智慧城市一体化的管理和服务。

3.6.3　智慧城市一体化蓝图

智慧城市一体化技术蓝图的总体架构不仅要考虑各行业内部的一体化整合,更要考虑城市级跨部门的信息共享与应用协同,如图3.15所示。

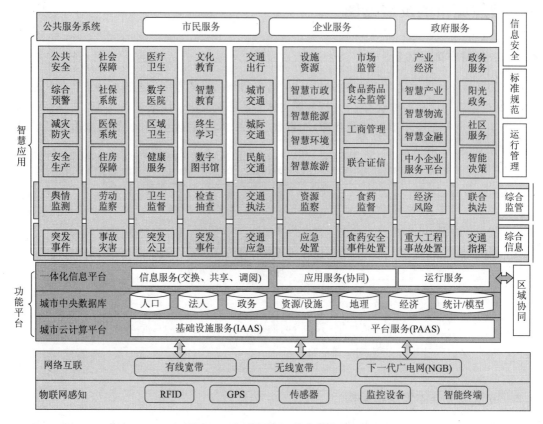

图3.15　智慧城市一体化技术蓝图

智慧城市一体化技术蓝图可以概括为"1+2+N":1个城市一体化功能平台;2层新型网络化设施;N个智慧应用。智慧城市一体化技术蓝图的特征表现在:①感知,借助物联网技术,将智能传感设备渗透到整个生态系统,实现更加透彻、及时的信息获取;②互联,借助3G/4G、HSPA、NGB等下一代通信技术,基于智慧信息平台,促进跨业务、跨机构、跨行业、跨区域的信息联动与整合;③智能,利用云计算技术,处理、建模、预测、分析各个环节产生的数据,深入挖掘信息的内在价值,提高工作效率,提升服务质量;④创新,结合区域实际情况,推进体制、业务、管理、运营等方面的创新,保障智慧城市整体运作体系。

参 考 文 献

[1] 邹佳佳,马永俊.智慧城市内涵与智慧城市建设[J].无线互联科技,2012(04):69-70.

[2] 王兆进,王凯,冯东雷.智慧城市发展趋势及案例[J].软件产业与工程,2012(02):18-24.

[3] 赵刚.关于智慧城市的理论思考[J].中国信息界,2012(05):20-21.

[4] 王璐,吴宇迪,李云波.智慧城市建设路径对比分析[J].工程管理学报,2012,(5);34-37.

[5] 吴宇迪.浅议我国智慧城市建设与发展问题[J].建筑经济,2012(08)93-94.

[6] 沈鸣,周其刚,邵文艳.云计算构建信息化城市综合平台为智慧城市应用奠基[J].通信世界,2012(15);38-39.

[7] 崔茜,王喜富.基于物联网环境下的"智慧地球"在中国的建设[J].物流技术(装备版),2012;50-53.

[8] 袁媛,等.物联网与SOA在智慧城市的应用研究[J].信息技术与标准化,2012(07);32-34.

[9] 吴吉朋.浅谈云计算与智慧城市建设[J].电子政务,2011(07).25-27.

[10] 陆伟良,周海新,陆侃.感知智慧城市概论——智慧城市学习体会[J].智能建筑与城市信息,2012(06)28-36.

[11] 陆伟良,周海新,陈长川.感知智慧城市概论[J].江苏建筑,2012/05.

[12] 李忠宝.空间技术支持智慧城市建设与发展的思考[J].卫星应用,2012(02);9-16.

[13] 丁波涛.智慧城市视野下的新型信息安全体系建构[J].上海城市管理,2012(04);17-18.

[14] 李晓钢.智慧城市的信息资源规划研究[J].电子政务,2011/04;32-37.

[15] 汪芳,等.物联网、云计算构建智慧城市信息系统[J].移动通信,2011(15);51-53.

[16] 中国工程院.物联网发展战略规划研究报告[R],2010.

[17] 工业和信息化部电信研究院.中国物联网白皮书[R],2011.

[18] 王鹏.云计算的关键技术与应用实例[M].北京:人民邮电出版社,2010.

[19] 吴余龙,艾浩军.智慧城市物联网背景下的现代城市建设之道[M].北京:电子工业出版社,2011.

[20] 中国电信智慧城市研究组,智慧城市之路—科学治理与城市个性[M].北京:电子工业出版社出版,2011.

[21] 吴功宜.智慧的物联网:感知中国和世界的技术[M].北京:机械工业出版社,2010.

[22] 吴余龙,艾浩军.智慧城市:物联网背景下的现代城市建设之道[M].北京:电子工业出版社,2011.

[23] 吴功宜.智慧的物联网:感知中国和世界的技术[M].北京:机械工业出版社,2010.

[24] IBM.智慧的城市在中国[EB/OL].http://www.ibm.com/cn/zh/.2013-7-10.

[25] 第三届中国智慧城市大会[EB/OL].http://www.chinasmartcity.org/2013conference/.2013-7-20.

第4章 智慧校园的构建

4.1 智慧校园的概念

智慧校园概念源于智慧地球、智慧城市等概念。智慧校园是适应信息通信时代的发展，为实现学校高效地培养知识时代所需求的高素质、创新型人才目标而服务，它促进学校向智慧化演进，提供校园无处不在的网络学习、融合创新的网络科研、透明高效的校务治理、丰富多彩的校园文化、方便周到的校园生活。智慧校园是通过智慧化的信息手段实现具有智慧、人文、安全、稳定、环保、节能等特点的智慧化的教学、科研、管理、生活。智慧校园是指利用云计算、物联网和增强虚拟现实等新技术来改变学校教师、学生、其他工作人员和校园资源相互交互的方式，将教学、科研、管理与校园资源和应用系统进行统合，提高交互的明确性、灵活性和响应速度，从而实现智慧化服务和管理的校园模式。智慧校园即拥有智慧的教师、智慧的学生、智慧的课堂、智慧的校园文化，整个校园从教师的教到学生的学，从完整的管理体系到评价体系等，都是以"智慧"为指导思想和核心。智慧校园以"智能＋互联＋协同"为理念，以安全、便捷、高效、绿色为目标，以各种信息化技术，包括感知、智慧、挖掘、控制等技术为支撑，实现校园的安全监控、科学管理和个性化学习。

智慧校园的典型特征表现在3个方面：一是为广大师生提供一个全面的智慧感知环境和综合信息服务平台，提供基于角色的个性化定制服务；二是将基于云计算的信息服务融入学校的各个应用领域，实现互联和协作；三是通过智慧感知环境和综合信息服务平台，为学校与外部世界提供一个相互交流和相互感知的接口。具体地说，智慧校园是把感应器嵌入和装备到食堂、教室、图书馆、供水系统、实验室等各种物体中，并且被普遍连接，形成"校园物联网"，然后将"校园物联网"与现有的互联网整合起来，实现教学、生活与校园资源和系统的整合与共享。

4.2 智慧校园的功能特征

4.2.1 智慧校园的特征

北京师范大学黄荣怀等于2012年提出了"智慧学习环境"的概念，认为智慧校园（Smart Campus）应具有以下特征：

(1)环境全面感知。智慧校园中的全面感知包括两个方面：一是传感器可以随时随地感知、捕获和传递有关人、设备、资源的信息；二是对学习者个体特征（学习偏好、认知特征、注意状态、学习风格等）和学习情境（学习时间、学习空间、学习伙伴、学习活动等）的感知、捕获和传递。

(2)网络无缝互通。基于网络和通信技术，特别是移动互联网技术，智慧校园支持所有软件系统和硬件设备的连接，信息感知后可迅速、实时地传递，这是所有用户按照全新的方式协作学习、协同工作的基础。

(3)海量数据支撑。智慧校园可以利用数据挖掘和建模技术等，在海量校园数据的基础上构建模型，建立预测方案，对新到的信息进行趋势分析、展望和预测；同时智慧校园可综合各方面的数据、信息、规则等内容，通过智能推理，做出快速反应、主动应对，更多地体现智慧特点。

(4)开放学习环境。智慧校园支持拓展资源环境，让学生冲破教科书的限制；支持拓展时间环境，让学习从课上拓展到课下；支持拓展空间环境，让有效学习在真实情境和虚拟情境得以发生。

(5)师生个性服务。智慧校园环境及其功能均以个性服务为理念，各种关键技术的应用均以有效解决师生在校园生活、学习、工作中的诸多实际需求为目的,并成为现实中不可或缺的组成部分。

因此说,智慧校园是指一种以面向师生个性化服务为理念,能全面感知物理环境,识别学习者个体特征和学习情境,提供无缝互通的网络通信,有效支持教学过程分析、评价和智能决策的开放教育教学环境和便利舒适的生活环境。

4.2.2 智慧校园的功能

智慧化校园是以网络为基础,利用先进的信息化手段和工具,实现从环境、资源到活动的智慧化,最终达到提高教学质量、科研和管理水平与效率的目的。实现智慧校园,关键包含3个方面:信息智慧感知和采集;信息智能集成;信息智能分析和表达。其中,信息智慧感知和采集是智慧校园的基础,在硬件方面:第一方面是物联感知系统;第二方面是网络通信基础设施;第三方面是基本信息采集与管理。具体来说,其主要功能如下:

(1)智慧校园针对孩子上学和放学途中可实现的功能有:实时位置感知;校车监控;沿途提醒;定时提醒;间隔提醒;区域报警;到达提醒;交流互动平台等。

(2)结合校园内智慧传感网络的建设,将校园内外网络信号无缝接合,实现一套完整的中小学生全程管理应用,其在校园内实现的功能包括:学生信息管理;校园进出管理;校园内人员定位;区域轨迹管理;特殊区域管制;突发事件管理;校园设施管理;校园资产管理;食堂安全监控管理等。

(3)全面实现智慧门禁、智慧图书馆、对教育教学质量的监控和智能评估。

4.2.3 智慧校园学习服务

智慧校园内的学习应通过提供无处不在的网络资源,给学习者提供泛在学习的机会;校园智能环保采用先进节能技术,培养学生的环保意识;智慧图书管理系统方便了图书馆图书的管理,方便了学习者的借阅。

1. 泛在学习网络

泛在网的概念首先由美国 Mark Weiser 先生于 1991 年提出。泛在网(Ubiquitous Network)是指基于个人和社会的需求,实现人与人、人与物、物与物之间,按需进行的信息获取、传递、存储、认知、决策、使用等服务,网络具有超强的环境感知、内容感知及其智能性,为个人和社会提供泛在的、无所不含的信息服务和应用。因此,泛在网是智慧校园的基础设施和基本条件。智慧校园对网络的要求是高宽带、广覆盖、海量数据、移动状态、协同工作。泛在网络如图4.1所示。

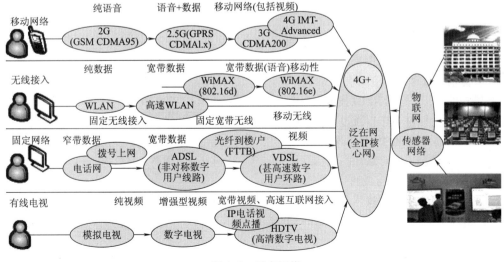

图 4.1 泛在网络

泛在网为全IP核心网,涉及的技术体系有四大类:一类是移动网络;二类是无线接入;三类是固定网络;四类是有线电视。整个物联传感网也包含在内。

2. 泛在学习服务

智慧型校园的教学不仅是教给学生知识,教学生学会学习,更重要的是要教给学生如何处理海量信息,以及如何与人交流协作,以实现无处不在的泛在学习。泛在学习综合服务体系的框架如图4.2所示。

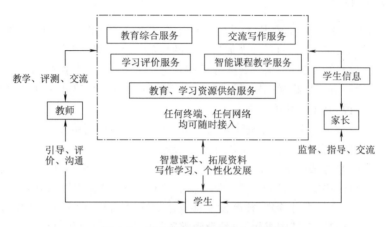

图4.2 泛在学习综合服务体系框架

在这一服务体系中,利用泛在网络技术,通过智能终端设备如手机、iPAD、平板计算机、便携笔记本、学习机、手持阅读器等能够通过网络进行学习。主要的服务如下:

(1)学习服务。为教师、学生提供丰富、全面、及时更新的教学资源,这个资源平台整合了课程教材内容、影音资料、多媒体课件及实验素材、拓展资源等。

(2)智能课程服务。具体表现为教师与学生利用泛在网络,完成课堂教学、课外辅导、布置作业与答疑、自主学习、协作学习完成任务及课外互动等。

(3)学习评价服务。为每个学生提供一个成长档案袋,记录学生的课堂表现、作业情况、学习中的困难和疑问,课后登录网络自学情况。

(4)交流与协作服务。为教师、家长、学生建立了沟通交流的平台,这一服务更注重家长的参与和协作,家长通过泛在网络,就可以获得学生的学习成长情况,从而更好地对学生进行监督和引导。

(5)教育综合服务。通过泛在学习综合服务平台的智能分析和数据统计为教育管理者提供决策参考。

4.2.4 智慧图书馆

物联网技术支撑的智慧图书馆的架构模型,如图4.3所示。整个架构分为4层,分别为感知层、接入层、智能信息处理层与应用层。

(1)感知层。其一运用RFID技术实现图书智能识别及信息跟踪;其二,通过安装在各个书库的RFID芯片组成的传感器网络,实时监测馆内的环境情况。实时感知图书信息以及楼宇信息,与馆内每个交互物件"对话"。

(2)接入层。运用先进技术移动3G网络、WiFi、ZigBee、局域网等对实时监测的信息进行交互,实现"物物交流"。

图4.3 物联网技术支撑的图书馆架构模型

(3)智能信息处理层。对云图书馆系统进行管理、维护、操作等,包括业务管理、感知信息的调度和终端管理功能,确保客户管理、用户计费和业务开通信息的同步和准确。

　　(4)应用层。提供业务管理、维护、操作等 Web 接口,包括自助图书借还、图书编目、图书采访、图书归架、在线咨询等功能。

　　目前,RFID 智慧图书馆系统应用广泛,特别是在知名高校和国家级图书馆普遍使用,其功能结构如图 4.4 所示。

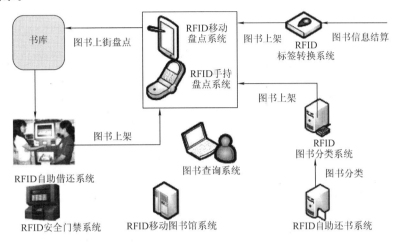

图 4.4　RFID 智慧图书馆系统

　　RFID 智慧图书馆系统的开发和应用:

　　(1)提高了借还书效率。无线射频识别可以实现多本图书随意摆放在阅读器范围内即可同时进行借还操作的功能,可以提高几倍的借还书效率,同时增加图书借阅率。

　　(2)实现了自助借还。图书可以自助借还,自助借还机能够准确判断与更改图书借还状态,确保自助借还操作与通过工作人员操作达到相同效果,实现节省人力的目的。

　　(3)方便库存盘点。实现流动工作车方式,大幅提高图书盘点及错架图书整理效率。

　　(4)RFID 标签标识。采用 RFID 标签,直接将电子标签粘贴在图书中即可,无需去除图书中的永久性充消磁条,可以大幅降低更换工作量,同时可以减少对图书的损坏。

　　(5)标签隐蔽性强。电子标签可以粘贴到图书任何两页之间的夹缝中,并且本身双面敷胶,一旦粘贴完成,很难发现标签粘贴位置,使其具有高度的隐蔽性,减少了读者有意或无意的破坏。

　　(6)条码数据管理。条码数据信息快速转换到电子标签内,系统对原来的条码管理系统有很好的兼容性,不仅可以根据条码完成图书管理,而且系统能够将条码所包含的信息快速转换到电子标签中,然后通过数据关联实现条码管理到标签管理的快速转换与永久性磁条的共存性。

　　(7)增强了防盗监控。电子标签中的防盗识别位通过在借还过程中更改该防盗识别位来改变图书的在馆状态,并在读者携带图书通过防盗门禁的时候由防盗门禁系统读取并判断该防盗识别位是否满足出馆的条件。对于没有办理借阅手续的图书,在经过防盗门禁时门禁系统会进行声光报警,避免了很多不必要的矛盾,使图书馆变得更为专业化、人性化。

4.3　智慧校园的环境感知

4.3.1　学习情境识别与环境感知技术

1. 学习情境识别与环境感知

智慧校园的学习情境识别是个性化学习资源推送、学习伙伴连接以及学习活动建议的前提,是智慧校园建设中的关键技术。智慧校园的学习情境识别的目标是根据可获取的情境信息识别学习情境类型,诊断学习者问题和预测学习者需求,以使得学习者能够获得个性化的学习资源,找到能够相互协作的学习伙伴、接受有效的学习活动建议。环境感知技术是"智慧校园"的基础技术,有助于实现对校园各种物理设备的实时动态监控与控制。RFID、二维码、视频监控等感知技术与设备在学校中有很多应用之处。目前已经在校园安保、节能、科研教学等方面得以应用。

智慧校园的学习情境是指学习者在校园内学习时所处的即时环境。学习情境分别表示基本信息、个性特征、学习偏好、时空信息 4 类学习情境信息,如表 4.1 所列。

学习者的个性特征分为性格维度、知觉维度、理性维度和态度维度 4 类。学习偏好从资源偏好、学习模式和交互模式 3 个角度描述。时空信息则包括学习者发送请求服务的时间和地点两类信息。

表 4.1　学习情境分类

学习情境类别	学习情境信息	取值范围
基本信息	性别	男/女
	年龄	正整数
个性特征	性格维度	外向型/内向型
	知觉维度	理智型/情感型
	理性维度	思考型/感觉型
	态度维度	判断型/感知型
学习偏好	资源偏好	音频/视频/文字/动画/游戏
	学习模式	自主学习/协同学习
	交互模式	非实时交互/实时交互
时空信息	时间	学习者发送请求服务的时间
	地点	学习者发送请求服务的 IP 地址

2. 情境感知与情感智能

从人工智能领域来看,情境感知(Context Awareness)是指通过传感器及其相关的技术使计算机设备能够"感知"到当前的环境信息,从而进一步了解用户的行为和动机,自适应地提供主动式服务。情感智能(Emotional Intelligence)指机器能够"感知"人类的情绪信息,作出人性化的智能反应,并提供符合人们情感需求的智能化服务。可以把"情境"分为以下 3 大类:自然情境、社会情境和心理情境。心理情境的感知是通过科学的心理学观测方法来获得的。其过程可用图 4.5 来表示。

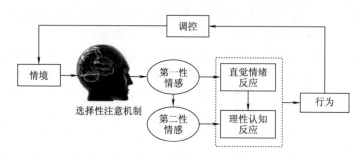

图 4.5　情境感知与情感智能的脑活动过程

人类在受到特定的情境信号刺激时,首先通过选择性注意机制和外周的各种感觉器官及内部感觉通路,在神经生理整合机制作用下,将上述信号传送到大脑边缘系统,由脑机制激发相应的脑活动。大脑边缘系统在结合当事人个人特质的心理属性、生理属性和社会学属性影响之后,产生了快速的第一性情感,形成直觉的情绪反应。然后,再通过大脑边缘系统与大脑皮层的交互活动,并经过大脑的高级认知过程以后,在已有的状态基础上继发第二性情感,形成较为理性的认知反应。第一性情感对不同的人而言一般具有共性,第二性情感与每个人的经验和知识有关,存在着较大的差异。在上述情绪反应的作用下,可能进一步引发各类相应的行为。在上述过程中,为了对人们的行为进行适当的调控,需要设计一系列新的情境刺激信号,以此来进一步调节人们的情绪状态和后续的行为表现。

3. 图书馆情境感知

图书馆情境感知提升图书馆个性化推荐基本的服务过程,如图 4.6 所示。

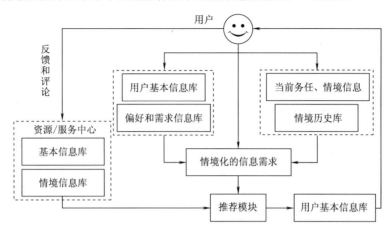

图 4.6　图书馆情境感知推荐服务

在基于情境感知的图书馆推荐服务中,既通过比较资源或服务情境与用户情境的相似度进行内容匹配,向用户推荐最适合其情境的资源或服务,同时又能够根据用户在特定情境下的行为和需求进行用户聚类,从而可以组成用户社区,实现协作推荐。目前,情境化推荐中涉及情境信息的有效获取与计算、用户情境化需求的精确提取、情境感知推荐算法等问题,在具体的实现过程中还有很多技术需要深入研究。

4.3.2　学习分析技术

学习分析技术是对学习者以及学习情境的数据进行收集、整理、分析和呈现,以便更好地理解和优化学习以及学习发生的情境,从而提高学习效率和效果。学习分析技术的核心是针对学习者、学习情境信息等内容进行建模,通过对交互文本、视/音频和系统日志等能够反映学习过程信息的数据,利用参与度分析法、社会网络分析法和内容分析法等自动化的交互文本分析技术,来获取学习者的参与度、学习者的社会网络、学习者关注的学习内容、学生和教师的课堂行为、学习情况和学习资源的利用情况等内容。学习分析技术可作为教师教学决策、优化教学的有效支持工具,也可为学生的自我导向学习、学习危机预警和自我评估提供有效数据支持,还可为教育研究者的个性化学习设计和增进研究效益提供数据参考。

学习分析技术有两类观点,即分离工具和整合工具。以 Shum 和 Ferguson 为代表的研究者为各种类型的学习分析任务提供了不同的工具。Shum 和 Ferguson 仅列出了前 4 类学习分析的相关工具,如表 4.2 所列。对于最后一类工具学习情境分析,由于其复杂性,目前还没有工具能够对其进行分析。

表 4.2　各类学习分析工具

学习分析类型	工具	描　　述
学习网络分析	Mzinga	商业工具、社会性媒体交互分析工具,可以发现网络中活跃程度高、影响力大的用户
	SNAPP	Ocial Networks Adapting Pedagogical Practice 免费工具,可以将论坛讨论内容转化为关系图示
	Gephi	开源网络分析工具,支持关系可视化
学习对话分析	Cohere	在线知识地图工具,可以对学习者之间的知识分享建立联系并进行分析
	WMarix	基于语料库的文本分析工具,可以通过浏览器对英语文本进行在线分析

学习分析类型	工具	描 述
学习内容分析	NVivo	质性分析工具包
	Atlas. ti	质性分析工具包
	Google 图片搜索	支持图片内容识别，并进行互联网搜索
习气质分析	ELLIment	基于学习气质分析量表 The ELLI(Effective Lifelong Learning Inventory)，对学习者的学习气质进行分析，并给予可视化表征
	Enquiry Blogger	基于 Blog 支持协作活动，支持对协作信息进行挖掘，并提供图形化分析结果

Siemens 等则为学习分析提出了一个模块化系统设计思路。基于一个模块化设计的开源平台，各种学习分析功能可以以组件和服务的形式被不断添加进来。从而建立一个完整的学习分析系统。整个系统构成见图 4.7。

学习分析系统中最核心的部分包括：①分析引擎整合不同分析组件开展数据分析，如对在线论坛中的讨论情况进行分析需要多种分析组件的整合，包括自然语言分析模块、社会网络分析模块和基于行为挖掘的交互过程分析模块等；②适应性学习与个性化引擎包括适应性的学习过程、学习内容等，可以结合分析引擎的分析结论、学习者档案、学习管理系统中的学习行为、社会媒体中的交互行为等为学习者推送学习内容；③干预引擎跟踪学习者的学习过程，通过预测模型对其进行干预，如学

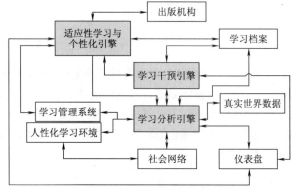

图 4.7　学习分析系统

习内容、学习路径、学习伙伴和导师等。根据预测模型和分析结果，不同的学习资源、社会性联系和学习策略将提供给学习者；④仪表盘将学习分析的结果通过可视化的形式进行表述和显示，对不同用户将显示不同内容。同时，根据用户的需要，单击该仪表盘可以显示详细信息，呈现每一类学习分析的细节。

众多研究者提出了不少学习分析的模型，较为知名的是 Siemens 提出的学习分析技术过程模型和 Elias 提出的持续改进环模型。纵观这些模型，其在概念和过程上都还有改进的空间，基于网络的现代学习分析概念模型如图 4.8 所示。

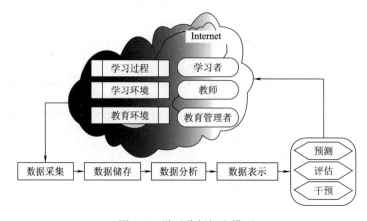

图 4.8　学习分析概念模型

不同于 Brown 提出的学习分析五要素,学习分析的基本组成要素包括:①学习过程,这是学习分析和其他类型分析的本质区别,学习分析重点关注学生的学习过程,学生在学什么、如何达到学习目标、怎样学习等;②学习环境,学习者和教师在学与教的过程中所利用的硬件和软件环境;③教育环境,教育发生的大环境,包括教育政策、教育管理等;④受众,学习分析结果的受益者;⑤5 个重要环节,包括数据采集、数据存储、数据分析、数据表示与应用服务。5 个重要环节是学习分析技术的核心。数据采集,从学习环境及学习过程中采集的数据,可以划分为两类:学习者相关数据和学习资源数据。学习者相关数据主要包括与学习者在学习过程中产生的学习日志,以及智慧学习环境中的各种动态数据,如文本、图片、音频、包含表情和动作的视频、学习者的学习成果、学习者的学习路径等。学习资源数据包括与课程相关数据、学期信息数据、教学辅导数据、学习管理数据等。数据存储,需要按照数据类型和特点,对大规模数据进行结构化存储,并且需要考虑数据之间的语义关联和不同数据源的数据格式问题。数据分析,可以根据不同的应用需求从 3 种角度筛选数据来进行分析。学习者规模,可按照学习者规模的不同进行分析,如个人学习者、班级学习者、全体学习者。对学习者个人学业数据进行分析可以获知学习者的学习状况、学习动机和学习兴趣;对整个班级的学习者数据进行分析可以获知学习者的整体特点,得到关于某课程的一致问题;对全体学习者数据进行分析可以获知课程设置的接受度、学习者学习的普遍特点、学习工具有效性的信息。数据表示,即将数据分析的结果可视化,用人工可以理解的方式呈现分析结论,将信息转化为教学研究和学习支持服务的相关知识。绩效评估、过程预测与活动干预。评估和预测的受众有 3 种,分别是学习者、教师和教育管理者。针对学习者相关数据的分析结果,可评估其学习效果和学习状态,让学习者对自己的学习情况有一个了解,帮助学习者进行自我评价;将可视化的学习绩效结果反馈给学习者,使学习者成为利用数据发展自我的主动学习者。同时,预测学习者可能出现的学习风险和障碍,警示学习者,预测学习者的学习路径,督促学习者进行学习规划,激发学习者的自我学习能力。

4.3.3 学习资源的共享技术

1. 学习资源创建与共享

学习资源通过专家创建、用户上传等方式生成,资源获取主要通过系统推荐、站外共享和主动获取 3 种方式。其中,系统推荐主要采用两种方式,一是用户评价的热度,二是根据学习任务、学习风格、活动及关系等方式进行个性化推荐。站外共享主要采用连接外网、浏览聚合信息和分享信息 3 种形式。在整个过程中,各种社区驱动因素通过直接或间接的作用促进学习行为的发生,推动资源的创建与共享,资源创建与共享模式如图 4.9 所示。

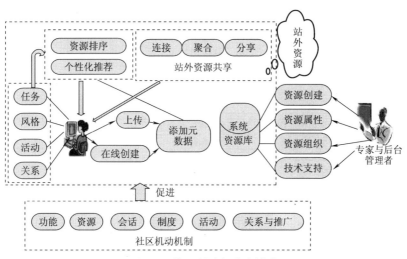

图 4.9　资源创建与共享模式

2. 学习资源的生成流程

学习资源的生成流程以及对象化的资源包封装格式,如图4.10所示。

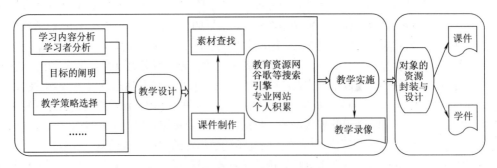

图 4.10　学习资源的生成流程

学习资源的生成流程,首先,进行教学设计,包括对学习内容和学习者的分析、学习目标的阐明和学习策略的选择;进行素材查找,根据教学设计,查找生成最终数字化资源所需要的素材;然后制作出与教学设计相匹配的课件资源;接着进行教学实践,将资源与课堂教学进行整合,并且对课堂实录进行录像;最后,对以上各环节中的生成性资源和最后的教学反馈进行重新封装,形成对象化教学资源包。对象化教学资源包的封装格式一般可包括两个部分,即课件与学件。课件主要包括教师教学活动过程中一系列教学资源,以供同学科领域教师授课及研讨;学件主要用于学生的自主学习和课外拓展。

4.4　智慧校园应用总体架构

智慧校园建设要体现"以人为本"的重要理念,以满足师生需要为中心,以支持师生学习为目的,以分析师生特点为方向,来组织相关的应用与服务。智慧校园应用总体架构如图4.11所示。

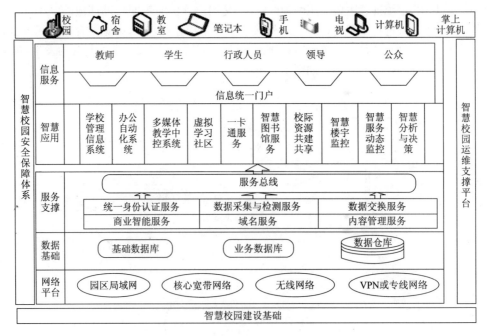

图 4.11　智慧校园应用总体架构

智慧校园应用总体架构包括网络平台、数据基础、服务支撑、智慧应用和信息服务。智慧校园是把产品电子代码、RFID、各种传感器装配到教室、食堂、实验室、图书馆、浴室等各种设施里,通过智慧校园系统平台链接到一起,形成物联网,将各种信息融入学校的各个应用领域进行互联与协作,达到"智慧管理"校园的目标。

参 考 文 献

[1] 陈平,刘臻.智慧校园的物联网基础架构研究[J].武汉大学学报(理学版),2012(S1):141-146.

[2] 胡娟.基于物联网的智慧校园建设研究[J].福建电脑,2012(6):104-106.

[3] 陈明选,徐旸.基于物联网的智慧校园建设与发展研究[J].远程教育杂志,2012(4):61-64.

[4] 付屹东.浅谈 MOT 城域物联网在智慧城市中的应用[J].智能建筑与城市信息,2012(7):99.

[5] 陈翠珠,黄宇星.基于网络的智慧校园及其系统构建探究[J].福建教育学院学报,2012(1):121-124.

[6] 沈彦君.物联网技术在智能图书馆中的应用[J].国家图书馆学刊,2012(02):51-52.

[7] 杜晓静,姚高峰,何秋燕.物联网在智慧校园建设中的应用研究[J].网络安全技术与应用,2011(10):9-10.

[8] 朱郑州.一种基于情景感知的学习服务发现算法[J].计算机科学,2012(02):132-135.

[9] 戴伟辉.情景感知与情感智能:通往智慧城市的智慧之门[J].上海城市管理,2012(4):29-32.

[10] 袁静.情景感知自适应:图书馆个性化服务新方向[J].图书情报工作,2012(7):79-82.

[11] 孙洪涛.学习分析视角下的远程教学交互分析案例研究[J].中国电化教育,2012(11).:40-42.

[12] 李艳燕,马韶茜,黄荣怀.学习分析技术:服务学习过程设计和优化[J].开放教育研究,2012(5):18-22.

[13] 赵蔚,等.基于社区驱动的学习资源共享机制研究[J].中国电化教育,2012(12):76-90.

[14] 李玉顺,等.区域级基础教育数字化资源共享与应用研究——以北京市的个案调研分析与发展建议为例[J].中国电化教育,2012(8):83-91.

[15] 冀翠萍.智慧校园信息化运行支撑平台的建设[J].现代教育技术,2012(1):48-50.

[16] 上海社会科学院信息院信息研究所.智慧城市论丛[M].上海:上海社会科学院出版社,2011.

[17] Yang S J H,Shao N W Y. Enhancing pervasive Web accessibility with rule-based adaptation strategy[J]. Expert Systems with Applications,2007,32(4):1154-1167.

[18] Anna V,Zhdanova Pavel S. Community-Driven Ontology Matching[A],Lecture Notes in Computer Science[C]. New York:Springer-Verlag Press,2006:34-39.

第5章 智慧学习环境构建的关键技术

5.1 智慧学习环境构建的云计算技术

5.1.1 智慧学习环境的云计算

1. 智慧学习环境云服务

云服务是指服务的交付和使用模式,通过网络以按需、易扩展的方式获得所需服务。云计算(Cloud Computing)作为一种分布式系统,又与传统的分布式系统有所区别,它具有以下特征:无所不在的网络;资源汇聚和共享共用;自助式服务;迅速机动地调配资源和计算服务。云计算的核心思想,是将大量用网络连接的计算资源统一管理和调度,构成一个计算资源池向用户按需服务。云计算分为3层:云软件、云平台、云设备。智慧学习环境应该是无处不在的便捷的上网环境,拥有一个计算环境、存储环境的数据环境,一个支持各种智能终端、设施、设备联网的系统接入环境。基于云计算的智慧学习环境拓扑结构如图5.1所示。

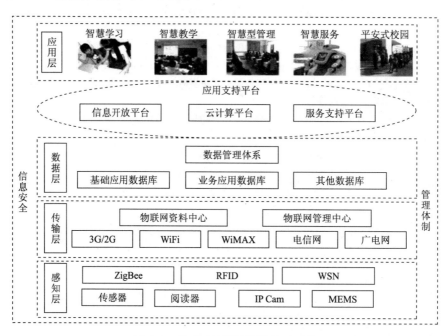

图5.1 基于云计算的智慧学习环境

基于云计算的智慧学习环境具有3大基础。第一,支持智慧学习环境的网络基础设施。智慧学习环境网络拥有SAN光纤网络,异地备份存储网络,集中、安全、高速的IDC网络环境,数字媒体网络,做到高带宽、安全、冗余可靠,并且将进行"三网融合",从而为智慧学习环境提供高速接入云计算平台;同时在智能方面将做到物联感知、覆盖广泛、接入灵活。第二,云计算平台是支撑智慧学习环境的关键要素。云计算为智慧学习环境提供了支撑平台。与传统的网络环境相比,云环境里的用户群体,服务提供商数目庞大,用户和服务提供商可以动态地加入或退出。作为一种信息服务模式,云计算可以把大量的高度虚拟化的计算和存储资源管理起来,组成一个大的资源池,用来统一提供服务。第三,智慧学习环境的物联感知系统。智慧学习环境物联感知系统应是整个环境中最常用的一部分。利用传感器、采集器、RFID、二维码、高清视频监控等感知技术和设备,可实现智慧学习环境的数字化管理和全天候监控。具体可包括以下4个方面:①基础物联网络环境的建设,应充分考虑IPv6网络技术,部署IP有线核心网络环境,光纤汇聚交换到大楼,并着重在各楼群的出入口、智慧学习环境电话亭、图文信息楼、机房、控制室等数据汇聚点等重点区域进行接入网络布点,并对学校各主要出入口、核心交通干道、停车场等区域进行高速无线网络信号的覆盖,为各个区域感知信息的获取与有效传输提供保证;②楼宇能耗监控网络系统建设,主要包括对各大楼所有三表抄送、自动能耗监控;③智慧学习环境安全管理系统建设,对主要实训室、书库、危险品仓库等场所安装温度、湿度等检测传感装置,对各大楼的出入口安装高清视频监控并联网,从而实现安全信息的采集、分析与危害报警等功能;④智慧图书网络管理系统建设,构建自助化智慧型图书馆,充分利用射频、传感等技术,创建学习共享空间、智慧书库和智慧读者服务大厅,实现自动图书借阅管理以及自动超期费用结算等。

智慧学习环境设计,可以通过网络把各种网络设备和应用服务器连接起来构成一个通用的实体,学校的各种服务可分为多个子系统,各系统之间可以实现资源共享、数据交互、访问控制和隔离的需求,根据需求可以设计一个安全、可靠、便于使用管理的平台。基于云计算的Iaas架构设计,是以云计算数据中心为核心,打造独立于多个应用系统的公共云,通过各类不同的云环境为其提供支持,这些云环境包括整个智慧学习环境的主要部分。

(1)数字图书馆云。数字图书馆云一般提供两类服务:一类是软件服务,即各类软件的应用,如图书馆自动化系统等;另一类就是云存储服务,可以把大量的数字资源存放于"云"上,而不再需要"镜像"于本地。然后利用云计算解决方案,架构满足本地或局部应用的"私有云"平台,最后再利用互联网技术整合服务,实现不同"云"之间的互操作,向读者提供更快捷的服务。

(2)教学资源云。教学资源云主要利用云计算使用集中存储方式,建设智慧数字资源服务系统,为每个教师提供操作简捷、功能完善的资源添加和修改界面;在整合平台上,构建以用户驱动的智慧集成定制系统,提供以共享平台信息资源为主的资源,它可以根据用户的兴趣爱好、专业特点及个性化的需求,通过用户定制、系统推荐和推送功能,提供高质量、高水平的多媒体信息服务。

(3)学术科研云。采用云计算,学术科研云对学术科研资源进行统一调度、统一管理,更加方便地使用户充分合理地使用。

(4)学籍管理云。随着高校不断扩招、学生增加及流动因素的随之扩大,运用学籍管理云可以把招生管理、学籍注册、学籍异动、学籍查询、学籍报表等数据信息进行统一管理,共同使用。

(5)学校办公云。智慧学习环境学校办公云能对不同部门的应用进行统一管理,并负责创建公文、公文流转、公文签收以及各种审核、加密等。

(6)学校安全云。云计算的安全问题是建设智慧学习环境考虑的一个非常重要的因素,可以通过旁路和桥接方式,对学校内、外网络中的信息进行全面的监测和记录,及时发现网络威胁和违规事件,并且提供管理手段和实施措施。此外,还可以采用多级分布式部署IaaS的学校安全云对信息接入点内的安全设备进行统一安全策略自动下发和更新,所有接入点的运行状况随时汇总到安全中心进行分析,以此来实现集中安全管理。

2. 基于云计算的虚拟实验室

基于云计算的虚拟实验室如图5.2所示。实验室通过标准化环境建设完成实验室环境准备,通过虚拟化资源池建设完成实验室环境搭建,通过自动化方式完成实验资源申请、回收、监控和管理,通过虚拟桌面的方式完成远程访问。

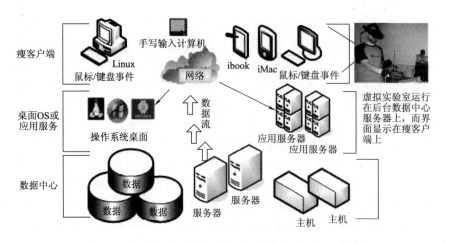

图 5.2　基于云计算的虚拟实验室

利用云计算技术,通过共享开发测试资源和远程桌面共享的方式,在不久的将来可以很好地实现每个学习者拥有一个虚拟实验室的设想。

5.1.2　智慧学习环境海量数据处理

智慧学习环境需要使用大量科学计算和大量数据处理。以前,一般采用代价高昂的购买大型机来得到这种数据处理能力。现在,利用云计算技术便可轻松解决,不需额外的硬件投资,进行动态资源调度实现一个可扩展的可靠的计算环境。进行海量数据处理,必然要运用海量数据处理编程模型。当今,Google 公司设计的 Map-Reduce 编程模型是一种主流海量数据处理编程模型,可赋予程序员分布式应用开发能力。Map-Reduce 的出现将开发者所关注的业务逻辑与分布式计算涉及的复杂细节划分开来,让并行应用开发通过 Map-Reduce 提供的编程模型屏蔽底层实现细节,Map-Reduce 框架的基本工作流程如图 5.3 所示。

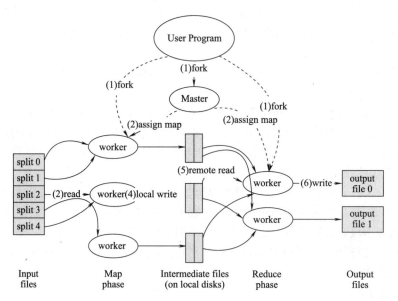

图 5.3　Map-Reduce 框架的基本工作流程

5.1.3 智慧学习环境大规模分布式存储

智慧学习环境中,越来越多的项目有存储海量数据的需求。云计算技术采用分布式存储的方式来存储数据,采用冗余存储的方式来保证数据的可靠性,即为同一份数据存储多个副本。云计算技术利用多台服务器满足其他服务器所不能满足的存储需求。如 Google 非开源的 GFS(Google File System)和 Hadoop 开发团队开发的 GFS 的开源实现 HDFS(Hadoop Distributed File System),并根据学习环境特点做了相应的配置与改进。GFS 架构如图 5.4 所示。

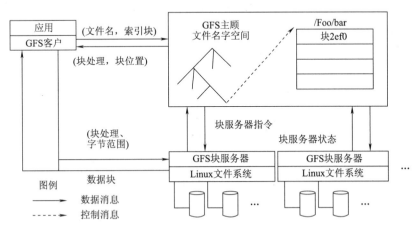

图 5.4　Google 文件系统架构

GFS 是一个管理大型分布式数据密集型计算的可扩展的分布式文件系统,可扩展、结构化,支持大型、分布式大数据量的读写操作。建立在庞大数据中心之上的 GFS 集群通常由一个控制中心(Master)、多个数据服务器(Chunk Server)及客户机(Client)组成。

5.2　智慧学习环境构建的物联网技术

5.2.1　智慧学习环境物联网概述

1. 物联网的概念

物联网(Internet of Things)是一个基于互联网、传统电信网等信息承载体,让所有能够被独立寻址的普通物理对象实现互联互通的网络。从技术层面来说,物联网是通过物体识别卡(RFID 射频卡)、条形码、指纹、虹膜、影像及其他特征识别体,通过射频卡读写器、红外线扫描器、GRP 定位系统、激光枪、摄录像机等设备,在指定的通信协议下,把需要接入物联网的物品接入互联网实现联网,并进行物品与物品、物品与网络、物品与人、人与物品等多元信息交换和通信,最后,达到能对物品进行智能化识别、对物品所处位置进行 GPS 定位、对移动物体进行跟踪、对监管物体进行监控与管理的一种网络体系。物联网具有 3 个特征:

(1)连通性。使用有线网络,也可以使用无线网络,还可以使用感应技术,接入互联网络,让物体在互联网上随时处于"连通"状态。

(2)物物相联。物体是通过传感器、射频识别卡、条形码、影像等技术实现联网。

(3)智慧化。智慧化就是利用先进的计算机技术、无线传感技术和对设备的控制技术进行的智能控制。

2. 智慧学习环境中物联网结构及原理

基于物联网技术的智慧学习环境建设,其基本原理是对学习环境内各种对象的感知、定位与控制。通过要对学习环境内人员、车辆、物资器材、基础设施等资源进行信息化改造,即通过综合利用二维码技术、RFID技术、嵌入式技术、无线传感器技术、卫星定位等技术手段,对学习环境内需要感知的对象进行标识;接着利用标签读写器、智慧终端设备、手持接收终端、无线感应器等信息识别设备,对上述标识信息进行识别,得到感知对象的数字信息;通过有线、无线网络技术将这些信息及时、准确地传送到信息处理中心;信息处理中心对收到的信息进行汇总、融合等处理后,传输到学习环境的指挥信息系统中去;指挥信息系统通过对获取的信息进行综合分析、智能处理,从而使学习环境管理部门、各级安保单位等实时掌握各感知对象的详细信息,为形成正确的决策提供依据,其结构及原理如图5.5所示。

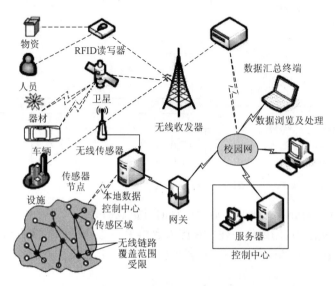

图5.5　智慧学习环境中物联网结构及原理

物联网技术使得学习环境对象感知能力极大加强,感知的速度、精度和范围得到了极大的提高,这是其他技术所不能代替的。

3. 智慧学习环境中物联网 4 层模型

智慧学习环境借助物联网技术从 4 个层面深入研究,包括"感"、"传"、"知"、"控"4 大技术模块。图 5.6 所示为智慧学习环境中物联网 4 层模型。

智慧学习环境中物联网 4 层模型中,"感"主要指传感网络技术,即由许多分布在空间的自动装置组成的计算机网络,并使用传感器相互协作监控不同地理位置的物理环境状况。运用它可以有效监控周边环境,完善学习环境安检。"传"主要指 RFID 技术。RFID 主要通过射频信号来识别目标对象并获取相关数据,是一种无需人工干预的一种自动识别技术。能感知危险灾害,保卫学习环境安全。"知"主要用于智慧学习环境中的智慧人机交互和智能设备方面。"控"主要用于学习环境的智慧环保方面,如智慧电器的管理等。以上论述的"感"、"传"、"知"、"控"4 大技术可以把物联网分为 4 层,即感知层、网络层、服务层和应用层。

(1)感知层。感知层主要实现信息采集功能。利用学习环境已有的基础设备,部署和安装新的传感器及智能终端设备,如环境传感器、感应卡传感器、视频传感器和位置传感器等。这些传感器和智能节点,可以通过有线或者无线的方式,接入网络层,为整个智慧学习环境提供数据基础。

(2)网络层。本层将感知识别层的数据接入互联网,供上层服务使用。互联网以及下一代互联网是物联网的核心网络,处在边缘的各种无线网络则提供随时随地的网络接入服务。各种不同类型的无线网络适用于不同的环境,合力提供便捷的网络接入,是实现物物互联的重要基础设施。

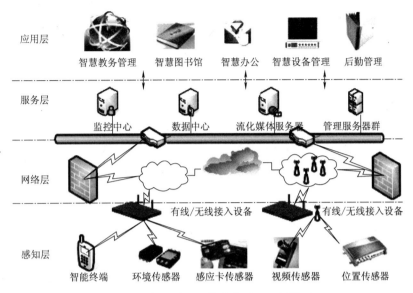

图 5.6 智慧学习环境中物联网 4 层模型

(3)服务层。服务层主要包括数据中心、监控中心、流媒体服务器和管理服务器群。其重要功能是将网络层传入的数据进行存储和管理,利用机器学习和数据挖掘技术,向应用层提供智慧服务。

(4)应用层。依托服务层提供的智能化数据服务,开发面向教职工的智慧教务管理、智慧办公、智慧设备管理和智慧后勤管理,建设智慧图书馆,改善学习环境,为学习者提供便捷、友好、智慧的学习和生活条件。

5.2.2 智慧学习环境物联网技术构架

智慧学习环境物联网技术构架是在万兆网络通信、完整的无线网络基础上来构建的,构建思路以应用为核心,以逐步实现为目标,在门禁、水电控制、温度、教室多媒体控制、安防监控、财产管理、宿舍管理、计算机机房、图书馆等方面利用二维条码、RFID、传感器等实现数据输入与输出,智慧学习环境物联网技术构架如图 5.7 所示。

图 5.7 智慧学习环境物联网技术构架

1. RFID 子网

RFID 射频识别是一种非接触式的自动识别技术,它通过无线电发射信号自动识别目标对象,并获取存储在信息载体内的相关数据,识别工作基本全自动化,适应于各种环境条件,至少包含两个主要部件,即标签和阅读器。RFID 子网可直接并入现有学习环境结构中,用户可以通过学习环境门户网站、移动计算机、手机和学习环境卡来使用各种相关应用。数据的输入和输出均可通过各类卡的介质传输,通过 RFSIM 卡的使用还可实现手机一卡通。

运用 RFID 标签技术整合学习环境一卡通,每位教职员工和在校学生人手一张学习环境卡,应用于学习环境的诸多功能。

(1)RFID 天线远距离感应,学习者进出学校校门实现 RFID 卡无接触式自动检查登记,系统自动阅读到学习环境卡信息,通过屏幕显示通过人员信息、照片,自动放行,校外人员或未带卡人员进行身份登记出入。系统存储出入记录,学生管理部门通过系统可以直观即时了解学生在校的情况以及了解学生进出学习环境的时间。

(2)目前,大部分学校对于学生上课的考勤都通过上课教师或辅导员来统计,此项统计费时费力,难以持久。利用教学楼安装 RFID 天线远距离感应,应用于学生上课的考勤,在校生携带远距离识别射频卡,凡经过各教学楼一楼出入口的学生均被识别系统感应到,精确身份识别并记录学生上课考勤,通过网络实现可视化管理,管理部门能即时统计报表,通过与课表数据库的对接,可以方便统计包括到课学生、缺勤学生、早退学生等内容。有效提高教学管理效率。

(3)智慧宿舍管理,学生携带 RFID 卡通过宿舍出入口时,无接触式感应学生进出情况,可以统计学生宿舍楼的住宿人数,具体人员一目了然,解决管理中学生晚上夜不归宿的问题。当学生在规定时间内尚未回到宿舍,系统自动统计并给出短信提示处理,同时可以发送信息给学生管理人员。学生归宿考勤通过网络实现可视化管理,管理部门能及时统计报表。此项功能可以减少管理人员开支,而且管理效率、统计准确率都有大幅提高。

(4)利用 RFID 学习环境卡还能实现人员管理功能,还有人员定位、实验室引导、导游等,方法类同,不再叙述。此项应用根据距离感应要求,RFID 可以采用卡片式无源超高频标签(UHF Tag)。

(5)在校学习者会议无线感应式签到。

2. 二维码子网

二维条形码是用某种特定的几何图形按一定规律在平面(二维方向上)分布的黑白相间的图形记录数据符号信息;在代码编制上使用若干个与二进制相对应的几何形体来表示文字数值信息,通过图像输入设备或光电扫描设备自动识读以实现信息自动处理。二维条形码在智慧学习环境中主要用于图书资源管理、学习环境物产管理、计算机机房设备管理等。二维条形码应用中主要包括 4 个环节:

(1)入库管理。入库时识读财产上的二维条形码标签,同时录入财产的存放信息,将财产的特性信息及存放信息一同存入数据库,存储时进行检查,看是否有重复录入。

(2)出库管理。财产出库时,扫描财产上的二维条形码,对出库财产的信息进行确认,同时更改其库存状态。

(3)库存管理。在库存管理中,一方面二维条形码可用于存货盘点,另一方面二维条形码可用于出库备货。

(4)货物配送。配送前将配送财产资料和用户单资料下载到移动终端中,到达配送客户后,打开移动终端,调出信息,并验证其条形码标签并确认配送,移动终端会自动校验配送情况,并做出相应的提示。

3. ZigBee 技术

ZigBee 技术是一种新兴的远距离、低复杂度、低功耗、低成本、高容量、短时延、工作频段丰富的双向无线通信技术,它采用自组织网通信方式,具有很高的网络安全性、稳定性和抗干扰能力。根据节点的不同角色,ZigBee 可分为全功能设备(FFD)和精简功能设备(RFD)。ZigBee 网络中有 3 种类型设备,即协调器、路由器和终端设备。ZigBee 协调器在 IEEE 802.15.4 中也称为 PAN 协调器,协调器和路由器必须是 FFD,终端设备可以是 FFD 或 RFD,一个 ZigBee 网络有且只能有一个协调器;路由器对于 ZigBee 网络来说是可选的。在实际应用中,也把这 3 种设备称为 ZigBee 网关、参考节点和盲节点。作为传感器与骨干网的桥梁之一,ZigBee 在智慧地球、智慧城市、智慧学习环境等建设中起到一网多用的良好效果。

4. 传感器子网

虽然物联网中已经拥有了二维条形码、RFID 这样的识别工具,可以储存物品的关键信息。但是在有些情况下,物品的外部信息已经改变或者发生了偏差,这时利用传感器可以检测出物品的实际数据,实现对物品信息的正确识别。传感器就像物联网的神经末梢,成为人类全面感知自然的最核心元件。

5.2.3　物联网在智慧学习环境中的作用

1. 实现可视化智慧管理

智慧学习环境中应用物联网能够实现学习环境中物理对象的互联互通,全面感知学习环境,获取和汇总最新的数据信息,发现问题并分析原因,实时对物体进行控制并反馈相关的信息。可视化学习环境可以为学习环境管理提供服务,促进学校管理的科学化、人性化和智慧化。智慧学习环境中,能够便捷地完成学习者身份识别和考勤管理,通过安装能够感知人体运动、光线、声音、温度的传感器,对学习环境和安全保障系统等进行可视化监测,连接网络,进行智能控制,全面实现学习环境的智慧管理。

2. 构建智慧教育环境

物联网技术的引入可以使得现实世界的物品互为连通,实现物理空间与数字化信息空间的互联,使真实空间与虚拟学习环境实现比较有效的整合。它让学习环境中每个物件形成数字化、网络化、可视化特性,学生在课堂中就可以感知自然、感知真实的场景,有效地促进人机交互、人与环境的交互,加强了师生之间、生生之间的交流。同时,物联网与现有教学平台的有机整合为远程实践教学活动提供了广阔的空间和智慧化的管理服务。

3. 促进区域资源共享

通过物联网技术可以实现教育资源的均衡。例如,一些大型的实验设备、图书资源可以利用物联网技术实现区域内各学校的共建共享,使得学习者能够均等地享有教育资源,在低成本条件下获取高质量的教育服务。基于物联网的智慧学习环境的建立对于提高师资水平、消除校际间的差距、提升教育资源的利用率均具有重要意义。

4. 拓展智慧学习空间

利用物联网技术将学习环境中的教育资源与其他拥有的相关资源进行联通,建立学习环境之间的双向互动,对于提升学校教学质量、培养学生的创新意识与应用能力具有重要的意义。同时,教育管理模式也可以延伸至整个区域,在智慧学习环境的建设过程中,能够多领域和跨区域地提供泛在的智慧学习服务,为实现移动学习、泛在学习提供无所不在的资源管理服务。物联网技术可以拓展学习空间,提供泛在服务,能促进学生将课堂中学到的理论知识与相关实例相结合,弥补理论知识与实践脱节的不足。

5.3　智慧学习环境构建的增强现实技术

20 世纪 90 年代初期,波音公司的 Tom Caudell 与同事在其设计的辅助布线系统中提出了"增强现实(Augmented Reality，AR)"这个名词。增强现实是一种综合了图像识别、动作捕捉、虚拟现实等学科，将数字信息、三维虚拟模型精确地叠加显示到真实场景的创新人机交互技术。与现有的虚拟现实技术相比，由于实现了虚实融合，具有更加自然的交互体验，为人们认知与体验周围事物提供了全新的方式，是适用范围更广的人机交互基础技术。自增强现实技术发展以来，除教育之外，已经在医学、娱乐、军事训练、工程设计、机器人及远程机器人学、制造维护和修理、消费设计等多个领域得到了发展。

5.3.1 增强现实技术原理

增强现实技术的原理是通过摄像机识别现实场景中的识别标识图案，或通过传感器追踪现实场景中的物体运动，利用三维空间注册技术计算虚拟物体在现实世界坐标系中的位置及姿态，以实现虚拟数字信息(包括文字、图像、三维模型或动画)与现实场景实时融合三维展示，并与用户实现自然人机交互(见图 5.8)。

在 AR 系统中，成像设备、跟踪与定位技术和交互技术是实现一个基本系统的支撑技术。为了实现虚拟物体与真实场景尽可能自然地融合，增强现实需要解决如何精确定位的问题。AR 系统需要通过分析大量的定位数据和场景信息来保证由计算机生成的虚拟物体可以精确地定位在真实场景中，它一般包括 4 个基本步骤：①捕获真实场景图像；②分析真实场景和相机位置信息；③生成虚拟对象；④合并图像流生成虚实融合场景。增强现实系统中用到了 3 个关键技术，即三维空间注册技术、人机交互技术和三维展现技术。

1. 三维空间注册技术

三维注册就是虚拟物体和真实场景在三维空间中位置的一致性，即在空间上的整合。实现将虚拟物体按照正确的空间透视关系叠加到现实场景确定位置。三维注册过程涉及虚拟空间、真实空间、投影空间、投影面 4 个空间位置的变换，如图 5.9 所示。在技术上采用矩阵变换的方式对坐标系进行转换。

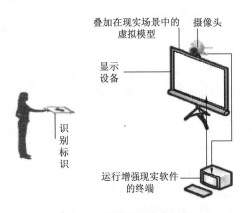

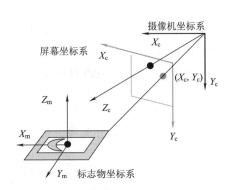

图 5.8 增强现实技术原理   图 5.9 AR 系统中的坐标关系

增强现实的三维空间注册技术目前有两种实现方式。

1)基于图像识别追踪的三维空间注册

基于图像识别追踪的三维空间注册技术，使用者只要拥有安装相应摄像硬件的计算机、手持移动设备对准现实场景中的平面图像或物体就可以获得增强现实展示体验。其中光学摄像机可对平面图像的特征点进行提取，实现平面矩形图案、二维编码、自然图像以及立体物体的实时识别追踪；深度摄像机，如微软的 Kinect 摄像头，通过应用于空间范围的距离传感器，可以对现实物体的立体轮廓及距离进行识别追踪，实现人体骨骼、轮廓与动作的识别追踪。

2)基于传感器实现物体运动追踪的三维空间注册

基于传感器实现物体运动追踪的三维空间注册是将三自由度（3DOF）或者六自由度（6DOF）的运动追踪传感器与摄像机或者现实物体绑定，通过实时的摄像机或者物体的姿态与位置的捕捉来准确计算出需要叠加的数字虚拟物体的相对空间位置。物体姿态的捕捉一般通过带陀螺仪的姿态传感器、电子罗盘、重力加速计等传感器来实现。物体位置的追踪一般通过卫星定位（GPS）或者移动基站辅助的定位（AGPS）技术。全新一代的智能手机平台，如 Android 或者 iOS，都有利用内置 GPS 结合姿态传感器开发室外低精度的位置相关增强现实应用的能力。在特定环境下，如无 GPS 信号的室内，为实现更精确的物体位置追踪，一般会采用基于无线信号的空间定位系统，以及精度更高的运动姿态捕捉传感器。这种基于高精度运动捕捉传感器的三维空间注册方式，由于不受环境光线的限制并且精度更高，适用于一些比较专业的增强现实应用。例如，在电视现场转播中，通过将传感器安装在摄像机的三脚架、基座、升降摇臂的摇摄轴、俯仰轴以及镜头的变焦聚焦环上，对摄像机镜头进行实时高精度运动捕捉，以实现对拍摄场景的现实空间坐标与摄像机空间坐标的准确计算与映射，达到将虚拟三维场景与现实场景稳定融合展示的效果。

这两种方式都可以实时计算虚拟与现实世界坐标系的对应关系，并将虚拟物体准确叠加到现实场景中的平面识别标识或者物体上。近年来已经有结合图像识别追踪与传感器运动追踪的混合三维注册算法应用，在此暂不作论述和分析。

2. 人机交互技术

增强现实技术需要在现实三维空间进行人机互动，传统的二维平面的人机交互手段，如鼠标无法应用于增强现实技术。全新的三维空间交互技术，如人体动作捕捉或手势识别，能够以更准确的方式让使用者在现实场景中实现与虚拟物体的互动，同时辅助逐渐成熟的语音识别、三维虚拟环绕声、虚拟触感反馈等多模态交互技术在增强现实技术中广泛应用，以实现更自然的虚实融合的人机交互方式。在专业的增强现实应用领域，人体动作捕捉与手势识别功能一般由光学动作捕捉设备与数据手套设备辅助，以满足准确的三维空间位置追踪需求。同时配合集成摄像机的增强现实头戴显示设备，实现第一视角的交互体验。在软件的图形交互界面的实现上，增强现实技术从传统的二维平面扩展到更加自然的三维空间，并与现实场景和物体有更紧密、直观的关联，以达到独特的虚实融合的三维展示效果。同时，在同一个现实场景的多人协作与互动增强现实应用，将需要更复杂的数据同步于展示交互方式。结合使用三维虚拟环绕声的虚拟物体增强现实声音技术与虚拟触感反馈技术，也进一步提高了增强现实应用自然交互体验的技术。

3. 三维展现技术

三维展现技术可以分为平板三维显示技术和真三维立体显示技术两种。用于展示增强现实场景一般只采用平板三维显示技术，包括各种基于眼镜的三维显示技术以及裸眼三维显示技术，以提高增强现实场景展示的立体空间感。为了配合三维显示效果，一般使用模拟人眼视差的双镜头摄像机进行实景的实时视频捕捉，两路视频信号与三维虚拟物体通过显卡进行融合处理后输出到三维显示屏幕上，以实现增强现实场景的三维展示。为了实现可移动的增强现实体验，透过将叠加的三维虚拟物体和数字信息直接投影显示到光学眼镜片上，以实现光学透视的头戴显示设备，这也是未来增强现实技术便携化的发展趋势。增强现实应用系统为了达到逼真的虚实融合的三维展现效果，一个高效率的三维实时软件渲染引擎以及各种辅助的三维展现设备也是必不可少的。现在主流的开源或者商用三维实时渲染或游戏引擎，可以充分利用新一代 CPU 以及图像 GPU 的多核运算能力，达到实时、逼真的现实场景内虚拟物体的三维渲染效果。同时，配合摄像机实景光线追踪结果实时运算各种光影动态效果，应用于虚拟物体上，以提升虚实融合的展现能力。主流的三维引擎一般都集成有完整的三维虚拟环绕声实现库、物理特效（虚拟物体的重力、碰撞、粒子等物理效果仿真）实现库，可以直接被增强现实应用于提高人机交互体验以及虚拟物体在现实场景的运动仿真。

5.3.2 增强现实系统的基本结构

增强现实系统通常由场景采集系统、跟踪注册系统、虚拟场景发生器、虚实合成系统、显示系统和人机交互界面等多个子系统构成。其中,场景采集系统负责获取真实环境中的信息,如外界环境图像或视频;跟踪注册系统用于跟踪观察用户的头部方位和视线方向等;虚拟图形绘制系统负责生成要加入的虚拟图形对象;虚实合成系统是指虚拟场景与真实场景对准的定位设备和算法。增强现实系统的总体结构如图5.10所示。

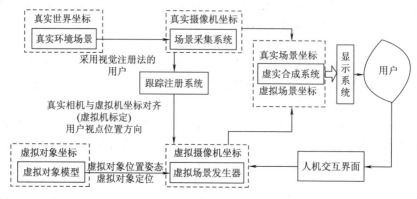

图 5.10　增强现实系统总体结构

增强现实系统基本功能结构中,输入图像经过处理组织建立起实景空间,计算机生成虚拟对象依据几何一致性嵌入实景空间中,形成虚实融合的增强现实环境;这个环境再输入到显示系统呈现给用户;最后用户通过交互设备与场景环境进行互动。其中,让虚实准确结合的注册步骤非常关键,和最后的显示输出端一起,决定了用户对环境的最终感知效果。

5.3.3 基于人工标志物的增强现实系统

跟踪技术是制约 AR 应用和发展的关键技术之一。AR 主要经历了利用 GPS 跟踪、基于标志物的跟踪和基于自然的跟踪 3 个阶段。基于标志物的跟踪通过预先放置标记,极大地降低了计算机的计算要求和算法的复杂度。人工标志的作用是向虚拟物体提供绘制信息。采用人工标志的优点是操作者可以通过它与虚拟物体间进行实时交互。系统首先根据光线条件,采用固定阈值的分割方法对摄像头采集的图像进行二值处理,再通过轮廓跟踪多边形近似,得到四边形,并舍弃夹角过小的四边形,进而将标志物中部的图像与标志物库中具有相同代码的模板图像进行模板匹配,确定标志物。最后根据标志物的位置将预先做好的虚拟物体添加到真实场景的视频流中。使用者可以通过移动标志物的位置与 AR 系统进行交互。图 5.11 所示为基于人工标志物的增强现实技术应用模式。

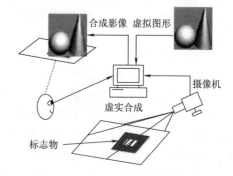

图 5.11　基于人工标志物的增强现实应用模式

由于基于人工标志物的跟踪注册技术,通过预先放置标记,为虚拟物体提供绘制信息,极大地降低了算法的复杂度和计算的要求,因此目前得到较为广泛的采用。

5.3.4　视频透射式增强现实系统

视频透射式增强现实系统主要由计算机、视频透射式头盔和标志点系统组成,系统的工作流程如下:首先通过头盔上两个具有一定水平距离的摄像机分别实时采集左眼和右眼的视频图像;然后将图像传递给计算机处理,经过处理后得到真实三维物体相对于摄像机的位姿矩阵;最后通过这个位姿矩阵将虚拟物体叠加在真实物体之上,并将融合后的左、右眼图像分别显示到头盔上的两路液晶显示器。通过上述过程系统就实现了带有立体效果的虚拟物体与真实物体的融合,如图 5.12所示。

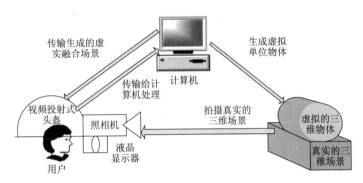

图 5.12　视频透射式增强现实系统示意图

5.3.5　智能手机增强现实对学习环境的影响

智能手机增强现实不仅提供逼真的虚拟与现实相融合的学习场景,而且还能让学习者与学习场景中的虚拟对象或信息进行实时交互。由于同时具有真实性、开放性、实时互动性及实用性等特点,智能手机增强现实能给学习环境带来以下影响:

1. 学习信息的搜索变得更加便捷

增强现实技术在智能手机中的应用,使信息的搜索不再局限于输入关键词的搜索,基于空间地理位置和识别技术的信息搜索服务将会使学习信息的搜索及获取变得更加直接和方便。借助基于空间地理位置的智能手机增强现实的应用软件,如荷兰 SPRXmobile 公司推出的 Layar 软件或奥地利创业公司 Mobizily 开发的 Wikitude 世界浏览器,学习者只需将手机的摄像头对准周围的某个建筑物,手上的移动设备就会根据 GPS、电子罗盘的定位及定向,立即呈现出与该建筑物相关的各种详细信息。例如,建筑物所在的经度和纬度,有哪些房子正在出租,附近有哪些餐厅、酒吧或商店,哪里有诊所或银行 ATM 机等。另外,Sekai Camera 允许学习者为地球上任何一个地方贴上文字或语音标签,且每个标签后面都会附加表示当时手机状态的“指纹”,即 GPS 坐标、加速器给出的手机与地面角度、指南针确定的手机方向,以此作为学习者查询该信息的键值。TAT Augmented ID 则是利用人脸识别技术来确认手机摄像头前人物的身份,然后通过网络获取更多有关该人物的社交信息。在这种手机增强现实的应用中,学习者可以设置个人的公开资料,这样只要用手机摄像头对准自己或他人的脸,就可获取自己或他人的公开信息,还有与你或他人相关的社交网络服务,如 Facebook和 Twitter 等。同样,“网易有道”词典也是基于识别技术的智能手机增强现实的一个应用。在“网易有道”词典中,只要将手机摄像头对准需要翻译的英文单词,就可通过文字识别技术辨认该单词,并将中文翻译的结果叠加在手机摄像头取景的画面上。

2. 学习的体验变得更加真实

因智能手机增强现实学习环境具有虚实融合性、实时交互性等特征,为学习者的学习体验提供了新的可能。当以手机摄像头对准某一环境时，通过增强现实技术产生虚拟对象，将它们准确地"放置"于真实环境中，使学习者在真实环境背景中看到虚拟生成的模型对象，并且可以在最贴近自然的交互方式下对虚拟对象进行各种操作，以获得更加真实的学习体验。如若以智能手机摄像头扫描空荡荡、尚未装潢的办公室，则会显示出一系列的办公室装潢虚拟元素，让学习者通过与这些虚拟元素的交互来完成它们的搭配。另外，智能手机增强现实所带来的最大学习体验，主要是在教育游戏应用的场景中。基于现实世界，由智能手机增强的教育游戏给人们带来的不仅仅是一种学习环境，更可能是新的教学模式和方法。增强现实技术在智能手机游戏中已经得到了较为广泛的应用，AR Invaders就是一款采用增强现实技术的手机游戏。在 AR Invaders 游戏中，无论你身在何处，都是真实的战场，你只需要在真实环境中搜索外星飞船并击毁它们，以阻止外星人的入侵。AR Invaders 游戏利用设备自带的摄像头捕捉周围的实时画面，利用陀螺仪和重力感应来判断使用者的动作、方向和位置变化，给使用者带来近乎真实的体验。

3. 学习的交互变得更加自然

基于智能手机的增强现实系统，通过借助各种传感器或计算机视觉计算，能够在学习者的位置和视线方向发生变化时，随着手机摄像头捕捉到的真实场景的变化，由计算机生成的叠加到真实场景中的虚拟对象也实时地发生改变。与此同时，学习者还能与虚拟对象进行交互。因此，智能手机增强现实系统让学习的交互不再是具备明确位置的交互，而是扩展到整个环境；不再是简单的人与屏幕的交互，而是发展到将自己融合于周围的空间与对象之中。由此可见，以手机为终端的增强现实让学习的交互变得更为完美与自然。正如颗豆柏德公司的创始人赵逸龙所说的那样："基于'增强现实'的'接合自然'是现实世界和虚拟世界的完美融合，你甚至不会注意到现实和虚拟之间的区别"。只要用手指点击摄像头下的景象，手上的移动设备就会立即把和眼前事物相关的信息呈现出来。移动设备会成为一个替身，代你搜索周围的一切。

5.3.6 智能手机增强现实的教育应用前景

增强现实技术所带来的虚实结合的学习环境，为学习内容呈现、学习交互方式及学习活动过程等方面都提供了新的可能。智能手机增强现实在教育领域中具有广阔的应用前景。

1. 在移动情境学习中的应用

学习的情境理论认为，情境学习强调知识所具有的情境性，强调学习者要在真实的情境中获得和应用知识，认为脱离个体生活的真实环境的学习是毫无意义的。在技术支持的情境学习中，技术应能自然而然地融入到学习者的日常生活中去，帮助他们解决生活中一个个的情境性问题。借助GPS 及各种定位、定向技术，智能手机增强现实具有较强的情境感知特征。当学习者走进大自然或社会进行考察时，只要把手机摄像头对准某一个方向，通过 GPS 和各种传感器就可获得学习者所在的位置和朝向的信息，然后智能手机在网络上就能够搜索到学习者所处周围环境的各种信息，并为他们呈现与情境相关的学习内容和学习活动，以支持学习者在真实情境中进行学习，使随时随地获取知识成为可能。因此，智能手机增强现实为情境学习提供了技术支持，而情境学习理论则为智能手机增强现实的教育应用提供了理论基础。

2. 在游戏模拟的体验式学习中的应用

体验式学习是指一种以学习者为中心的，通过实践与反思相结合来获得知识、技能和态度的学习方式。简单地说，体验式学习遵循了这样一个 4 阶段模型：首先是从具体体验开始，然后是观察和反思，进而形成抽象的概念和普遍的原理，最后将形成的理论应用到新情境的实践中。教育游戏为学生创造了一个宽松、和谐的体验式学习环境，在启发人的思维和培养能力方面发挥着重要作用，使学生在游戏中愉悦地学习。而 AR 虚实结合实时互动且不受动作限制的特性使得此类游戏更吸引人，更能达到游戏的教育益智目的。基于增强现实的教育游戏把虚拟的信息应用到真实世界，将虚拟的物体和真实的环境实时地叠加到同一个画面,且学习者可与其中的虚拟物体进行实时交互,因此让教育游戏更具沉浸感,也因而更加促进学习者的体验式学习。以智能手机为载体的增强现实教育游戏,使学习者的体验式学习无处不在,这更符合"寓教于乐"的理想。

3. 在实验操作技能学习中的应用

通过应用增强现实技术构建虚实结合的实验环境,为学生提供与操作真实实验装置或设备类似的感受,提高了虚拟操作训练的效果,并且具有零风险、低成本等优点,因此可解决实验教学设备的不足,改善了实验教学的环境,更好地培养学生的实验操作技能。在实验中,增强现实技术不仅可对某个实验仪器进行注解,而且当学生不熟悉实验步骤时,还可在实验仪器上叠加帮助信息,为学生提供实验的操作方法和步骤,使他们能顺利地完成实验。图 5.11 中较直观地描述了基于人工标志物的智能手机增强现实系统的工作流程:读取视频,进行边缘检测;检测得到四边形,将内部区域进行归一化;从标识数据库中进行检索,获取标识的空间信息;生成虚拟物体,将其融合到真实场景中。比如理工学科的试验,在头盔显示器中叠加上与实验相关的提示或说明信息,然后逐渐减少显示的信息量,直到学习者可独立操作。这种练习符合认知的渐进过程和建构主义的支架式教学模式,能帮助学习者在指导下逐渐地掌握、建构和内化知识技能。如将增强现实的应用移植到高性能的智能手机上,学生在手机屏幕上就可看到虚实叠加而成的模拟实验场景,并通过拖动或点击手机屏幕中的虚拟设备来完成实验的操作,这样更能体现皮亚杰"把实验室搬到课堂中去"的设想与实践。

4. 在书本阅读学习中的应用

看书学习对于中小学学生来说有时是很枯燥单调的,即使图文并茂也是平面呆板的,若通过AR 技术使读者在看书的同时通过头盔显示器看到或听到相关知识的动态画面及声音,将会大大提高读者的兴趣,使其集中注意力。当前,有关利用增强现实技术设计具有交互式三维动画功能的书籍的研究并不少见,Billinghurs 利用增强现实技术设计了一套儿童阅读物"Magic Book",它将书本内容制作成动画并且以 AR 的形式叠加在书本上的不同单元里。当读者戴着头盔显示器观看书页看到某个知识点时,可以同时看到立体活动的物体,沉浸在书中所描绘的三维虚拟世界中。如果让学生手中的智能手机也具有这项功能,就可让学生既能随时随地地进行书本阅读学习,又能享受到增强现实技术带来的三维阅读体验,这将极大地促进学生的阅读学习兴趣,或许还将改变他们的阅读行为和习惯。基于增强现实"立体书籍",可以使读者的注意力被吸引到书中,使看书不再枯燥单调,不再抽象,可提高学习效率,增强理解和记忆。

5.4 智慧学习环境构建的普适计算技术

普适计算(Pervasive Computing)也称无处不在计算(Ubiquitous Computing),由美国的马克·威士(Mark·Weiser)于 20 世纪 80 年代末最先提出,它集移动通信技术、计算技术、小型计算设备制造技术、小型计算设备上的操作系统及软件技术等多种关键技术于一体,通过将普适计算设备嵌入到人们生活的各种环境中,使通信服务以及其他基于信息网络的各种"以人为中心"的计算和信息访问服务在任何时候、任何地点都成为可能,许多计算设备通过全球网络为使用者提供更加人性化的服务。

5.4.1 普适计算的主要内容和关键技术

普适计算的主要内容包括以下几个方面:

(1)普适计算的理论建模。普适计算横跨多个研究领域,如移动计算、嵌入式系统、自然人机交互、软件结构等,具有前所未有的复杂性与多样性。亟待一种统一完备的建模体系,准确、客观地表达普适计算所特有的普适服务的"无所不在"时空特性、"自然透明"的人机交互模式及"以人为本"的根本理念,从而为普适计算系统的分析、设计、实施、部署和评估等提供多方面的理论指导,为可扩展性、可维护性、自适应性、易用性及标准化等提供模型层面的支持。

(2)自然人机交互。普适计算以人为中心的特点迫切需要和谐、自然的人机交互方式,即能利用人的日常技能进行交互,具有意图感知能力。与传统的人机交互方式相比,它更强调交互方式的自然性、人机关系的和谐性、交互途径的隐含性及感知通道的多样性。从技术上看,键盘、鼠标、显示器等输入输出设备要实现多样智能化,首先需要实现与环境的良好交互,并且需要进一步研究语音识别、手写输入、电子纸、肢体语言识别(如人的手势、脸部表情)和多模式人机交互方式。

(3)上下文感知。感知上下文计算利用上下文信息向用户提供高效的信息交互,并提高服务的针对性。常见的上下文信息包括时间、位置、场景等环境信息,屏幕大小、处理能力等设备信息以及用户身份、操作习惯、个人喜好、情绪状态等用户信息。上下文感知技术是实现服务自发性和无缝移动性的关键,涉及上下文信息感知和表述、上下文建模和推理、上下文感知应用等多个方面,主要涉及环境内容和交换策略、管理和利用多媒体内容的适应性模型、自适应技术和结构等问题。

(4)普适网络。普适计算环境是一种普遍互联的网络环境,这种网络环境中包括各种无线网络、互联网、电话网、电视网等,还包括 RFID 网络、无线传感器网络、GPS 网络等多种不同类型的网络。当前普适计算网络的研究主要集中在无线和移动网络、Ad Hoc 网络、无线传感器网络、P2P 等。普适计算网络支持异构环境和多种设备的自动互连,对环境的动态变化具有自适应性,提供无处不在的通信服务。

(5)智能空间。智能空间是一个嵌入了计算机、信息设备和多模态传感器的工作空间,目的是使用户能够方便地访问信息和获得计算机的服务,进而高效地实现个人目标和与他人协同工作。智能空间可以在不同尺度上得到体现,以家庭、办公室、教室、超市或机场等离散环境为基础,逐步实现互联并扩大至全球。

(6)系统软件。普适计算的系统软件对普适计算环境中大量联网的信息设备、智慧物体、计算实体进行管理,为它们之间的数据交换、消息交互、服务发现、任务协调等提供系统级支持。由于普适计算环境存在任务动态性和设备异质性等特点,普适计算系统软件需要解决设备与服务的发现与自适应等问题,实现对物理实体的管理以及模块间的协调机制,同时还要保证系统的鲁棒性和安全性。

(7)信息捕获和传输。普适计算环境下,人们周围存在大量的信息,捕获采集有用信息,为用户提供服务是至关重要的。同样,信息传输也是必须解决的问题,这涉及信息传输策略、网络传输协议和网络带宽资源合理使用等问题。

(8)安全隐私。在普适计算环境下,安全隐私显得更为棘手,因为无所不在的网络将随时随地为人们提供服务,反过来人的隐私和安全更加难以保障。传统的用户授权和访问控制方式无法适应分布式网络和普适计算的需要,必须提出不同的解决策略,包括硬件和软件方法。此外,通过立法、修改完善法律等手段约束和规范人们的行为,有效阻止犯罪。

普适计算主要针对移动设备,比如信息家电或某种嵌入式设备,如掌上计算机、BP 机、车载智能设备、笔记本、手表、智能卡、智能手机、机顶盒、POS 销售机等新一代智能设备。普适计算的关键技术包括:

1. 中间件技术

适应普适计算的中间件一般通过提供一种将应用状态及所涉及的数据与应用实际运行环境相分离的机制,为应用移动或迁移提供支持。这类中间件如 Computer Capsule,主要采用将应用执行和应用数据分离的机制;Mobile Agent,通过定义标准服务接口来统一应用执行环境。中间件技术是普适计算实现屏蔽智能空间中设备复杂性的一种重要手段。普适计算中间件所采取的措施包括定义各种规范的应用接口服务以及采用类似 Java 的虚拟机技术等。例如,AMUN 通过定义标准服务来屏蔽应用执行环境的复杂性;BASE 采用微代理机制,通过对不同插件的统一管理,来简化对智能空间中设备的控制和使用。为感知用户情境及意图提供支持也是普适计算技术的重要研究内容。

2. 数据库技术

普适计算的数据库必须是一种具有持久存储机制的可缩放数据库环境,可以存储大量数据,并且能保证操作过程中即使断电也不会丢失数据。通常的办法是把数据放在闪存中,所以数据恢复技术与普通的数据库不太一样。多用户环境中的数据库服务要考虑记录锁定的问题,所以具有并发控制机制,但移动式数据库并不一定需要封锁机制。普适计算中数据库要解决的两个问题是:一是数据复制的实现,也可称为数据同步化,确保随时随地保持数据一致,并促使设备与服务器的数据双向流动;二是开发支持标准 API 和 SQL 子集的小型数据库,使用户可以将已有的应用程序方便地移植到这些设备上,也可以用相同的工具和 API 来编写新的应用程序,同时保持较低的系统开销和较高的数据处理性能。所用的数据则来自用数据复制功能从中心服务器获得的数据。普适计算对数据库有两个基本要求:①在普适计算设备上安装一个系统开销低的小型数据库管理系统,用于在本地存取信息;②在软件的分布、数据备份和恢复、移动存取等方面,要具备高效、实时的数据复制能力,保证移动设备上的数据与企业数据库中的数据同步。

3. 嵌入式系统

嵌入式系统是以嵌入式计算机为技术核心,面向用户、产品、应用,并且软、硬件是可裁剪的,适用于对功能、可靠性、成本、体积、功耗等综合性能严格要求的专用计算机系统。嵌入式系统主要由嵌入式处理器、外围硬件设备、嵌入式操作系统及特定的应用程序 4 部分组成,是集软、硬件于一体的可独立工作的器件,用于实现对其他设备的控制、监视或管理等功能。嵌入式系统应具有的特点是高健壮性。在恶劣的环境或突然断电的情况下,要求系统仍然能够正常工作;许多嵌入式应用要求有实时性,这就要求嵌入式操作系统(EOS)具有实时处理能力;嵌入式系统中的软件代码要求高质量、高可靠性,一般都固化在只读存储器中或闪存中,也就是说软件要求固态化存储,而不是存储在磁盘等载体中。

5.4.2 普适计算技术支持的上下文感知系统

上下文感知系统框架共分为 3 个层次:射频识别(Radio Frequency IDentification,RFID)上下文感知服务层、RFID 上下文感知中间件层和底层通信环境。RFID 上下文感知服务层根据从 RFID 上下文感知中间件层获取到的消息作出相应处理,或者请求查询服务向 RFID 上下文感知中间件层提供摘要以获得高层的上下文信息,如图 5.13 所示。

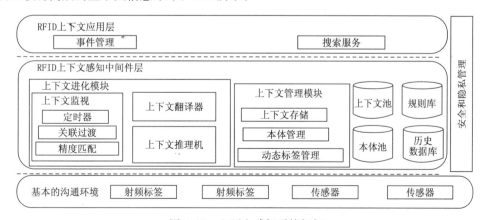

图 5.13　上下文感知系统框架

底层通信环境包括各种 RFID 标签和读卡器及其他传感器,它能够为 RFID 上下文感知中间件层提供各种原始的上下文信息。

RFID上下文感知中间件层与底层通信环境进行通信以收集上下文信息,感知和捕获上下文信息和变化,为上下文感知的应用提供对上下文信息的访问(Search Services,Pull方式)或通告上下文发生的变化(Event Manager,Push方式)。中间件层同时负责管理上下文池,保持上下文池中的上下文最新、最具价值。当对上下文池利用缓存置换算法清理过时和无效的上下文时,用户感兴趣的上下文的价值得到提高,在缓存池中保存更长的时间;中间层会主动与底层传感器通信更新这些上下文,若有更新则及时通知应用程序,或者应用程序主动访问时能够直接从上下文缓存池获取到最新的上下文。

中间件层主要包括两大模块,即上下文演化模块和上下文管理模块。上下文演化模块由上下文感知器、上下文解释器和上下文推理器组成。经过上下文演化后,低层原始上下文被演化成应用所需的、格式统一的上下文信息,从而为各应用提供更好的服务。上下文管理模块负责上下文池、本体库及RF动态标签管理。上下文池管理负责维护上下文池中的上下文,保持上下文为最新状态。当有新的上下文需要进入缓存池时,执行上下文缓存置换算法,保证缓存池中的上下文的价值最大。RF动态标签管理模块负责更新标签存储,将更新了的标签值写回到标签中。

上下文演化模块中,上下文感知器负责上下文信息和变化的感知和捕获。通过上下文感知器,中间件层能够提供一个抽象的接口,用户面对的是需要的上下文信息,而不必关心具体传感器的控制和信息的获取,实现应用与上下文处理的关注分离。本模块被用来捕获上下文信息发生的变化,并通知订阅模块。上下文推理器使用基于上下文本体和规则的推理模式,使用本体、规则及当前的上下文信息进行推理。

上下文管理模块主要负责上下文池中上下文的管理,实现对上下文的保存及上下文的更新,以便于未来的使用。上下文池是针对上下文管理器的应用端的主要入口点。上下文管理块还负责对过时和冗余的信息进行管理。在陈旧上下文的清除中,通过判断上下文的价值,将"价值最低"的上下文信息清除。

5.4.3　普适计算的人机交互框架

普适计算人机交互框架的主体结构,如图5.14所示。

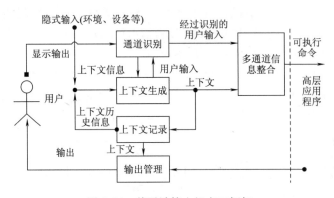

图5.14　普适计算人机交互框架

在这个模型中,通道识别模块负责调用不同的子模块对用户通过不同通道输入的信息进行识别。上下文生成模块负责感知和生成上下文信息,上下文的来源主要包括3个方面:①用户主观以外的诸因素,包括自然环境因素和设备特征等;②经过识别的用户输入,它是用户意图和个性化因素最集中的体现,是用户上下文学习的主要依据;③所有上下文形成后都被保存,从这些记录中往往可以提取规律性信息,挖掘出有意义的上下文。

需要特别注意的是,用户输入和上下文信息不是孤立存在的,而是一个有机的整体。从交互模式的角度考虑,多通道属于显式交互的范畴,其目的是使用户"易交互";上下文则属于隐式交互,其目的是让用户"少交互"。只有通过两者的结合才能最终达到改善普适计算交互的目的,因此希望对两种信息进行无缝的融合,而且是在信息整合阶段完成这种融合。从广义的角度看,上下文也是一类特殊的交互通道,它是对用户主动输入信息的解释和补充。因此交互框架将上下文信息作为输入的一部分参与多元信息的整合,这样形成的系统命令既能体现用户的主观交互意图,又能充分考虑当时的客观因素。

为了对多源信息进行整合,需要对用户输入信息和上下文进行统一的规范化描述,并将其作为多通道信息整合模块的输入进行整合。在整合过程中需要注意,用户主动输入的优先级应当高于上下文信息,即如果二者之间存在冲突,应主要按照用户输入的语义形成命令。与多元信息整合之后,系统形成了具有明确语义的交互命令,并根据这些命令调用相应的系统功能,而后将计算结果返回给用户输出信息管理模块。输出管理模块根据上下文历史中保存的上下文信息为输出选择最适合的媒体作为载体。

该框架并不是一个具体的体系结构,而是对交互特征、关键构件和控制流程的一种抽象描述,如何实现可以根据具体需求而定。

5.5　智慧学习环境构建的移动通信技术

5.5.1　移动通信技术的演进

移动计算机是当前 IT 领域内发展速度最快的产业之一,其发展趋势是高性能、低功耗、小型化和无线互联。1G 到 4G 的演进示意图如图 5.15 所示。

第一代移动通信系统(1G)是在 20 世纪 80 年代初提出的,它完成于 20 世纪 90 年代初,如 NMT 和 AMPS。1G 是模拟传输的,主要基于蜂窝结构组网,直接使用模拟语音调制技术,传输速率约 2.4Kb/s。第二代移动通信系统(2G)完成于 20 世纪 90 年代末,1992 年第一个 GSM 网络开始商用。2G 是基于数字传输的,其传输速率可达 64Kb/s。第三代移动通信系统(3G)开始于 20 世纪 90 年代末。3G 是目前正在全力

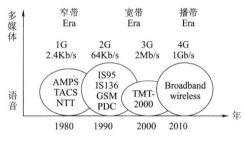

图 5.15　1G 到 4G 的演进

开发和实施的移动通信系统。3G 统一不同的移动技术标准,使用高的频带和 TDMA 技术传输数据来支持多媒体业务。3G 不仅提供从 125Kb/s 到 2Mb/s 的传输速率,而且能够提供多种宽带业务,其主要特点是无缝全球漫游、高速率、高频谱利用率、高服务质量、低成本和高保密性等。第四代移动通信系统(4G)仍然处于研究阶段。4G 提供高速率、高容量、低成本和基于 IP 的业务。4G 基于 Ad Hoc 网络模型,它的操作运行不需要固定的基础结构,Ad Hoc 网络需要全球移动性能(即移动 IP)和全球 IPv6 网络的连通性以支持每个移动设备的 IP 地址。在不同的 IP 网络(802.11WLAN、GPRS 和 UMTS)中,4G 数据传输速率从 2Mb/s 到 1Gb/s,能够在更高的数据传输速率下实现无缝漫游。

5.5.2　4G 系统的网络架构

4G 是一个通用的名称,国际电信联盟称其为 IMT-Advanced 技术,其他的还有 B3G、Beyond-dIMT-2000 等叫法。目前行业内认为未来的 4G 系统将会有以下显著特点:

(1)高速率,高容量。对于高速移动的用户,数据速率为 2Mb/s;对于中速移动的用户,数据速率

为 20Mb/s；对于低速移动的用户(室内或步行者)，数据速率为 100Mb/s。

(2)多种业务的完整融合。基于 IPv6 的高速移动通信网络，以移动数据为主，改变了传统的以电话业务为主的观念。个人通信、信息系统、广播娱乐等业务无缝连接为一个整体，数据、语音、视频等大量信息通过高带宽的信道进行传送，4G 也因此被称为"多媒体移动通信"。

(3)无缝漫游。4G 系统实现全球统一的标准，各类媒体、移动终端及网络之间能进行"无缝连接"，不同模式的无线通信，从广播电视网、蜂窝移动网、卫星网、无线局域网到蓝牙等集成到一起，真正实现一部手机在全球的任何地点都能进行通信。

(4)智能性更高。4G 系统能根据话音、数据和多媒体等不同业务的需要和信道的实际状况，采用动态分配带宽和调节发射功率等技术来自适应地选择信道和进行资源分配，实现不同的 QoS。4G 网络将是一个完全自治、自适应的网络，网络中的节点将具有智能化的故障检测、故障恢复及灵活组网等多种能力。

(5)用户共存性。能根据网络的状况和信道条件进行自适应处理，使低、高速用户和各种用户设备能够并存与互通，从而满足多类型用户的需求。

(6)兼容性能更平滑。4G 系统还将具备接口开放、多网络和多协议共存以及能从 2G、3G 平稳过渡等特点。低速与高速的用户以及各种各样的终端设备能够共存与互通，用户在投资最少的情况下可以容易地实现到 4G 时代的过渡。

4G 网络的这种结构对现在已有相当规模的 2G 网络和 3G 网络能比较好地实现兼容，也易于结合现有的 PSTN 和 Internet。在 4G 网络中，全球所有用户的身份信息可以唯一，可以方便地在不同的网络协议和标准间进行无缝隙的漫游，进而实现在不同的地点可以与全球任何用户进行多种业务形式的通信。

4G 网络的结构自底向上大体分为物理层、中间层和应用层 3 个层次，其网络结构如图 5.16 所示。

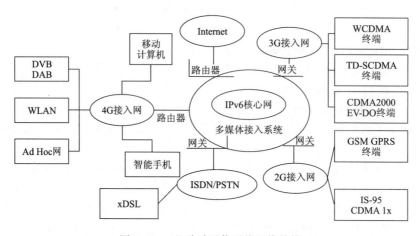

图 5.16　4G 移动通信系统网络结构

物理层的功能是提供网络接入和路由选择，中间层屏蔽网络的结构和协议上的差异，面向应用层提供服务质量映射、地址转换、安全管理等主要功能。物理层与中间层以及中间层与应用层之间都向外提供开放式的访问接口，很适合增加新的服务和开发新的业务。已有的研究资料表明，这种开放式的接口能提供高速无缝的无线服务，并且能工作于多个频带，可以自动适应多模终端和多个无线标准，跨越多个运营商和服务商，大大增加系统扩展性和服务范围。

5.5.3　4G 系统的核心技术

4G 具有较高的数据速率和频谱利用率，能够提供多媒体业务，能够实现全球无缝隙漫游，具有更高的安全性、智能性、灵活性以及更高的传输质量和服务质量，能支持非对称性传输，并可支持多种业务。这些相对于 3G 系统所表现出的优点主要是由于使用了许多新兴的、先进的无线通信技术。4G 系统最核心的技术如下：

1. 正交频分复用技术

正交频分复用技术（Orthogonal Frequency Division Multiplexing，OFDM）是一种无线环境下的高速传输技术，与 3G 的 CDMA 技术显著不同。它是对多载波调制技术的改进，可以认为是整个 4G 技术的核心。在高速移动的无线通信环境中，多普勒频移和多径效应会对信号的正确接收产生显著的干扰。OFDM 技术是对抗频率选择性衰落和窄带干扰的有效途径，其基本原理是在频域内对传输信道进行分解，使各子载波相互正交，然后将高速数据流分解为多个低速数据片段，在各子载波上分别进行调制，使串行通信变换为多个独立子信道上的并行通信。一方面，使每个子信道变得相对平坦，某个时刻只会有少部分信道受到深衰落的影响，不至于一次干扰就导致整个链路的失败，有效抑制了频率的选择性影响；另一方面，由于高速数据流也进行了分解，每个子信道上传输的信号带宽小于信道的相应带宽，信号波形间的干扰也大大减少。OFDM 技术还有一个优点是各子载波的相互正交使得它们的频谱可以相互重叠，这样不但减小了子载波间的相互干扰，同时又提高了频谱利用率。

2. 多输入多输出技术

多输入多输出技术（Multiple Input Multiple Output，MIMO）利用发送端和接收端的多个天线来对抗无线信道衰落，从而在不增加系统带宽和天线发射功率的情况下可以有效地提高无线系统的容量，其本质是一种基于空域和时域联合分集的通信信号处理方法。MIMO 系统有以下优点：可降低码间干扰；可提高空间分集增益；可提高无线信道容量和频谱利用率。通过近几年的持续发展，MIMO 技术越来越多地应用于各种无线通信系统。在无线宽带移动通信系统方面，第三代移动通信合作计划组织已经在标准中加入了与 MIMO 技术相关的内容，B3G 和 4G 的系统中也将应用 MIMO 技术。MIMO 技术是无线通信领域的重大突破，发展潜力巨大。通过近几年的不断完善和改进，已经越来越多地应用到各种无线通信系统中，被认为是现代无线通信的关键技术之一。在 4G 系统中，MIMO 与 OFDM 结合使用，互为补充，综合了时间、频率和空间 3 个域上的分集技术，大大增加了系统的数据传输能力。

3. 智能天线技术

智能天线（Adaptive Antenna Array，AAA）是一种基于自适应天线原理的移动通信技术，具有抑制信号干扰、自动跟踪以及数字波束调节等智能功能，被认为是未来移动通信的关键技术。智能天线成形波束能在空间域内抑制交互干扰，增强特殊范围内想要的信号，这种技术既能改善信号质量又能增加传输容量，其基本原理是在无线基站端使用天线阵和相干无线收发信机来实现射频信号的接收和发射，同时，通过基带数字信号处理器，对各个天线链路上接收到的信号按一定算法进行合并，实现上行波束赋形。在 4G 系统中，MIMO 技术与智能天线技术相互结合构成智能化的 MIMO，更加适用于复杂环境下的电波传播，可大大提高系统的通信性能。这种技术的优点主要在于可以改善信号质量和增加传输容量，同时又能扩大覆盖区域、降低系统建设成本，因此将在 4G 系统中得到广泛应用。

4. 软件无线电技术

软件无线电（Software Defined Radio，SDR）是改变传统的无线终端的设计以硬件为核心的观念，强调以可配置、可升级的软件编程和 DSP 技术为核心，尽量以最简化的、开放的、标准化的通用硬件平台来实现无线数据收发功能的设计技术。各功能模块如基带处理、高频、中频还有控制协议等全部由软件来完成，即通过下载不同的软件程序，在硬件平台上可以实现不同的功能，它是解决移动终端在不同系统中工作的关键技术。软件无线电技术是解决移动终端在不同无线环境中工作的关键技术，伴随芯片处理能力的提高和 DSP 技术的进步，发展空间很大，对于 4G 支持多种业务的完整融合，支持各类媒体及网络协议之间的"无缝连接"非常重要。可以预见，软件无线电在 4G 中的推广应用将使系统的兼容性能、扩展性能得到大幅度提高，同一硬件平台将可以轻松地接入不同的网络，兼容不同的系统，也将可以自适应地处理不同种类的业务，还可以随着软件的版本更新实现系统性能的升级，保持与最新技术和服务的同步。

5. 切换技术

切换技术（Hand over Technology）指的是移动终端从一个通信覆盖区移动到另一个通信覆盖区，为保持通信业务连续性而改变信道所进行的链路侦测、仲裁和建立、断开等操作的综合技术。切换是蜂窝移动通信系统中保持用户移动性的基本技术，是 4G 实现无缝、可靠漫游的基础。切换的实现在方式上可分为硬切换、接力切换、软切换和更软切换等多种方式，切换的发生时机包括移动终端在不同网络之间的接入和在不同基站之间的移动，也包括在同一基站的不同扇区或者不同频率之间的迁移，还包括随着信道变化进行链路的更新等情况。现有的切换控制机制主要有两种：一种是由智能化移动终端进行端口信号的强度和质量的检测，由终端的软件系统进行判决，主动发起和完成切换操作；另一种是由移动用户邻近的基站监测各通信链路的信号状态，交换网中心根据监测数据完成切换。DSP 和软件技术是 4G 切换技术的关键组成，高效智能的切换算法可以显著提高系统的切换效率和质量。在 4G 中将会综合两种控制机制的优点，发挥终端智能软件的优势，实现以软切换为主，辅助其他切换方式的综合切换技术。

5.6　智慧学习环境构建的人工智能技术

5.6.1　智慧学习环境中人工智能及主要研究领域

1. 人工智能概述

人工智能是一门综合的交叉学科，涉及计算机科学、生理学、哲学、心理学和语言学等多个领域。人工智能主要研究用人工的方法和技术，模仿、延伸和扩展人的智能，实现机器智能，其长期目标是实现人类水平的人工智能。从脑神经生理学的角度来看，人类智能的本质可以说是通过后天的自适应训练或学习而建立起来的种种错综复杂的条件反射神经网络回路的活动。人工智能专家们面临的最大挑战之一是如何构造一个可以模仿人脑行为的系统。这一研究一旦有突破，不仅给学习科学以技术支撑，而且能反过来促使人脑的学习规律研究更加清晰，从而提供更加切实有效的方法论。人工智能技术的不断发展为教育提供了丰富的资源，其研究成果已在教育领域得到应用，并取得了良好的效果，成为教育技术的重要研究内容。

2. 人工智能的研究领域

目前，人工智能在教育中应用较为广泛与活跃的研究领域主要有专家系统、机器人学、机器学习、自然语言理解、人工神经网络和分布式人工智能，下面就这些领域进行阐述。

1）专家系统

专家系统（Expert System）是一类具有专门知识和经验的程序系统，通过对人类专家的问题求解能力的建模，采用人工智能中的知识表示和知识推理技术来模拟通常由专家才能解决的复杂问题，达到具有与专家同等解决问题能力的水平。专家系统是人工智能应用研究最活跃和最广泛的课题之一。一般来说，一个专家系统应该具备 3 个要素：具备领域专家级知识、能模拟专家思维和能达到专家级的水平。专家系统通常由人机交互界面、知识库、推理机、解释器、综合数据库、知识获取 6 个部分构成。其基本结构如图 5.17 所示，其中箭头方向为信息流动的方向。

专家系统的特点通常表现为计划系统或诊断系统。计划系统往前走，从一个给定系统状态指向最终状态。如计划系统中可以输入有关的课堂目标和学科内容，它可以制定出一个课堂大纲，写出一份教案，甚至有可能开发一堂样板课；而诊断系统是往后走，从一个给定系统陈述查找原因或对其进行分析。例如，一个诊断系统可能以一堂 CBI(Computer-Based Instruction,基于计算机的教学)课为例,输入学生课堂表现资料,分析为什么课堂的某一部分效果不佳。目前,在开发专家计划系统支持教学系统开发(ISD)程序的领域中最有名的是梅里尔(Merrill)的教学设计专家系统(ID Expert)。

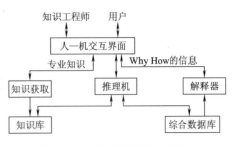

图 5.17　专家系统的基本结构

2)机器人学

机器人学是人工智能研究是一个分支,其主要内容包括机器人基础理论与方法、机器人设计理论与技术、机器人仿生学、机器人系统理论与技术、机器人操作和移动理论与技术、微机器人学。机器人技术涉及多门科学,是一个国家科技发展水平和国民经济现代化、信息化的重要标志,很多国家已经将机器人学教育列为学校的科技教育课程,在孩子中普及机器人学知识,从可持续和长远发展的角度,为本国培养机器人研发人才。在机器人竞赛的推动下,机器人教育逐渐从大学延伸到中小学,世界发达国家如美国、英国、法国、德国、日本等已把机器人教育纳入中小学教育之中,我国许多有条件的中小学也开展了机器人教育。机器人在作为教学内容的同时,也为教育提供了有力的技术支撑,成为培养学习者创新精神和实践能力的新的载体与平台,大大丰富了教学资源。教学机器人的引入,不仅激发了学生的学习兴趣,还为教学提供了丰富的、先进的教学资源。随着机器人技术的发展,教学机器人种类越来越多,目前在中小学较为常用的教学机器人有能力风暴机器人、通用机器人、未来之星机器人、乐高机器人、纳英特机器人和中鸣机器人等。

3)模式识别

模式识别是研究如何使机器具有感知能力,主要研究视觉模式和听觉模式的识别,如识别物体、地形、图像、字体(如签字)等。近年来迅速发展起来应用模糊数学模式、人工神经网络模式的方法逐渐取代传统的统计模式和结构模式的识别方法。特别是神经网络方法在模式识别中取得较大进展。当前模式识别主要集中在图形识别和语音识别方面。图形识别方面如识别各种印刷体和某些手写体文字、识别指纹、白血球和癌细胞等的技术已经进入实用阶段。

4)机器学习

机器学习是要使计算机能够模仿人的学习行为,自动通过学习来获取知识和技巧,其研究综合应用了心理学、生物学、神经生理学、逻辑学、模糊数学和计算机科学等多个学科。机器学习的方法与技术有机械学习、示教学习、类比学习、示例学习、解释学习、归纳学习和基于神经网络的学习等。近年来,知识发现和数据挖掘是发展最快的机器学习技术,特别是数据挖掘算法的效率和可扩展性、数据的时序性、互联网上知识的发现等。机器学习是使计算机具有智能的根本途径,对机器学习的研究有助于发现人类学习的机理和揭示人脑的奥秘。

5)分布式人工智能

分布式人工智能是分布式计算与人工智能结合的结果,研究目标是要创建一种能够描述自然系统和社会系统的精确概念模型,主要研究问题是各 Agent 之间的合作与对话,包括分布式问题求解和多 Agent 系统两个领域。分布式人工智能系统一般由多个 Agent 组成,每个 Agent 又是一个半自治系统,Agent 之间及 Agent 与环境之间进行并发活动并进行交互来完成问题求解。[21]由于分布式人工智能系统具有并行、分布、开放、协作和容错等优点,在资源、时空和功能上克服了单智能系统的局限性,因此获得了广泛的应用。

6)自然语言理解

自然语言理解就是研究如何使人们能够方便、自然地与计算机交流,如何让计算机理解人类的自然语言,以实现用自然语言与计算机之间的交流。一个能够理解自然语言信息的计算机系统看起来就像一个人一样需要有上下文知识以及根据这些上下文知识和信息用信息发生器进行推理的过程。自然语言理解包括口语理解和书面理解两大任务,其功能为:回答问题,计算机能正确地回答用自然语言提出的问题;文摘生成,计算机能根据输入的文本产生摘要;释义,计算机能用不同的词语和句型来复述输入的自然语言信息;翻译,计算机能把一种语言翻译成另一种语言。由于创造和使用自然语言是人类高度智能的表现,因此对自然语言处理的研究也有助于揭开人类高度智能的奥秘,深化对语言能力和思维本质的认识。

此外,还有智能决策支持系统、自动定理证明、自动程序设计及人工神经网络等与教育有关的研究领域。

5.6.2 人工智能教育应用

从人工智能的应用趋势来看,人工智能在教育中应用包括 3 个方面:

(1)人工智能应用研究领域间的集成。人工智能应用研究领域之间并不是彼此独立,而是相互促进、相互完善的,它们可以通过集成扩展彼此的功能和应用能力。例如,基于专家系统的移动学习系统、智能答疑系统、适应性学习支持系统,就是自然语言理解与专家系统、机器人的集成,为专家系统和机器人提供了新的知识获取途径。

(2)人工智能与其他先进信息技术结合。人工智能与多媒体技术、网络技术、数据库技术等有效的融合,为提高学习效率和效度提供了有力的技术支持。例如,课程智能学习系统,就是人工智能技术通过与网络通信技术、多媒体技术、数据库技术相结合,提高和改进教育的智能性。

(3)人工智能的研究和应用出现了许多新的领域,这些新领域有分布式人工智能与 Agent、计算智能与进化计算、数据挖掘与知识发现及人工生命等,如基于领域本体的学习知识库模型、基于多Agent 的 E-learning 智能学习系统。

1. 基于专家系统的移动学习系统

基于专家系统的移动学习系统采用 SOA(Service-Oriented Architecture)架构,使用 Web Services 作为移动终端应用程序和系统之间交互的数据接口,并通过这种交互方式建立起一系列的专家系统 Web 服务客户端应用程序,学习者直接下载安装基于专家系统的移动学习系统客户端软件,便可以像操作 Windows 程序一样来完成与专家系统服务的交互,学习者与系统的交互信息不再需要像基于短信的移动学习模式那样将信息手工编码,而是直接发送至专家系统,专家系统不需要解析这些信息,直接接受移动学习者的交互信息并返回交互结果,完成移动学习者和系统的交互。PC 学习者和移动学习者的数据访问方式是不同的,PC 学习者可以直接访问 Internet 上的资源,移动学习者则必须通过移动运营商的移动网关访问 Internet 上的资源,在 SOA 这种灵活的、可扩充的系统架构下,3G 网络和 Internet 的应用服务可以共享,同时满足移动学习者和 PC 学习者两种不同的数据访问,实现学习效果的积累和学习资源的共享,其系统架构如图 5.18 所示。

首先,采用 SOA 架构创建系统服务。把所有的学习资源都看作服务,按照类别对学习资源进行整合,建立起统一的访问接口。依据各学科特点,建立语义逻辑和知识库,开发一系列专家系统服务,通过 Web Services 提供数据访问接口和系统交互接口。向 Internet 发布所创建的系统服

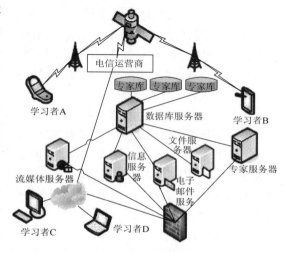

图 5.18　基于专家系统的移动学习系统架构

78

务,对外公布与系统访问的服务接口。然后,搭建基于系统服务的移动学习平台应用。基于 3G 技术,开发智能设备客户端应用程序,通过 WAP 协议访问专家系统服务,为移动学习者与专家系统及移动学习者之间的交互提供界面,建立移动学习者与专家系统及移动学习者之间的交互渠道。最后,搭建基于系统服务的网络应用。基于 J2EE、ASP. NET、AJAX 等技术开发 Web 应用程序,为 PC 学习者与系统及 PC 学习者之间的交互提供界面。移动学习者与 PC 学习者共享系统服务访问接口,移动学习者与 PC 学习者之间可以直接进行交互,其学习效果在系统的组织下有效地整合,消除两者之间学习资源的分散和浪费。

基于专家系统的移动学习模式有两种,即移动学习者与系统和移动学习者之间的交互以及移动学习者与 PC 学习者之间的交互。

1)移动学习者与系统和移动学习者之间的交互

基于专家系统的移动学习模式可以完全满足移动学习者与系统和移动学习者之间的实时交互。领域专家根据自己的知识体系建立起专家系统服务或对当前的专家系统服务进行维护,移动学习者通过 3G 网络访问专家系统服务,与系统进行实时交互,利用专家知识解决所遇到的问题,访问经过 SOA 架构整合后的网络学习资源学习相关知识,其学习效果可以通过专家系统进行实时地验证并被专家系统记忆,用于解决其他移动学习者的相同问题,体现了知识的继承性。移动学习者之间还可以通过组织电话会议、视频会议等形式进行讨论交流,形成移动学习者与系统和移动学习者之间的实时交互。

2)移动学习者与 PC 学习者之间的交互

基于专家系统的移动学习模式除了为移动学习者提供交互外,同时也可以满足 PC 学习者之间以及移动学习者与 PC 学习者之间的交互。PC 学习者通过 Internet 访问专家系统服务和服务器提供的学习资源来解决所遇到的问题,其学习效果会被专家系统记忆下来,PC 学习者的学习效果就可以被移动学习者完全共享;同理,移动学习者的学习效果也可以被 PC 学习者完全共享。移动学习者与 PC 学习者还可以通过 3G 网络提供的全球眼视频、网络电话、消息等方式进行实时讨论交流,从而实现移动学习者与 PC 学习者之间的学习效果共享和实时交互。

2. 智能答疑系统

智能答疑系统主要是对学习者在学习过程中遇到的疑问给予在线解答。远程教育学习者分离,需要及时、有效的交互以消除学生的孤独感,智能答疑系统不仅能有效减轻远程教师的工作量,还能做到及时、准确。智能答疑系统应支持自然语言的提问,自动检索问题并呈现有效答案,能够通过学习自动扩展和更新答案知识库。这使学生在学习时能够使用自己熟悉的方式表达问题,并能够及时获得与问题较为相关的反馈答案。智能答疑系统的模型如图 5.19 所示。

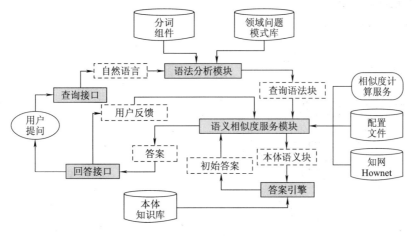

图 5.19　智能答疑系统的模型

智能答疑系统的大致流程是:首先语法分析部分将用户的问题经过自然语言转换、分词、语义标注等处理后找出对应的问题模式进行匹配,然后基于领域本体库将其映射成本体语义块。如果无法实现直接映射,则根据语义相似度的高低选择最为接近的问题的答案输出。在智能答疑系统中,核心的算法便是问题匹配和语义相似度计算。能通过本体和问题模式库找到对应问题时,便可以使用转移网络来查找答案。对于匹配不成功的问题可以采用语义相似度进行模糊匹配。语义相似度主要是计算用户提问与模式库中问题的相似度,若高于已设定好的语义相似度阈值,则认为该库中的问题同提问是接近的,便可返回此答案。

3. 适应性学习支持系统

适应性学习支持系统的运行机制源于 Brusilovsky 所提出的适应性系统中用户建模与适应性的经典循环,如图 5.20 所示。

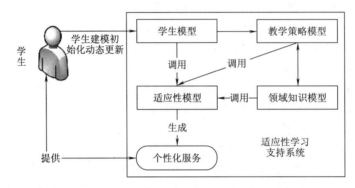

图 5.20 适应性学习支持系统运行机制

Brusilovsky 建议使用适应性超媒体(Adaptive Hypermedia,AH)来支持学习者开展个性化学习。适应性超媒体是超媒体与用户模型的组合,它能够根据用户模型来调整超媒体,以适应特定的用户需求。实现 Brusilovsky 所提出的适应性超媒体系统必须满足 3 个基本条件:①内容必须采用超媒体表示;②系统必须要建立用户模型;③系统能够根据用户模型来调整超媒体内容。适应性学习支持系统的核心组件包括领域知识模型、学生模型、教学策略模型和适应机制(或适应性模型)。适应性学习支持系统的运行机制是:系统收集学生的相关数据建立学生模型、初始化学生模型;适应机制调用教学策略模型、学生模型和领域知识模型,生成个性化服务;系统监控学生的学习过程,动态更新学生模型。

4. 课程智能学习系统

以课程为基础设计的智能学习系统学生模型的设计,如图 5.21 所示。

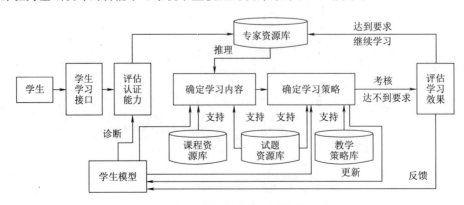

图 5.21 课程智能学习系统模型

80

其主要包括学生模型、专家知识库、课程资源库、试题资源库、教学策略库。其中学生模型主要包括学生的基本信息、学习过程、学习断点等一些数据,它包含学生在学习系统中的所有信息,是学生行为的一种抽象表示,是学生智慧学习的决定性依据。专家知识库存放一些推理规则,由这些推理规则来决定学生的学习内容,课程资源库存放课程的知识内容,试题资源库保存经过认知处理的课程试题和练习题。教学策略库保存学生在学习系统中学习的一些策略。

学生通过学生学习接口注册、登录学习系统,然后通过学生模型先对学生的认知能力进行诊断,将诊断结果信息传递给专家知识库进行推理,进而确定学习内容、学习策略,对所要学习的内容进行学习,学习之后进行考核,达到要求更新学生模型,然后由专家知识库继续推理,进行下一步的学习,达不到要求则继续学习原来的内容。

学生在学习过程中,系统会保存学生的基本信息,实时监控学生登录的时间、学习过程、学习断点等,并将这些信息反馈到学生模型中,使其学生模型不断地更新。因此,学生模型是整个学习系统的核心,它直接涉及系统每一个模块的运行,由于学生的认知能力直接由学生模型来诊断,因此,整个学习系统的智能性和推理的准确性直接由学生模型决定。

5. 基于领域本体的学习知识库模型

计算机智能教学系统基于本体的知识模型,如图 5.22 所示。

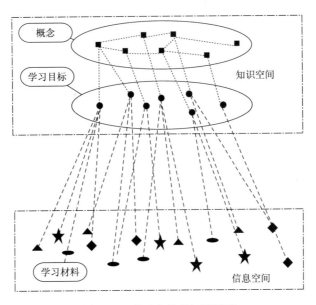

图 5.22　基于本体的知识模型

知识库模型是由知识点抽象出来的概念、组成概念的属性(也称为元数据)、概念间的关系以及学习资源组成。其构建的基本思路是利用本体的概念,属性和关系构成学习资源的语义结构,称之为知识空间。而学习资源分布在信息空间里,知识库模型就是由知识空间和信息空间构成的。信息空间里的学习资源可以是任意格式的多媒体文件(比如文本、图片、动画、音频和视频等)。学习资源可以通过 URI 来唯一标识和定位,其语义信息是通过把其映射到知识空间中的知识点来获得的,一个知识点可以链接一个或者多个学习资源。由本体构造的知识空间提供了存储学习资源的统一视图,是对异构学习资源的抽象,学习资源所处的物理位置、格式等信息是透明的。因此,知识库包括两部分,即知识空间和信息空间。知识空间描述了领域概念知识(概念、属性、关系、公理和规则等);而信息空间描述了附属于本体模型的学习资源。学习支持系统中的不同角色可以通过不同的接口来访问知识空间,进而访问学习资源。这种结构设计的优点在于学习资源的语义通过本体来明确定义,并同异构、具体的资源分离,不但便于计算机智能教学系统中用户定位、查询和维护知识库,而且便于机器的理解和推理,以构建更具智能性的学习教学系统。

6. 基于多 Agent 的 E-Learning 智能学习系统

设计基于多 Agent 的 E-Learning 智能学习系统,包含接口层、应用层和数据层等分层结构,如图 5.23 所示。

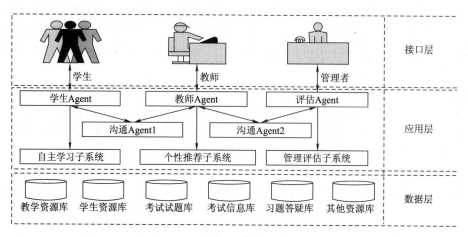

图 5.23　智能学习系统总体结构

接口层包括学生接口、教师接口和管理者接口,实现知识的输入/输出、用户信息和行为的获取、任务的接受和处理结果的反馈等。应用层主要包括学生 Agent、教师 Agent 和评估 Agent。此外,还包括沟通 Agent 以及自主学习子系统、个性推荐子系统和管理评估子系统。学生 Agent 是学生与系统的接口,验证学生登录信息,在实施教学过程中跟踪学生的学习过程,采集学生状态信息,判断学生的行为,根据其行为调用不同的后台 Agent 来执行不同的任务。教师 Agent 是教师与系统的接口,验证教师登录信息,采集教师的行为,根据学生行为调用教学 Agent 来完成任务。评估 Agent 负责对整个教师 Agent 教学情况宏观的调控。沟通 Agent 提供交互信息的储存、调用、管理和传递,干涉其他 Agent 的行为,起着一个总调度的作用。一方面,沟通学生 Agent 与教师 Agent 之间的行为;另一方面,沟通教师 Agent 与评估 Agent 之间的行为。数据层由教学资源库、学生资源库、考试试题库、考试信息库、习题答疑库和其他资源库等组成,为系统提供数据、模型及知识等方面的支持。

参 考 文 献

[1] 赵佩华. 基于云计算的"智慧校园"探析[J]. 常州信息职业技术学院学报,2012(2):9-11.

[2] 李征,王璐. 云计算在智慧校园中的应用研究[J]. 计算机与现代化,2012(5):48-54.

[3] 吕倩. 基于云计算及物联网构建智慧校园[J]. 计算机科学,2011(S1):19-20.

[4] 陈翠珠,黄宇星. 基于网络的智慧学习环境及其系统构建探究[J]. 福建教育学院学报,2012(1):121-124.

[5] 王晶姝. 基于物联网的数字化学习环境建设研究[J]. 软件工程师,2012(3):40-41.

[6] 郭惠丽,李倩倩,张蕾. 基于物联网的智慧学习环境移动服务构建[J]. 网络安全技术与应用,2011(9):68-70.

[7] 陈明选,徐旸. 基于物联网的智慧学习环境建设与发展研究[J]. 远程教育杂志,2012(4):61-64.

[8] 蔡苏,宋倩,唐瑶. 增强现实学习环境的架构与实践[J]. 中国电化教育,2011(8):113-115.

[9] 张宝运,恽如伟. 增强现实技术及其教学应用探索[J]. 实验技术与管理,2010/10:136-138.

[10] 吴帆,万平英,张亮. 增强现实技术原理及其在电视中的应用[J]. 电视技术,2013(2):40-43+47.

[11] 钟慧娟,刘肖琳,吴晓莉. 增强现实系统及其关键技术研究[J]. 计算机仿真,2008(1):252-255.

[12] 程志,金义富. 智能手机增强现实系统的架构及教育应用研究[J]. 中国电化教育,2012(8):134-138.

[13] 李壮恒,王涌天,翁冬冬. 视频立体增强现实系统舒适度评价方法研究[J]. 计算机仿真,2012(10):51-54+239.

[14] 白莉,普适计算技术在智能图书馆系统中的应用[J]. 图书馆学研究,2009(11):35-37.

[15] 王海涛,宋丽华. 普适计算——新一代计算模式和理念[J]. 电信科学,2008(2):66-70.

[16] 王斌,等. 新的普适计算环境下上下文缓存置换算法[J]. 计算机应用,2011(8):2075-2077.

[17] 岳玮宁,等. 普适计算的人机交互框架研究[J]. 计算机学报,2004(12):1657-1662.

[18] 彭小平. 浅析移动通信技术的演进[J]. 通信技术,2007(6):16-17.

[19] 王军选. 第四代移动通信系统及其关键技术研究[J]. 电信科学,2009(3):90-93.

[20] 胡海明,等. 第四代移动通信技术浅析[J]. 计算机工程与设计,2011(5):1564-1566.

[21] 张妮,徐文尚,王文文. 人工智能技术发展及应用研究综述[J]. 煤矿机械,2009,30(2):4-7.

[22] 王海芳,李锋. 人工智能应用于教育的新进展[J]. 现代教育技术,2008(S1):18-20.

[23] 傅钢善,李婷. 3G 时代基于专家系统的移动学习模式[J]. 中国电化教育,2010(4):106-109.

[25] 陈琨,张秀梅. 本体技术在远程教育中的应用概述[J]. 中国远程教育,2012(2):17-20+95.

[24] 胡娜. 远程教育中智能答疑系统的设计与实现[D]. 北京:北京交通大学,2007.

[26] 贺国强,刘丽珍,杜超. 智能学习系统学生模型的设计[J]. 计算机工程与设计,2009(10):2554-2558.

[27] 林木辉,张杰,包正委. 智能教学系统中基于本体的知识表示及推送研究[J]. 福建师范大学学报(自然科学版),2009(1):121-123.

[28] 赵姗,李门楼,郭嘉. 基于.NET 的课程自主学习平台的设计与实现[J]. 计算机工程与设计,2008(15):67-69.

[29] 刘海妹,钱晗颖. 外语翻译教学 CDIO 工程模式 E-learning 智能学习系统[J]. 长春理工大学学报,2012(12):163-165.

[30] 王庆波,何乐. 云计算实践之道:战略蓝图与技术构架[M]. 北京:电子工业出版社,2011.

[31] 王鹏. 云计算的关键技术与应用实例[M]. 北京:人民邮电出版社,2010.

[32] 郑和喜. WSN RFID 物联网原理与应用[M]. 北京:电子工业出版社,2011.

[33] Moray Rumney. LTE and the evolution to 4G wireless[M]. De-sign and Measurement Challenges,Wiley Publishers,2009.

[34] 中创软件. 感知校园综合服务平台[EB/OL]. http://www.cvicse.com/fcf3/solutions/zq_gzxy.html. 2013-7-20.

[35] 姚远. 增强现实应用研究[D]. 杭州:浙江大学,2006.

[36] 陈恳,杨向东,刘莉等. 机器人技术与应用[M]. 北京:清华大学出版社,2007.

[37] 蔡自兴,徐光祐. 人工智能及其应用(第三版)——研究生用书[M]. 北京:清华大学出版社,2007.

[38] 吴朝晖,潘纲. 普适计算(C). 北京:清华大学出版社,2006.

[39] Miller M. 云计算[M]. 北京:机械工业出版社,2009.

[40] 王庆波,金泽,何乐. 虚拟化与云计算[M]. 北京:电子工业出版社,2010.

[41] 周洪波. 物联网:技术、应用、标准和商业模式[M]. 北京:电子工业出版社,2010.

[42] 张春红,裘晓峰,夏海轮,马涛. 物联网技术与应用[M]. 北京:人民邮电出版社,2011.

第6章 智慧学习环境构建的架构模型

6.1 智慧学习环境构建的设计理念

20世纪90年代初,在反思有关学习研究(如认知科学、教育心理学、计算机科学、设计研究、神经学等)的推动下,诞生了一个新的研究领域——学习科学。学习科学支持各种情境中的学习,其目标是用学习科学知识重新设计课堂及其他学习环境,它关注创新性学习工具的开发,支持在有意义的境脉中学习的学习环境的设计与创建。基于此,学习环境设计作为一种新型教学设计研究范式在学习科学的发展中应运而生。学习环境设计侧重于给学习者提供一个开放的、能够相互协商的学习环境,并为学习者提供学习的必要支持条件,帮助学习者学习。从20世纪90年代初至今,涌现了多种学习环境设计思想,虽然这些设计都有各自的特点,但都包含真实性、探究性、协作性与技术性的特征,同时设计体现了贯一性设计原则,即设计着眼于将假设、理论、设计与实践相结合,在四者不断的迭代发展中逐步优化学习环境设计。

21世纪,随着计算机技术、人工智能技术的迅猛发展,提出了智慧(能)学习环境设计的理念。智慧学习环境设计理念包括以下内容:

(1)网格理念。网格作为下一代互联网的技术和标准,其所有资源的全面共享、地理位置的全面突破、交互协作的全面开放的特点为智慧学习环境高度共享教育资源、实现新的教学方式、实施高效和自动化的教学管理提供了技术支撑。

(2)集成理念。在运用建构主义学习理论和混合学习理论建立学生驱动型探索性智慧学习环境时,一定要充分吸取智能教学系统的优点,将体现现代教学理论的学习适应性控制集成进来,为学生提供强大的学习导航功能。

(3)代理理念。智慧学习环境在提供学习材料、学习策略、教学策略、学习工具、管理工具的基础上,应充分运用人工智能技术,代理教师和学习合作伙伴,创设虚拟现实学习空间。

(4)开放理念。智慧学习环境应具有可扩展性,允许使用者根据具体情况添加、更新、删除某些部件或内容完善、优化学习环境。

6.2 智慧学习环境构建的系统模型

6.2.1 智慧学习环境的系统模型

国际上对学习环境构成要素的认识有 Oliver 和 Hannafin 的四要素说、Jonassen 等的六要素说、Collins 等的认知学徒说,而国内有陈琦等的学习生态说、钟志贤的七要素说等。北京师范大学黄荣怀教授认为,技术促进学习发生的条件要考虑数字化学习资源、虚拟学习社区、学习管理系统、设计者心理和学习者心理5个方面的因素。归纳起来,智慧学习环境的构成要素包括资源、工具、学习社群、教学社群、学习方式、教学方式6个组成部分,如图6.1所示。

学习者与教师(设计者)通过学与教的方式与智慧学习环境相互作用。

(1)智慧学习环境主要由学习资源、智能工具、学习社群、教学社群、学习方式和教学方式等要素构成。

(2)学习者和教师通过学习方式和教学方式与其他4个要素相互关联、相互作用,共同促进学习者有效学习的发生。离开了学习方式和教学方式,智慧学习环境就不是学习环境了。

（3）有效学习的发生是个体建构和群体建构共同作用的结果。学习社群强调学习者的互动、协作、交流；教学社群是教师共同学习、协同工作、寻求持续专业发展的统一体。

（4）学习资源和智能工具同时为学习共同体和教学共同体提供支持。学习社群和教学社群的发展离不开资源和工具的共同作用，各类智能工具为学习环境的"智慧"提供了全面支持；同时，学习社群和教学社群为资源和工具的进化起到了促进作用。

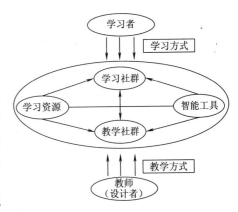

图6.1 智慧学习环境的系统模型

黄荣怀认为，智慧学习环境的技术特征主要体现在记录过程、识别情境、连接社群、感知环境等4个方面，其目的是促进学习者轻松、投入和有效地学习。

（1）记录学习过程。智慧学习环境能通过动作捕获、情感计算、眼动跟踪等感知并记录学习者在知识获取、课堂互动、小组协作等方面的情况，追踪学习过程，分析学习结果，建立学习者模型，这为更加全面、准确地评价学习者的学习效果提供了重要依据。

（2）识别学习情境。智慧学习环境可根据学习者模型和学习情境为学习者提供个性化资源和工具，以促进有效学习的发生；智慧学习环境能识别学习情境，包括学习时间、学习地点、学习伙伴和学习活动，学习情境的识别为教学活动的开展提供支持。

（3）感知学习物理环境。智慧学习环境能利用传感器技术监控空气、温度、光线、声音、气味等物理环境因素，为学习者提供舒适的物理环境。

（4）连接学习社群。智慧学习环境能够为特定学习情境建立学习社群，为学习者有效连接和利用学习社群进行沟通和交流提供支持。

（5）促进轻松的、投入的和有效的学习（Easy，Engaged & Effective learning）。智慧学习环境的目标是为学习创建可过程记录的、可情境识别的、可环境感知的、可社群连接的条件，促进学习者轻松、投入和有效的学习。

6.2.2 智慧在线学习系统模型

我国学者苏晓萍等将情感计算和Agent技术应用于网络教学，据此构建了智慧在线学习系统，系统模型如图6.2所示。

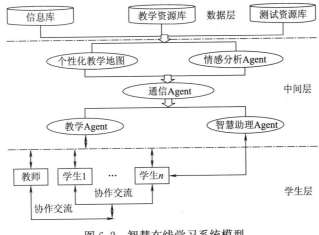

图6.2 智慧在线学习系统模型

85

系统模型分为3层,即数据层、中间层和学生层。每个 Agent 采用 PBDI(心理、信念、愿望、意图)心智模型设计个体行为,在传统的 BDI Agent 模型中添加了基于学习者情绪的心理模型。个性化教学布局 Agent 根据学生的学习兴趣、爱好和已经掌握的先导知识对不同学生采用不同的教学策略,形成初始个性化教学地图,并通过通信 Agent 通知教学 Agent 以便实施教学任务。情感分析 Agent 跟踪学生自主学习的进度和学习过程中情感状态的变化,基于模糊数学的评价集方法对学生的学习效果进行综合评价,将一系列结果记录在相应数据库中,并通过通信 Agent 通知智慧助理 Agent,智慧助理 Agent 则根据学生学习状态、学习效果形成不同的情绪反应,对频繁离开学习环境的学习者给予提醒以至惩罚,对学习成绩好、坚持学习的学习者给予奖励。在该系统中,多 Agent 间进行必要的消息通信,彼此协调行动。

6.3 智慧学习环境构建的通用模型

6.3.1 智慧学习通用服务平台设计

1. 智慧学习通用服务平台框架

智慧学习服务平台的组织结构和框架如图 6.3 所示。该框架划分为 4 个层次,分别是基础设施层、学习支撑层、学习应用层和访问层。

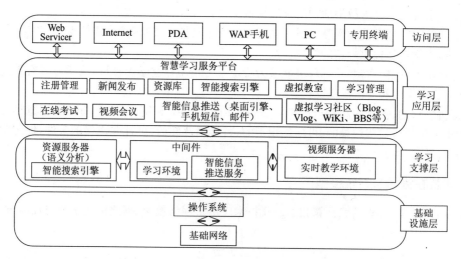

图 6.3 智慧学习通用服务平台框架

基础设施层包括基础网络、操作系统以及在此基础上的资源库和相关信息库等;学习支撑层采用中间件技术,通过学习环境和智能信息推送服务中间件的设计与实现、实时教学环境的构建、智能搜索引擎的实现以及三者之间的集成,实现学习服务和系统的可扩展、可伸缩,并向上提供模块化服务功能;学习应用层利用学习集成服务组件,构建以下系统:虚拟教室、在线考试、学习管理、资源库、虚拟学习社区、智能信息推送、智能搜索引擎、视频会议等;访问层是学习者接口,通过各种浏览器和终端设备访问学习资源和系统并进行交互。

2. 核心功能分析

(1)支持各种终端的访问机制,包括 WAP、iPAD、PC 和专用终端。

(2)提供虚拟学习工具。虚拟教室具有学习内容可进行直播和点播,师生间可以进行实时/非实时交流,可以对学生的学习活动设计和监控,通过系统的分析统计,教师可引导学生更有效地学习的功能;在线考试,具有自动组卷、评分、成绩分析等功能,为各类科目提供在线测试;资源库,各类资源种类齐全,分类合理等。

(3)提供表现学习工具。包括 Blog、WiKi、Vlog、BBS 和 SNS 等。

(4)提供智慧学习工具。包括智能搜索引擎、智能信息推送、语义分析、桌面引擎、电子邮件和手机短信等。

3. 智慧学习服务技术

(1)实时学习系统。网络虚拟课堂学习系统平台,将学习实况信息及相关学习资源以流的方式发布,从而克服了由于网络带宽的限制对学习环境构建的影响,具有实时学习直播、学习点播、课程再编辑和双向交互等功能。

(2)学习直播技术。实时学习直播模块收集教师讲课视、音频实况,以及教师讲课用 DOC、PPT 教案、图片、Flash 与计算机操作桌面、白板笔迹,并对所有这些学习资源进行同步整合,分别将其发布于流媒体服务器与 Web 服务器,当学生连接网络后,就可以观看到教师讲课的实况和与之同步的学习素材。

(3)再编辑技术。再编辑系统有 4 个部分,即课程编辑准备部分、课程编辑部分、标准打包部分和 XML 编辑部分。该模块可将学习中运用到的 DOC 文档、PPT 文档、HTML 网页、图片、Flash、视频/音频媒体资源进行同步组织,形成多媒体课件,并对课件及其资源的描述信息进行重新编辑和修订。

4. 智慧学习通用服务模块

智慧学习通用服务模块之间的交互主要是学习者利用 Blog、WiKi、Vlog、BBS 和 SNS 等工具,根据已有的知识结构,选择并组织学习内容,跟随学习进度使其内容不断丰富;通过虚拟学习社区模块中的工具加强学习者之间的交流,并通过可控的奖励策略产生学习领袖库,提高学习效率;教师利用其提供的统计分析数据与可视化图表,随时跟踪学习者在远程学习系统上的各种学习行为,做到及时指导以保证他们与学生之间的持续性互动。

(1)学习社区模块。学习社区模块主要负责为学习者的协作交流学习提供平台和工具,它的特点是设计多个数据表,把学习者协作交流学习过程和成果以记录的形式及时存储到数据库中,通过数据库表的关联,实现多种状态的组合查询,产生有意义的学习领袖库。

(2)学习行为跟踪。学习活动跟踪模块,可以记录学习者在平台上的行为,并以类聚、图表或系统智慧评价等形式呈现给教师和学生,教师根据这些信息提供反馈和建议。该模块采用事件跟踪与拦截技术,面向日志(Log)的数据分析与提取技术,实现对系统事件的动态拦截、过滤和取样,获取与学习过程密切相关的系统会话数据。

(3)教师导学模块。教师导学模块中导航/递送模块负责将学习者在学习过程中的导航请求转化成编列请求,并将编列模块确定的目标学习单元递送给学习者;编列模块负责响应编列请求。基于学习者的学习情况以及编列规则来确定将要学习的目标单元,课程导入模块主要负责从学习资源库中导入课程。

(4)学习活动管理模块。学习活动管理模块提供管理学习资源对象,评估学习者能力以及根据评估信息建议学习课程,管理学生学习进度,发送评估信息及测试报告,提供追踪功能,包括追踪完整的在线/离线课程。

(5)智能搜索引擎模块。通过与学习者进行互问互答的方式来引导其进行精确信息检索,可通过对学习者访问历史记录的分析找出与兴趣度匹配度最高的内容;引擎使用自然语言和学习者交互,智能信息推测由信息相关推测规则和分词词库组成,信息相关推测规则是编写相关的联想规则功能,词库是由名词、动词、形容词等组成。通过当前学习者输入的信息推测或联想出下一步信息,并呈现给学习者进行选择。

(6)智能信息推送模块。基于 Context、数据挖掘等技术,智能信息推送系统对平台中每个学习者的学习活动进行获取、分析、存储,进而将学习活动数据与事件通知服务进行比对分析,若数据与其喜好一致或与其定制的参数相匹配,则返回一个事件通知到智能信息推送系统,该系统将此进行处理后传送一个 XML/RSS 格式事件到平台,并通过桌面引擎、手机短信、电子邮件等方式将需要的信息或定制的信息推送给该学习者,了解最新信息,实现资源的共享。

6.3.2　智慧学习环境干预系统设计

智慧学习环境的设计核心内容就是以问题或任务为中心,多种学习理论为基础,从学习内容、技术支持、师生角色关系 3 个方面对数字化课堂教学进行革新,形成智慧学习环境下的干预系统,如图 6.4 所示。

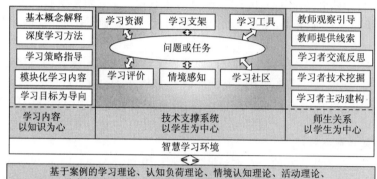

图 6.4　智慧学习环境干预系统

智慧学习环境干预系统设计应把握 3 个关键点:

1. 学习内容设计——促进深度学习

学习者对所学知识的迁移能力是深度学习的表现。基本知识内容的讲授主要采用传统的递授教学模式,因而在学习内容的设计上,聚焦学习者的深度学习,以知识为中心,以学习目标为导向。首先,让学习者明确学习目标,重在发展学习者的高阶知识;其次,教师需要将学习内容模块化、任务化,通过讲授给学习者传递基本概念和需要解决问题要具备的知识技能;再次,教师为学生提供富有一定挑战性的任务活动,调动学生的积极性,以使学生发挥其潜能。

2. 技术支撑系统设计——以学习者为中心

信息技术的发展深刻地变革着人们的生活方式、思考方式和学习方式,同时也为创设智慧学习环境提供了技术条件。在具体的智慧学习环境的创设过程中,以促进学习者的有意义学习为出发点,为解决问题而选取最适合的技术,并非追求最新的技术。

3. 学习推进设计——以问题或任务为中心

问题或任务是学习环境设计中的出发点和归宿点,学习者的学习活动围绕问题或任务活动而展开,通过完成任务达到知识的意义建构。教师在设计活动任务时要体现学习目标和学生的元认知水平。工具主要包括信息获取工具、情境创设工具、交流协作工具、认知工具和评价工具。围绕具体的学习活动主题而开发的板块有我的空间、资源支持、讨论交流和成果展评等。

6.3.3　智慧学习环境自主探究平台设计

1. 系统逻辑结构设计

构建智慧学习环境的自主探究平台主要包括探究助手、咨询指导和探究交流 3 大模块,见图 6.5。

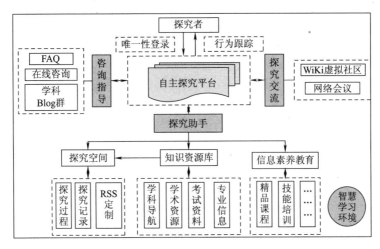

图 6.5　智慧学习环境中的自主探究平台

探究者用自己的学号登录自主探究平台后,可利用探究助手模块,根据自己探究的需求,进入知识资源库中的各个数据库查询获取所需的探究资料,然后添加入自己的探究空间开展自主探究;在探究中遇到问题或者检索不到相关的知识,可以进入咨询指导模块,获得教师或专家的建议和帮助;也可以利用探究交流模块,就一些复杂的知识和问题,与其他同学开展互动交流,既消除自主探究的孤独感也可以获得新的知识。平台可以跟踪探究者的探究过程,提供可视化探究记录,让探究者可以对自己的探究情况有所了解并实施自我监督;平台可以通过探究者注册的信息以及跟踪探究者的浏览、检索行为,来分析探究者的需求,以便教师对知识资源库进行及时、动态地更新。

2. 功能模块分析

1)探究助手模块

探究助手模块由知识资源库、探究空间和信息素养教育3部分构成。知识资源库集成了自主探究所需要的、经过加工整理的各种常用电子资源和网络资源,探究者可以通过知识资源库迅速检索到所需资料;探究者在探究空间里可以分门别类地存储从知识资源库中查找到的自主探究资源,然后进行探究,可以发布自己查询的新观点、新知识,展示自己研究的结论、创作的成果。探究空间可提供探究者探究的可视化记录,包括探究时间、登录次数、探究提问次数和资源访问次数,实现探究过程的管理和自我监控。探究空间也提供RSS定制功能,探究者可以通过RSS浏览器定制自己需要的内容,当自主探究平台知识信息更新时,只要探究者通过学号登录后,就会看到自己订阅的信息标题、摘要和其他相关链接,探究者可选择相关内容并通过链接阅读全文。信息素养教育是通过精品课程和技能培训的方式对探究者进行综合信息素质的培养。

2)咨询指导模块

咨询指导模块由FAQ、在线咨询和专家教师MSN、QQ 3部分组成。当探究者在自主探究过程中遇到了困难,比如在知识资源库中检索不到所需要的知识,或者通过检索文献也无法解决问题,包括在使用自主探究平台过程中出现的其他问题等,可以首先进入FAQ,解决一些常见问题;对于一般事务性咨询,可利用在线咨询进行即时交流;对于涉及学科内容的更深入、更系统的知识可以进入学科Blog群,获得答案。

3)探究交流模块

探究交流模块由WiKi虚拟社区和网络会议两部分组成。该模块提供探究者与其他同学有效交流的空间,从而克服网络自主探究的孤独感,激发自主探究的兴趣,还可以挖掘隐性知识,融合集体智慧,创造新知识。WiKi适合协同创作。网络会议是采用微软的Net Meeting软件,安装成功之后即可实现网络视、音频传输及多媒体课件的网络通播。

6.3.4 智慧学习环境答疑平台设计

1. 答疑系统的结构与各模块功能

智慧学习环境答疑平台由传统答疑系统和智慧答疑扩展两部分组成,如图6.6所示。

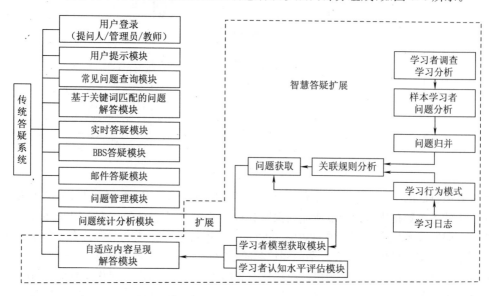

图6.6 智慧学习环境答疑平台功能结构

其中,扩展部分主要包括学习者学习模型获取模块、学习者认知水平评估模块、自适应内容呈现解答模块和问题统计分析扩展模块。

2. 系统实现的关键问题

1)知识点的自适应呈现

知识点的自适应呈现包括问题的自适应关联获取和解答深度的自适应。关于问题的自适应关联获取,一般采用传统的方法即基于关键词拆分的匹配算法;关于解答深度的自适应,则要求事先提供同一问题的几种不同深度答案,建立答案的深度属性,基于学习者的认知水平和学习者模型的加权运算,给出相应问题答案的深度属性值,对应地呈现自适应的问题解答。

2)问题的统计分析

问题的统计分析,可以掌握学习者问题的分布和规律,直接或间接反映出网上学习知识点的效果和漏洞等,通过统计和分析,可以协助网上学习内容的调整。智慧答疑不是基于章节或知识点,因此相应的问题统计和分析也要增加基于学习者模型的问题统计与分析,特别是要分析学习者学习背景与所提问题的分布关系,进一步分析学习者的认知水平与所提问题的关系,从而更好地辅助基于学习者认知水平和模型的解答自适应呈现算法。

6.4 智慧学习环境构建的情境模型

6.4.1 智慧学习环境学习情境模型

根据情境的内涵,在智慧学习环境中一般从学习者和学习服务两方面来描述情境。学习者情境信息包括个人信息,即姓名、ID、电话、地址、邮箱和个人档案;日历,即时间、地点、参与者和事件;关系,即所有者和协作者;偏好,即设备、兴趣、资源类型、服务质量、学习方式。学习服务情境信息则包括服务请求信息,即 ID、描述、输入、输出、先决条件和效果;服务质量,即功能性要求和非功能性要求;环境,即网络通道、场景和位置;设备,即硬件和软件,如图 6.7 所示。

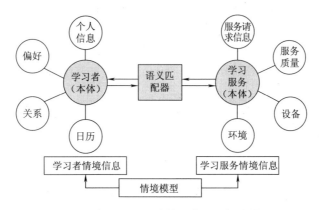

图 6.7 智慧学习环境情境信息和情境模型

运用学习者本体和学习服务本体描述学习者和学习服务,图 6.7 中表明了学习者本体和学习服务本体所描述的概念及概念之间的关系。学习者本体和学习服务本体间的交互模型由一个语义匹配器建立,该语义匹配器根据两个情境本体的信息执行语义推理。目前有多种不同的本体标记语言,一般采用 W3C 最新标准 OWL(Web Ontology Language)进行情境建模,采用斯坦福大学开发的免费、开源代码的本体编辑器 Protégé 作为本体建模工具。

6.4.2 智慧学习环境学习情境获取

智慧学习环境学习情境获取指掌握学习环境中学习者周围的情境信息,即获取学习者本体和服务本体的属性值。把情境分为当前情境和过去情境,当前情境记录正在运行的环境信息,而过去情境则记录服务执行的历史路径。情境获取主要监测的是当前情境,每当监测到新的情境时,当前情境即变为过去情境,并存储在数据库中。情境获取有 3 种实现方式,即学习者手动输入、学习情境监测和学习情境提取。

1. 学习者手动输入

当学习者首次登录具有记录功能的搜索引擎门户网,请求 Web 服务时,系统首先要求学习者填写注册表,并从学习者的注册信息中获取情境数据,建立个人信息、日历、社会档案等。

2. 学习情境监测

学习情境监测是一种双向机制,需要从服务器端和客户端两个方面来收集信息。从服务器端,学习者每次登录检索引擎门户网,系统将获取学习者的请求信息,分析设备类型,建立其设备档案;系统监测学习者接入网络的通道,建立其环境档案。除了监测学习者的当前请求,系统还能记录学习者的服务请求信息,并通过分析学习者的请求行为和请求模式,预测学习者感兴趣的学习内容。从客户端监测学习者周围情境信息。在智慧学习环境下,计算机视觉、语音识别、传感器等感知设备被嵌入到人们日常生活、工作中,这些智能设备可以识别人的位置、身体姿态、手势、语音等信息。利用蓝牙、WiFi 等通信技术,可以将这些信息数据传递到学习终端,建立学习者偏好、环境和设备档案。

3. 学习情境提取

在当前情境无法监测的情况下,系统需从学习者各种档案中提取与学习者请求相关的情境信息。情境提取有两种实现方式:一种是从个人信息和偏好档案中提取学习者默认情境信息;另一种是从日历档案中查找与特定情境相关的信息。第一种方式,学习者在填写注册表时必须为一些不允

91

许为空的属性赋值,如学习者姓名、电话、邮箱等,如果学习者没有为这些属性指定具体值,系统将自动填充默认值,这个过程定义为情境包装。第二种方式,系统从日历和关系档案中查询情境信息,遍历日历档案和关系档案,系统可以知道学习者现在在哪、正在做什么以及和谁一起工作。借助这些信息,系统能够提供面向情境的服务,从而更好地满足学习者的需要。当学习者没有指定具体的合作伙伴时,系统从关系档案中查找与学习者联系最密切的伙伴;当学习者将其日历档案设置为隐私时,关系档案同样非常实用,通过查询合作伙伴的日历档案中是否有与学习者相关的事件,系统能分析和确定学习者当前情境。

6.4.3 智慧学习环境学习情境识别

智慧学习环境学习情境识别的条件包括"识别"所需的知识和证据。前者可抽象为一个情境模型;后者可划分为多个学习情境要素,包括学习者模型、学习目标空间、学习活动模型、领域知识模型和时空模型。情境模型是对识别学习情境所需知识的形式化表示,包括各种学习情境的结构描述和约束条件。学习者模型是对学习者的个体特征和学习状态的形式化表示。学习目标空间是学习者在一定的学习任务下可能达到的目标的集合。以布卢姆为代表的学习目标分类理论将学习目标分为认知、情感、动作技能3个领域。学习活动模型是对学习活动的构成要素以及要素之间联系的形式化表示。学习活动的构成要素主要包括学习活动的参与者、工具、主题、领域知识、时空属性、形式、过程和结果等。领域模型是特定领域专家知识的形式化表示。自然科学知识通常是良构的、系统化程度高、逻辑性较强,可以采用结构化的方法表示,如语义网络、谓词逻辑等。时空模型是学习活动所发生的时空信息的形式化表示。

智慧学习环境学习情境识别主要涉及3个方面:信息采集、动态建模和情境推理。学习情境识别的概念模型如图6.8所示。其中,箭头表示主要的信息流动方向。

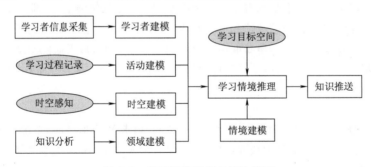

图 6.8　学习情境识别的概念模型

(1)信息采集。信息采集指从物理环境或信息系统中获取学习情境识别所需的各种原始数据与信息。从物理环境采集信息的方法包括自动化和人工两种方式:自动化方式是指通过传感器设备从客观环境中采集数据,如学习活动现场中与学习者相关的物理环境信息、视/音频监控信息以及各种传感器信息;人工方式是指通过人工的方法获取一定的信息、专业知识或经验,如学科知识、学习情境的主要特征。从信息系统采集信息的方法是指从可访问的信息系统中获得和过滤所需信息,如学习档案、互联网资源、常识知识库、已有的学习情境要素模型等。

(2)动态建模。动态建模是构建或更新学习情境识别的各种条件要素的模型,包括构建情境模型、学习者模型、活动模型、领域知识模型和时空模型。模型的构建是按一定的规则,将信息采集模块所得到的原始数据和信息映射为符合模型结构的抽象表示。如对学习者模型的构建,需要采集学习者在活动现场的行为表现,以及检索已有的学习者信息;并通过一定的学习者建模方法,初始化学习者模型或更新已有的学习者模型。由于学习目标通常在学习活动发生之前预设和明确,所以不需要进行动态建模。

(3)情境推理。情境推理指依据采集到的情境信息,根据动态建构的要素模型,通过一定的推理机制,给学习者推送相关个性化知识。情境推理模块包括数据驱动和目标驱动两种基本的运行机制。在数据驱动机制下,动态建模根据模型的更新情况,驱动情境推理模块更新推理结果,以及发现新的学习支持方法;而在目标驱动机制下,推理模块根据学习支持列表,调动建模模块更新各种条件要素模型,从而主动判断各种学习支持是否适合于当前学习情境。学习情境推理的结果以知识推送的方式予以提供,如学习资源、学习伙伴和学习活动建议等。

6.5 智慧学习环境构建的协同模型

6.5.1 交互式白板协同学习模型

1. 协同学习模型简介

在智慧学习环境中,根据对培养学生创新精神和合作、探究能力的目标要求,构建了交互式白板协同可视化学习模型,如图 6.9 所示。

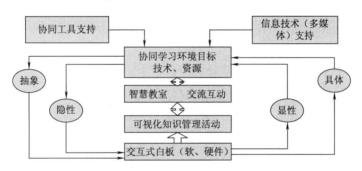

图 6.9　交互式白板协同可视化学习模型

从交互式白板协同可视化学习的目标来看,就是要实现在所处的信息场中将信息更有效、更直观地传达给更多的学生,通过各种学习支持工具有效实现"信息和知识"和特定"角色"以及"场景"的关联,进而指导学生做出决策和行动。从技术支撑的角度就意味着要充分考虑学生的个体差异,通过利用交互式白板进行教学,创设真实的问题情境,培养学生的问题发现、问题解决和合作探究能力。

2. 核心构成要素分析

(1)协同学习与隐性知识转化。从该模型中可以看出,在协同学习环境中让学生与学生之间自愿地将隐性知识贡献出来,通过可视化的知识管理活动转化为显性知识,以及教师将抽象的知识通过交互式白板系统转化为具体知识,这是交流共享过程;同样,学生在该环境下通过学习、消化来接受集体知识,让他们获得新知识后,在原有的知识结构上进行加工,通过协同工具支持,教师的隐性知识和集体思维又会促成新的个人知识习得,这就是学习过程。

(2)协同交互技术与功能。协同学习技术主要包括知识发现与创新、知识汇聚与传播。从该模型中可以看出技术只是协同可视化学习的外部支撑条件,也就是说技术本身并不能创造知识,也不能作为知识的替代品,它仅仅只是支持工具。交互式白板协同可视化学习强调技术的兼容与通用,充分发挥技术在协同可视化学习中的作用,实现教师知识传递的自动化、可视化,提高学习的效率。

(3)智慧环境与交互意义。在基于交互式白板的学习中,教师与学生、学生与学生之间的意义交互是极其重要的因素。意义交互是一种动态的交互过程,不仅对学习者的学习行为具有强化作用,而且对学习中知识的表征和存储具有转化作用;对知识的建构和共享具有促进作用。通过这种有意义的交流互动,实现了知识的按需流动,这样就形成了一张看不见的且具有较高价值的知识网,在这种网络里,学生有着同样的目标、技术条件和共享的资源,能激发学生的学习热情,将自己全身心地投入到协同可视化的学习环境中来,从而降低了学习难度,提高了学习效率。

3. 模型功能分析

从智慧学习环境模型中可以看到,智慧学习环境得到了优化,目标、资源、技术实现了协同可视化。可视化教学在智慧学习环境中所表现出的优势主要有:交互式白板提供直观生动的动态过程展示,不像传统教材那样枯燥乏味,教师可以利用它来吸引学生的注意力;通过将文字、数据、图片、动画动态地整合在一起,提高了教学的生成性和生动性,增强了学生学习的动机和兴趣;教师与学生之间、学生与学生之间通过交互式白板及协同工具,分享彼此的知识和经验,增强了情感交流。该模型提高了教师知识传递的效能:一方面,在协同环境里,学生之间的广泛交流、知识的按需流动变得十分便利,使得智慧环境中学生与学生方便地共享知识资源;另一方面,通过智慧学习环境内的相互学习和沟通,借用技术支持得以让知识快速地传播到更多的学生中,通过参与协同学习的各项活动,学生得到了更多的学习机会,随之而来的是学生的知识结构和能力水平的提升。

6.5.2 网格协同学习环境资源服务模型

图 6.10 描述了网格协同学习环境资源服务模型的主要部件。

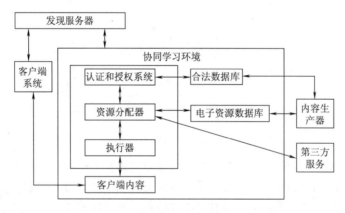

图 6.10 网格协同学习环境资源服务模型

客户端系统由浏览器、应用软件或能与因特网交互数据的终端组成。客户请求首先被服务器端的认证和授权系统截获,服务器端通过合法数据库检查客户请求的认证和授权信息。一旦客户端得到认证和授权处理它的请求,资源分配器就满足客户端的要求。资源分配器检查客户端的要求,根据需要、优先级和其他约束,来分配客户要求数量的资源。资源分配器检索驻留在服务器端的电子资源数据库的资源信息和资源,电子资源数据库的资源将由系统的内容生产器产生。资源分配器也可以接受第三方服务的帮助,来分配独家资源或驻留在其他领域的资源。执行器是一个负责执行的组件,客户端作业在执行器的控制下执行。在执行器的控制下也可以生产出客户端内容,然后传入客户端系统。当客户端系统发现服务器时即与服务器交互。这个模型首先需要一个电子资源发现服务的登记服务器,这样客户端就可以通过这个服务器找到可用的资源。执行器、资源分配器和认证、授权部分是其核心的功能部分,其他部分包括合法数据库和电子资源数据库。当服务请求的认证和授权信息与合法数据库取得特定联系时,电子资源数据库就包含了各种资源的确切信息。电子资源数据库也可以由第三方扩充,验证组件可以放在电子资源库和第三方服务之间,以检查由第三方生产的内容。图 6.10 中独立的内容生产器也有权给电子资源数据库添加内容,并将服务请求与内容的认证和授权联系起来。

网格协同学习环境资源服务模型主要技术是网格服务技术。网格服务技术是一种面向服务的范式,支持网格基础架构部署在多个广域分布的异质资源之上,电子资源数据库存储了所有分布式的、异质的学习资源,学习组织和个人就可以共享同样的资源和目标;资源管理具有一定的伸缩性,网格服务技术实现广域分布资源的动态管理,对于资源的变化能够做出实时反应,一旦网格中资源有所调整,内容生产器就会实时调整电子资源数据库中的信息,这样就保证了协同学习能使用最新学习资源;虚拟技术保证协同学习者同时共享资源,网格对资源的管理采用虚拟化技术,电子资源数据库存储的是学习资源的虚拟信息,而不是物理学习资源,这样就允许多个学习者同时按照更一致、更好管理的虚拟实体收集和组织不同来源的学习资源,以保证多个协同学习者同时使用学习资源。高性能计算支持协同学习,在许多协同学习中,需要实时完成复杂和大量的计算任务,并将计算结果实时远程传送给协同学习者共享,由于网格对于计算资源、软件资源、存储资源、网络带宽等硬件资源的共享,因此可以为协同学习提供高端的、便宜的计算服务和传输服务,从而符合协同学习这方面的要求;工厂服务动态创建服务体现适应性,底层网格资源管理中间件的受管理作业工厂服务和文件流工厂服务动态创建作业服务和文件流服务,以满足协同学习中适应性的需要;接受第三方学习资源,资源分配器也可以接受第三方服务的帮助,分配独家资源或驻留在其他领域的资源。

6.6 智慧学习环境构建的联通模型

6.6.1 智慧学习环境的联通模型

在未来,智慧学习联通环境,各个学校、工作坊、社区和家庭将会联通整合在一起。不管是对学习者还是教育者,社区和家庭将不再是无关的或难以纳入考虑的因素,而会成为学习环境中不可缺少的重要组成部分。学习者、教育者和家长将会更有效地交流、协调、协作,以提高学习质量与效率。智慧学习联通环境可以描述为智慧学习环境的联通模型,如图 6.11 所示。

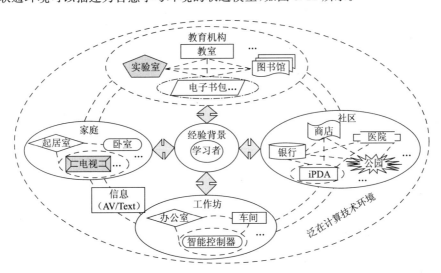

图 6.11 智慧学习环境的联通模型

智慧学习环境的联通模型包括智慧的学习资源、智慧的学习服务和智慧的支撑技术 3 个部分。其中,以境脉感知技术为代表的先进技术为实现智慧学习联通环境的适应性与个性化学习服务提供了强有力的支撑。在智慧学习联通环境中,可以真正实现在合适的时间,学校、工作坊、社区和家庭以合适的方式呈现给学习者合适的信息。

6.6.2　智慧学习联通环境的资源

智慧学习联通环境的资源包括智慧学习内容、智慧学习活动、智慧学习伙伴及智慧学习交互。

1. 智慧学习内容

在智慧学习联通环境中充满着大量嵌入式或隐藏的微计算器及可穿戴设备,这些设备可以为学习者创设一个实境的学习空间,人们所经过的学校、工作坊、社区和家庭、接触的任何事物实体都可以是学习对象,学习内容触手可及,让学习变得真正无所不在。智慧学习联通环境中的学习内容既有显性知识又有隐性知识,学习者通过自主学习可以获得知识,同时在与他人交流时也可以获得有意义的信息。而且,智慧学习联通环境中的学习内容具有无缝的互换特性,即学习者在更换学习终端时,智慧学习内容能够进行自适应调整,保证学习的连续进行。基于境脉感知的智慧学习联通环境中,系统通过感知、分析并理解各种类型的境脉信息,能够为学习者提供最富有个性化的学习内容与学习路径,充分满足学习者的学习需求。

2. 智慧学习活动

从宏观上说,智慧学习活动包括学习者在学习过程中所发生的各种形式的活动,如学习者的搜索信息、解决问题、发表演讲、访问、参加测试、用手持设备记录等学习行为;从微观上说,智慧学习活动还细化为学习者在学习过程中所表现出的细微行为,如各种手势、言语、表情等。这些细微行为能够表达出学习者的心理状态,通过可视设备反映到系统中,为系统理解学习者的行为并作出相应反应提供参考。学习者可以利用各种学习终端开展智慧学习活动,可用的学习终端包括各种智慧的移动设备、嵌入式设备和计算设备,如高性能整合型手机、PDA、Tablet PC、可穿戴计算设备等。学习终端具有形态多样、功能丰富、携带方便、支持多种格式多媒体内容、良好的人机交互和无线网络接入等特点,它们是学习内容呈现的载体,也是学习者与环境交互的直接接口。值得注意的是,智慧学习联通环境必须支持在环境改变时终端之间的自发互操作,才可以保障学习的连续性。

3. 智慧学习伙伴

智慧学习联通环境中的学习伙伴,既包括真实的学习同伴又包括系统虚拟的专家。专家通过分析与学习者有关的境脉信息来为学习者提供智慧服务,如信息推送服务、最佳学习路径生成服务、学习补救服务等,为学习者制定恰当的学习目标,选择合适的路径,提供适当的帮助,这就避免出现由于学习者的学习能力不足或学习目标过高而产生的挫折感。而真实的学习同伴则遍布网络的每个角落,网络采用点对点的模式,学习者之间都是对等的,学习者既作为客户端又作为服务器,每个学习者都可以访问他人,从同伴那里获取资源,同时也可以被他人访问,为同伴提供资源。学习者之间的相互访问就是求解与解惑的过程,如果某个同伴没有他所需要的资料,他会向另一个同伴求助,通过这种方式,对等网络的范围越来越大,资源共享的效果会不断加强。学习同伴的最大化促成了学习支援的最优化。

4. 智慧学习交互

在智慧学习联通环境中,学习者可以与学习内容、学习伙伴甚至环境中的任何物体进行自然的、无缝的交互。智慧学习联通环境中的物体都嵌有传感器和微处理器,无论学习者走到学校、工作坊、社区还是家庭,都能通过与环境中物体的交互获得相关学习内容与帮助。当学习者靠近并观察某个物体时,邻近的传感器会发现学习者的存在,并把这个物体的相关数据发送到学习者的学习终端。同时,物体与服务器模块取得联系,获取与学习者有关的信息,如该学习者以前是否接触过当前学习内容,或以何种形式支持该学习者进行学习最合适,为学习者提供个性化的学习服务。当需要对学习者的学习进行检验时,系统通过游戏或其他有趣的方式精心安排一个测验,发送到学习者的学习终端,学习者完成测验并将反馈信息传送回服务器,由服务器进行教学策略分析,如果认为学习者需要额外的帮助,则将更多地把信息传送给学习者的学习终端,直至通过检验判定学习者已掌握相关知识并能够加以运用,则引导学习者步入下一步骤的学习。

6.6.3 智慧学习联通环境的境脉感知

在智慧学习联通环境中,境脉感知系统的工作流程分为境脉信息的获取、表达、使用和存取 4 个步骤。

1. 境脉信息的获取

智慧学习联通环境中境脉信息的获取可以通过两种途径实现。第一种途径,直接在物体上嵌入一定的感知、计算和通信能力,使其成为功能性物体。当学习者接近这些功能性物体时,系统通过传感器和微处理器来感知并分析相关的环境境脉、学习者境脉和计算境脉,使学习环境更好地理解学习者的行为以及真实世界的环境参数的变化,从而为学习者提供符合情境的资源与服务;第二种途径,为环境中的物体添加可以被计算机自动识别的条码、红外线或 RFID 标签。目前由于 RFID 具有唯一标识参与感知计算的物理对象和存储少量历史境脉信息的特点,它已成为构建境脉感知的智慧学习联通环境的重要技术基础之一。通过给物体贴上电子标签,RFID 实现了物理空间中的物体与信息空间中的对象的绑定。例如,小学自然科学课程中的识别植物单元,系统利用 RFID 传感器和无线网络来为学习者提供情境学习。环境中的每个目标植物都配有 RFID 标签,记录此植物的一些特征数据。每个学习者都配备内置 RFID 阅读器的 PDA(个人数字助理)。当学习者靠近某一植物时,PDA 中的 RFID 阅读器可以从植物上的 RFID 标签中读出相关数据。通过 RFID 来感知计算场景中与交互任务相关的境脉能实现交互的隐式化,从而让计算终端和日常物体具有与人、自然和谐交互的能力。

2. 境脉信息的转换和表达

智慧学习联通环境中境脉信息的转换和表达是指系统将获取的境脉信息以适当的形式提供给相应的计算组件。境脉信息的范围非常广泛,可能包含空间的、物理、网络、设备等任何方面。因此,境脉信息的数据是通过多种不同的资源来传送的,如传感器、移动设备或者数据库等。这就使得采集到的原始数据在类型和表示上各不相同,且一般不具有明确的语义信息。为了对这些原始数据进行处理,需要进行智慧转换,从原始数据中提取具有简单语义的信息,而将系统不关心的部分屏蔽掉,从而消除数据冗余。同时,分析原始数据各元素之间的内在联系,并且根据具体应用对境脉元素进行融合,融合后所产生的信息就是最终能被应用的境脉信息。

3. 境脉信息的使用

智慧学习联通环境中境脉的使用是为学习者提供个性化与适应性的学习服务的关键步骤。境脉信息经过采集与表达之后,具有一定的语义,能够为系统了解学习者提供有意义的参考。系统通过综合分析学习者与环境的境脉信息并结合数据库中的学习者模型,获知学习者的先前知识水平、学习进度、学习风格、认知能力、学习动机、所处环境和自身兴趣,并根据学习者的需求及表现情况,帮助学生确定合适的学习位置并安排恰当的学习活动,呈现充足的学习内容,生成最优化的学习路径,为学习者提供适应性与个性化的学习指导,从而引导学习者进行更有意义的学习。

4. 境脉信息的存储和提取

智慧学习联通环境中经过采集、转换、分析和应用的境脉信息,可以被存储在数据库中。随着学习者的学习活动的进行,境脉信息将会逐渐增加,数据库也会实时更新。这些存储的境脉又称为历史境脉。当系统感知到新的境脉信息时,从数据库中提取出与之有关联的历史境脉,将新的境脉与历史境脉进行对比,通过分析差异来对学习者的学习行为进行解释,从而形成判断结果,并据此调整系统的服务,确保最优化的适应性与个性化的学习服务。

具有境脉感知特性的智慧学习联通环境能够为学习者提供个性化与适应性学习服务,并且在环境改变时,学习服务不会被中断。在这样的环境中,学习能够是沉浸的、连续的、深入的,从而引发了知识的意义建构。

6.6.4 智慧学习联通环境的交互类型

智慧学习联通环境涵盖了现实世界与虚拟空间的连接,并且可以协调个人空间与共享空间的共存。这些空间的无缝连接使得学习者能以适当的方式获取学习资源。在智慧学习联通环境中有 3 种类型的交互主体,即社会化的人、现实世界的物体对象、虚拟空间的人造物。虚拟空间中的人造物指通过数字化处理过的,如生成的文件、设计的图片、视频片段、共享的知识本体等可以以数字化方式在各种学习信息设备中传输、共享的信息。其中,现实世界的物体对象可能具有不同的计算能力,有一些物体对象嵌入了不可见计算机而有较强的计算能力,而另一些可能只是附加了简单的计算装置。例如,一个附有 RFID/Sensor 的对象可能没有任何智慧,但它已经具备了在虚拟空间进行计算和交流的基本能力。

智慧学习联通环境有 6 种交互类型:人与人之间的交互、人与对象的交互、人与人造物的交互、对象与对象的交互、对象与人造物的交互、人造物与人造物的交互。

6.7 智慧学习环境构建的 WebX 模型

在智慧学习环境中,依据分布式认知理论、建构主义学习理论、WebX 基本理论,将 WebX 环境下的常用工具有效整合,构建 WebX 学习模型,如图 6.12 所示。

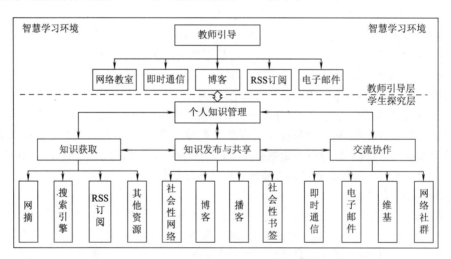

图 6.12 智慧学习环境 WebX 模型

在智慧学习环境中,这个模型共有两个层次,分别是学生探究层和教师引导层。在学生探究层,学生的学习过程首先是从网络中利用工具获取知识,学生获取知识后将其整理、内化,形成个人知识,经过总结发布于网上,与他人分享,同时学生还可以参与网络小组与伙伴或教师进行交流和协作,学生对个人知识的管理贯穿整个学习与交流的过程。在教师引导层,教师需要帮助学生解决学习与交流过程中遇到的技术甚至心理问题。学生在整个学习过程中通过与知识和伙伴的互动,通过个人需要的满足和价值实现获得内部支持,加上来自教师和伙伴的支持,从而提高学习的兴趣和动机,使得 WebX 学习活动得以持续进行。

1. 教师引导层

教师引导层是学生探究层的重要支持力量。建构主义认为,为了让学生完成独自无法完成的任务,教师或助学者可以在学生学习的初期提供合适脚手架,并随着学习的深入逐步撤掉脚手架,使学生能够独立自主地进行学习。

多年实践表明,学生在利用 Web 2.0、Web 3.0 进行学习时容易碰到的问题主要是目标或任务的确定、技术的应用、知识内化、心理障碍等问题,这些问题如不及时解决,很可能会导致学生学习兴趣下降。教师应当适时地察觉学生学习过程中遇到的这些问题,并及时采取措施给予学生指导。WebX 环境提供了大量的社会性软件,使教师和学生的交流可以不受时空的限制顺利进行,从而使问题的即时解决成为可能。教师可以通过 Blog 发表教学日志,记录教学中的得与失,还可以整理自己的学习所得所思,为学生做出榜样示范。教师可以通过 RSS 聚合工具订阅学生的博客,不但可以了解学生的学习进展情况,还能通过留言激励学生。教师可以通过即时通信工具和电子邮件与学生进行交流,通过直接对话来解决学生遇到的问题,并对学生遇到的心理、知识等问题进行系统地指导。另外,教师还可以通过网络教室来发布教学信息、作业及讨论主题等引导学生积极参与,成为课堂教学的有效补充。

2. 学生探究层

学生探究层的潜在基础是学生的学习兴趣和动机,也是学生开展学习的动力系统。这个层次共分为 4 个环节:知识获取、知识发布与共享、交流与协作和个人知识管理。

(1)知识获取。在网络时代,学习者获取知识不再是简单地口耳相传和泡图书馆,尤其在 WebX 的环境中,缺乏直接指导时,搜索引擎是学习者获取知识来源的第一选择。百度、谷歌等常见的搜索引擎会在学习者遇到问题时给予直接的帮助。此外,学习者在网上阅读时,可以使用网摘将重要的文章进行部分或全文摘录。利用 RSS 聚合工具也是获取知识的有效途径,学生可以根据自己需要的或关注的信息,订阅支持 RSS 输出的博客、论坛等,如果博客或论坛的内容有更新,学生通过 RSS 阅读器就可以收到通知,可以在不登录该网站情况下阅读所订阅的内容,从而提高捕获论坛信息和博客信息的效率。

(2)知识发布与共享。通过博客、微博等平台,学生可以将自己反思整理后的所得发布出来,陈述个人的观点。同时学生也可以基于网络构建学习共同体,和学习伙伴共享知识。知识的共享可以通过很多方式,社会性书签就是有效途径之一,它既可以帮助个人收集优秀的信息,同时也可以将这些信息共享,让共同体中其他成员也能分享到这些信息。学生还可以通过社会性书签中的标签寻找到更多的有共同爱好和目标的学习伙伴,不但提高信息获取的效率,还可以增强共同体中成员的学习效能感。

(3)交流与协作。学习个体之间的交流通过 QQ、MSN、E-mail 等实时和非实时工具实现,有时也通过群体式的协作来实现。WiKi 的本质就是协作,它是基于网络的协作式超文本系统,每个学习个体都可以在这个平台上发表观点、交流思想、管理和收集资料,实现多人协作,既可以方便地评价每个学习个体参与情况,也可以参照其他个体的资源,相互评价。

(4)个人知识管理。关于什么是知识管理,这里借用安达信管理咨询公司的知识管理表达式进行界定,其表达式如图 6.13 所示。

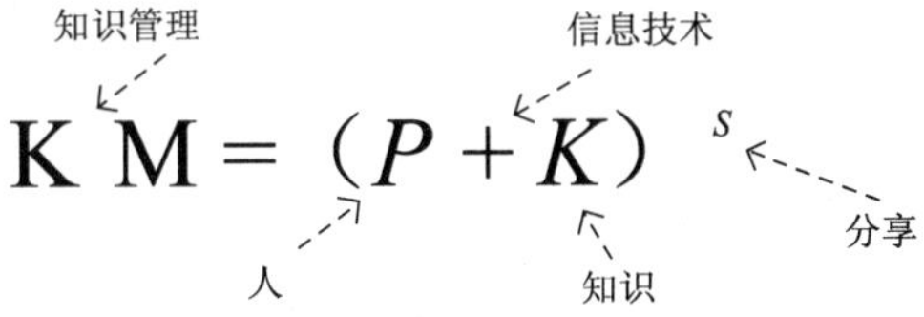

$$\text{KM} = (P+K)^{s}$$

图 6.13　知识管理表达式

Andersen 于 1999 年提出了知识管理表达式:$\text{KM} = (P+K)^{s}$,P 表示人员(People),+表示技术(Technological),K 表示知识(Knowledge),S 表示分享(Share)。可以发现,无论 $P+K$ 如何增大,如果 $S=0$,则 KM 将恒等于 1。换句话说,在一定的 $P+K$ 情况下,要使得知识管理发挥出最大的效应,就必须要使 S 最大化。

通过知识管理表达式可以看出,组织知识的积累,通过人与技术充分地结合,通过分享,知识的积累会呈现指数倍的增长效应,也就是说分享的深度、广度越大,速度越快,知识管理所形成的效果就越大。

学习者在 WebX 环境下进行学习时,首先吸纳别人显性化的知识进行内化,然后进行总结反思把自己的隐性知识通过博客、WiKi 等工具转化为显性知识。根据安达信管理咨询公司关于知识管理的公式可以看出,要想实现知识积淀的快速增长,首要的方法是将知识分享,所以学生加入网络小组进行知识分享,同伙伴进行交流和协作是知识管理的有效途径。

6.8 智慧学习环境构建的分布式模型

6.8.1 分布式三维学习模型

1. DTDVLEs 模型

分布式三维学习环境(Distributed Three Dimensional Learning Environments,DTDVLEs)可以采用增强现实(Augmented Reality,AR)技术朝着多学习者化方向发展,它将孤立的或小范围的三维现实系统连接起来,通过空间关联以构造大范围的三维学习环境,支持分布在不同地域的多个学习者在同一个三维的世界中进行实时交互,协同完成各种任务。分布式三维学习环境,可以为学习者提供以三维动态形式呈现的学习内容,使其在这一环境中具有较好的真实感和沉浸感,学习者通过三维的、自然的交互更好地表达情感、参与协作。分布式三维学习环境从情境设计出发,满足了情境化学习所坚持的两条原则:一是对知识和技能的学习应当置于一个真实度很高的情境中;二是学习需要协作与交流。相对于传统的三维学习环境,DTDVLEs 所具有的分布性、灵活性、开放性和动态性等特征,更能体现人类社会的智能发展逻辑。

分布式三维学习环境采用 C/S 3 层体系结构,具体分为浏览器表示层、服务器功能层和数据库层。浏览器表示层完成客户接口功能。客户端通过安装浏览器插件,实现多学习者服务器的资源共享、操作和浏览。服务器功能层由分布式多学习者服务器和 Web 服务器构成。分布式多学习者服务器可以包括场景文件服务器、文件服务器、数据库服务器等;Web 服务器可直接调用与其相连的各类数据库,还可以与多学习者服务器、场景文件数据库进行通信。数据库层主要包括知识库、学习者信息库、学习资源库和场景文件库,并响应客户请求进行各种数据的存取。分布式三维学习模型如图 6.14 所示。

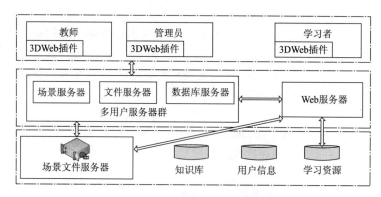

图 6.14 分布式三维学习模型

在分布式三维学习环境中,必须给每一个分布式三维环境配置一个场景服务器,主要负责完成场景文件的调用与显示、本地对象状态信息管理等功能。客户端通过下载安装在服务器上的浏览器插件来访问这些服务器。

2. 核心功能分析

DTDVLEs 系统主要提供以下核心功能:

(1)分布式三维场景。学习者可根据偏好选择三维化身,注册登录后进入三维学习场景。系统中提供了多个三维场景,包括等候大厅、专题讨论区和在线课堂、三维教室等。

(2)三维教室。三维教室是真实课堂教学的情境模拟和功能拓展,处身其中,学习者的感觉就像在真实的教室里上课一样。三维教室的功能主要体现在 3 个方面:①教师通过播放电子课件进行语音同步教学;②学生通过操作三维教室中的链接按钮,获取课件、教学资源和相关的 Web 学习站点链接,实现个性化学习;③学生之间可以在三维教室中通过聊天交互开展协作学习。

(3)场景漫游。学习者通过鼠标或键盘控制自己的三维化身行为,等待、前进、后退、左右转向,以实现在三维环境中四处漫游,如进出三维教室、专题讨论区、在线课堂及退出系统等。

(4)多人在线交互。学习者之间、师生之间、教学同行之间提供一对一、一对多、多对多的实时交互,以文字或语音的形式来交流思想和观点,可以在白板上进行书写、绘图、发布信息公告,可对白板上的内容进行增删、修改。在白板上显示交互内容的同时,场景中三维化身的头顶上方的文本框中以单行滚动的方式同步显示交互的内容。

(5)个人资料库。为学习者提供个人私密空间。主要用于存放个人信息,如化身、编号、学习资料、电子邮箱、学习进度、学习成绩、学习群或协作组通信录等。在系统界面上能够显示学习者的化身、昵称、所处的位置和交互的内容等。

(6)导航与帮助。为了避免学习者迷航,DTDVLEs 以三维化身的形式提供智能导航,在等候大厅中实时与进入三维系统的学习者进行交互。同时系统提供子场景的跳转切换和帮助,每个子场景也提供返回主场景的链接。

6.8.2 智慧学习环境中任务型学习模型

智慧学习环境中任务型学习的主要因素包括任务情境、学习资源、学习工具、学习支架和学习技术,并构建一个任务型学习模型,如图 6.15 所示。

1. 任务情境

任务情境包括任务的设计、选择、呈现和明确目标要求。教师在设计和选择任务时需正确地评估任务的难度、学习者因素和学习者需求。任务情境有两种呈现方式:BIG(Beyond the Information Given)方式和 WIG(Without the Information Given)方式。BIG 方式是指直接提供正确结论,即直接提供一些思想和经验。学生还要通过各种方式来检验他们的理解。WIG 方式不是直接提供正确结论,而是鼓励学生自己对现象或问题进行探索和解释。如果出现矛盾,通过学生间或学生和教师间的讨论和协商来克服错误观念,最终得出正确的结论。任务的目标要求指完成任务时的最终结果形式或学生预期达到的行为。

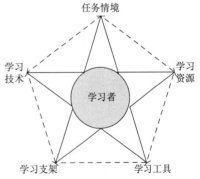

图 6.15 智慧学习环境中
任务型学习模型

2. 学习资源

学习资源指提供学习领域的知识和教学材料,包括课本、教师、词典、百科全书和种种基于信息技术的学习资源,以帮助学习者理解和解决问题。信息技术提供的学习资源包括计算机辅助教学软件和网上在线学习。

3. 学习工具

关于学习工具的详细论述参见 8.2 节"智慧学习环境中的工具支架"相关内容。

4. 学习支架

学习支架是从建筑隐喻过来的,支架主要有 5 种好处:提供一种支持;作为一种工具;拓展工作者的活动范围;帮助工作者完成本来不可能完成的某项任务;选择性地用于帮助工作者所需帮助的方面。智慧学习环境中任务型学习模型的支架类型如表 6.1 所列。

表 6.1　智慧学习环境中任务型学习的学习支架分类

支持类型	功能	举例
概念支架	设计相应的方法,以帮助学习者详细说明需要考虑的问题	如学习数学,把其概念或称定义理解后,做题就很顺手
元认知支架	帮助学习者确定已知和思考的方法	为学习者提供"反思日记簿",让学习者每天填写学习进程
过程支架	帮助学习者掌握使用某种技术的方法	促进学习者使用效能工具、信息工具或认知工具,让其解决相关问题
策略支架	帮助学习者掌握完成某一任务或解决问题的方法	创建"问题库",使学习者为他人提出问题,并提供解答,从而获得解决某一问题的多种观点

关于智慧学习环境中的学习支架内容需继续参阅 8.2 节"智慧学习环境中的工具支架"中的相关内容。

5. 学习技术

学习技术是学习者利用相应的学习工具作用于学习对象之上实现特定学习目标的能力。智慧学习环境中所用的学习技术很多,主要有协同学习技术、泛在学习技术、数字化学习技术、移动学习技术、体验学习技术和娱乐化学习技术等。事实上,学习者、学习对象、学习工具是学习技术的三要素,要素间的作用方式决定了学习方式,学习方式决定了学习技术的功能。

6.8.3　智慧学习环境中视频搜索学习模型

智慧学习环境中视频搜索学习模型构建是应用知识管理策略,鼓励学生进行知识整理,不断完善系统知识的挖掘和更新的循环过程,如图 6.16 所示。

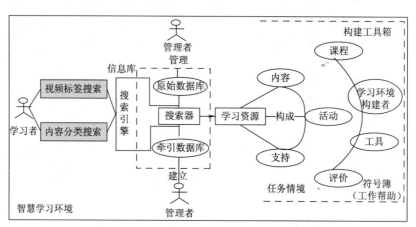

图 6.16　智慧学习环境中视频搜索学习模型

智慧学习环境中视频搜索学习主要包括两方面要素。

(1)人及人的操作因素,主要包括任务管理者、任务接受者和学习环境构建者。任务接受者通过视频标签搜索和内容分类搜索的检索手段,通过检索器对教学资源进行学习需求的物理定位和时间定位,检索到自己所需要的视频学习资源及其内容标签,整个检索和学习的过程是一个循环过程,任务接受者不断地更改自己的检索方式,得到自己所需要的视频及其内容,而后台的任务管理者根据任务接受者的检索、学习,随着整个过程不断地补充、修改原始数据库中的视频资源,完善索引数据库,实现人工干预的专家系统的系统学习过程。

(2)物及物化的机制因素,主要包括视频课程学习资源对象、支持视频课程录播的环境、接受的各种工具及视频课程学习资源后的评价与反思、对学习环境进行搜索支持的数据库、引擎和检索器等组成部分。学习者通过整个过程完成自己对视频学习资源的寻找、学习、分析、评价和反思的螺旋形的循环迭代过程,以更好地满足提高自己学习的需要。

参 考 文 献

[1] 钟国祥,张小真. 一种通用智能学习环境模型的构建[J]. 计算机科学,2007(1):170.

[2] 黄荣怀,杨俊锋,胡永斌. 从数字学习环境到智慧学习环境——学习环境的变革与趋势[J]. 开放教育研究,2012(1):75-82.

[3] 苏晓萍,许允喜. 具有情感交互功能的智能 E-learning 系统[J]. 计算机工程与设计,2009(15):2491-2692.

[4] 张志洁. 基于 Web3.0 的智能网络应用开发[J]. 计算机测量与控制,2011(6):1462-1465.

[5] 殷旭彪,等. 基于设计的数字化学习环境有效性研究[J]. 中国电化教育,2012(1):45-46.

[6] 王天虹. 基于 Web 的高校图书馆自主学习环境构建研究[J]. 图书馆论坛,2010(1):72-73

[7] 吴彦文,吴郑红. 于学习者个性模型的智能答疑平台的设计[J]. 电化教育研究,2005(6):65-66.

[8] 张屹,等. 泛在学习环境下基于情境感知的学习资源检索模型构建[J]. 中国电化教育,2010(6):104-105.

[9] 张永和,等. 智慧学习环境中的学习情景识别——让学习环境有效服务学习者[J]. 开放教育研究,2012(01):85-86.

[10] 张豪锋,李瑞萍,李名. 基于交互白板构建协同可视化学习环境[J]. 中国电化教育,2010(3):82.

[11] 钟国祥. 基于网格的协同学习环境资源管理模型研究与实现[J]. 计算机科学,2012(S1):419-421。

[12] 张洁. 基于境脉感知的泛在学习环境模型构建[J]. 中国电化教育,2010(2):18-20.

[13] 李卢一,郑燕林. 泛在学习环境的概念模型[J]. 中国电化教育,2006(12):11-12.

[14] 忽海娜,张虎. 基于 Web2.0 的大学生非正式学习环境构建[J]. 教育与职业,2010(26):175-177.

[15] 刘春燕,钟志贤. 基于信息技术的任务型外语学习环境设计[J]. 电化教育研究,2004(7):43-44.

[16] 方海光,雷洋,乔爱玲. 基于视频搜索引擎提高师范生能力的网络学习环境构建[J]. 中国电化教育,2009(10):49.

[17] 王陆. 虚拟学习社区原理与应用. 北京:高等教育出版社,2004.

[18] Willis J. A Framework for task-based learning[M]. London:Longman,1996.

[19] Joseph J,Fellenstein C. Grid Computing[M]. Prentice Hall PTRUpper Saddle River,NJ,USA:Biliometrics,2004

[20] [美]戴维・H・乔纳森. 学习环境的理论基础[M]. 上海:华东师范大学出版社,2002.

[21] [美]戴维・H・乔纳森,等. 学会用技术解决问题——一个建构主义者的视角[M]. 北京:教育科学出版社,2007.

[22] 焦尔当,裴新宁,著. 变构模型-学习研究的新路径[M]. 杭零,译. 北京:教育科学出版社,2010.

第7章 智慧学习环境构建的学习资源

7.1 学习资源的概念

学习资源是指在学习过程中学习者利用的一切人力与非人力资源,主要包括信息、资料、设备、人员、场所等。学习资源的本质和功能是它能够满足学习者的学习需要。学习者是学习的主体,学习资源是学习的客体。客体很多,主体需要的客体也很多,只有满足学习需要的客体才是学习资源。在不同情境中,学习者和学习资源的身份都会改变。

关于学习资源的研究是教育技术学的主要内容之一。在 AECT1970 定义中,美国总统教育技术委员会向国会递交的报告中有两个关于教育技术的定义,其中一个用到了资源(Resources),另一个用的是媒体(Media),并把资源分为人力和非人力资源;在 AECT1972 关于教育技术的定义中重点讲的是学习资源,并把学习资源作为研究对象,把硬件和软件与教师置于同等位置;在 AECT1994 定义中把学习资源的范围进一步扩大,包括支持系统、教学材料与环境,资源不仅仅是东西,还包括人员、资金和设施,资源可以包括一切有助于个人有效学习的因素;AECT2004 定义"资源是人、工具、技术和为帮助学习者而设计的材料",它包括高科技的 ICT 系统、社区资源,如图书馆、动物园、博物馆以及那些拥有特殊知识或专业技能的人,它还包括数字媒体,如光盘、网站、网络查询系统和电子绩效支持系统(EPSS)及模拟的媒体(Analog Media),如书、印刷材料、视频录像和其他传统视听材料。

7.2 国际主流学习资源标准

7.2.1 LOM 标准

LOM(Learning Object Metadata,LOM)将描述学习对象各方面特征的元素分为 9 个基本类别,每个类别包括若干元素。LOM 数据模型的结构如下:

(1)通用类(General)。集合了与学习资源总体内容有关的元素。包括:Identifier(标识符);Title(题名);CatalogEntry(目录款目,指明著录或标引学习对象的目录及其相应款目,有子元素 Catalog 和 Entry);Language(语言);Description(内容说明);Keywords(关键词);Coverage(内容覆盖范围);Structure(结构);Aggregation Level(集成层次)。

(2)生命周期类(Life Cycle)。集合了与学习对象产生与应用生命周期相关的特征。包括:Version(版次);Status(版本状态,如草稿、最终版、修订版等);Contribute(贡献信息,包括子元素 Role,贡献角色,可为责任者、出版者、终审者、编辑者、绘图者等;子元素 Entity,与角色对应的具体实体;子元素 Date,该实体以该角色做出贡献的日期)。

(3)元数据类(MetaData)。对学习对象元数据进行描述的元素集合。包括:Identifier(元数据标识符);CatalogEntry(元数据目录款目,有子元素 Catalog 和 Entry);Contr ibute(元数据贡献信息);也包括子元素 Role(角色)、Entity(实体)、Date(日期)、Metadata Scheme(元数据格式)、Language(语言)。

(4)技术类(Technical)。包括学习对象的技术特征元素集合。例如,Format(格式);Size(数字资源大小);Location(资源位置);Requirements(技术系统要求,包括子元素 Type,技术系统类型,如操作系统、浏览器;子元素 Name,技术系统名称,如操作系统 Windows、MacOS 等,浏览器如 Netscape、IE 等;子元素 Minimum Version 和 Maximum Version,注明所要求的技术系统最低和最高版本);Installation Remarks(安装说明);Other Platform Requirements(技术平台的其他要求,如声卡、运行时间等);Duration(学习对象正常播放的持续时间)。

(5)教育类(Educational)。包括描述学习对象的教育学和教学特征的元素集合。例如,Interactivity Level(交互度,对象使用中使用者与内容交互程度的主观测量);Semantic Density(语义密度,内容含量密度的主观测量);Intended end user role(最终学习者角色,如教师、学生、管理者);Learning Context(学习环境,如小学、高中、大学、研究生、职业培训等);Typical Age(使用者年龄范围);Difficulty(难度,使用者完成学习的难度);Typical Learning Time(通常学习时间);Description(使用说明);Language(语言)。

(6)权利类(Rights)。包括与学习对象使用有关的元素,如 Cost(是否付费)、Copyright and Other Restrictions(是否有版权或其他限制)、Description(使用条件说明)。

(7)关系类(Relation)。描述与该学习对象关联的其他资源的元素集合。包括:Kind(关系种类,如 Is Part Of、Has Part Of 等);Resource(关联资源);子元素 Identifier(关联资源标识符);Description(关联资源说明);CatalogEntry(关联资源目录款目)。

(8)注解类(Annotation)。包括对学习对象教学的注解,如注解人、注解日期、注解内容说明。

(9)分类类(Classification)。包括与对象分类有关的元素,如学科分类、教育目标分类、教育等级分类等以及分类法路径、分类法来源、分类类目、分类说明、关键词。LOM 对每个元素定义了其名称、解释、多值性、域、类型、附注和示例,许多元素可自动生成或通过模板生成。

7.2.2　SCORM 标准

1. SCORM 标准的主要内容

SCORM(Sharable Content Object Reference Model,可共享内容对象参考模型)定义了一个网络化学习的内容聚合模型(Content Aggregation Model)和学习对象的实时运行环境(Run-time Environment),如图 7.1 所示。

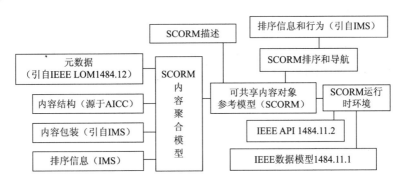

图 7.1　SCORM 标准的主要内容

SCORM 标准就是对数字学习课程内容的数字化、课程教材的封装、规范课程内容的传递模式与流程,学习过程的安排、记录与追踪,评量的方式等方面规定了相应的操作标准及要求。

2. SCORM 2004 体系结构

与 SCORM 规范 1.2 版相比,SCORM 2004 增加了排序与导航功能,为学习者提供了更为个性化的学习方式,成为数字化学习标准的重要里程碑。这里介绍了 SCORM 2004 的体系结构,如图

7.2 所示,SCORM 1.2 与此类似,只是少了排序与导航部分。

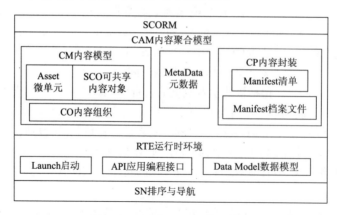

图 7.2 SCORM 2004 体系结构

(1)内容聚合模型(CAM)。其提供了一个公共的方法把学习资源组合成学习内容。由以下 3 部分组成:①内容模型(CM),定义了组成学习过程的内容构件术语,CM 又包括:♯ Asset:微单元,是学习资源的最基本形式;SCO(Sharable Content Object):可共享内容对象,一个或多个 Asset 的集合,是学习资源实现互操作的基本单位;CO(Content Organization):内容组织,定义了学习内容的组织结构。②元数据,这里的元数据正是本书重点研究讨论的部分。③内容包装(CP),即是对学习对象进行符合 SCORM 标准的规范封装,其包含了内容清单文件和在该内容清单文件中引用到的各个子目录下的实际物理资源文件。

(2)运行时环境(RTE),主要是将内容对象传递到学习者的浏览器中(如发布学习内容)。由以下 3 部分组成:①Launch(启动),为学习管理系统启动内容对象(包括 Asset 和 SCO)定义了一个通用的方法。②API(应用编程接口),定义了内容对象与学习管理系统之间传送信息的一种通信机制,包括开始、结束、获取、存储数据等动作。③Data Model(数据模型),描述了在 SCO 与学习管理系统之间传送信息数据的模型,如 SCO 的跟踪信息、SCO 的完成状态、停留时间等数据。

(3)排序与导航(SN)。定义了用于表达学习历程的计划、行为的方法,使得任何遵守 SCORM 的 LMS 按一致的方式编排学习活动。还定义了遵从 SCORM 的 LMS 所必须执行的行为和功能,以便在运行时间处理排序信息。按照"活动树"的术语,该规范详细描述了学习活动的分支和流程,可直接描述"学习路径"的细节。

3. SCORM 包的内容组织与分类

SCORM 包的内容组织与分类如图 7.3 所示。

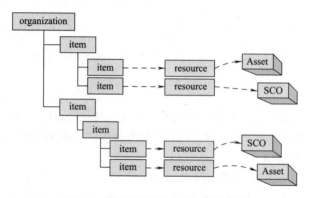

图 7.3 SCORM 标准内容组织及分类

其中,Organization:内容组织结构;item:内容项;resource:资源（引用）;SCO:可共享内容对象;Asset:内容单元。由于 SCORM 是主要面向 Web 的内容聚合数据模型,关注学习对象的结构和运行时环境,为了能够解决可共享内容对象的分布式可重复使用的问题,所以其内容分类与组织比 IMS-CC 标准更为抽象,其中,Content Organization 是一个树状结构的目录组织;item 为具体的内容项,SCO 则是可以被记录的学习主题,通常至少包含一个学习目标,同时还负责与 LMS 进行通信活动;而 Asset 是媒体组件,一个 Asset 单元=物理文件（Physical Files）+本内容级别的元数据（Meta Data）。

7.2.3 IMS-LD 标准

1. IMS-LD 概念模型

IMS(Instructional Management Systems)项目组,现已发展成为全球学习联盟公司（Global Learning Consortium）,IMS 学习设计规范（IMS Learning Design Specification）概念模型定义了 LD 规范中的基本概念和各种关系,是理解 LD 的基础。图 7.4 即为 LD 规范概念模型。

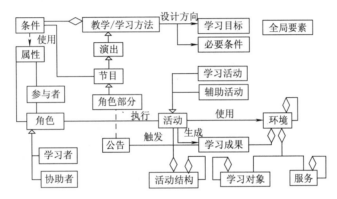

图 7.4 IMS 学习设计结构的概念模型

LD 规范语言包含了许多元素,如角色、活动,包含辅助活动及学习活动、活动结构和环境等,这些都包含在 LD 中的组件里。另外,利用演出、节目和角色部分组件来整合上述的元素,形成学习设计的流程架构方法。各元素的定义描述如下:

（1）角色。在 LD 里角色规范了谁要进行活动,不同的人可在不同的活动及环境中扮演不同的角色。角色可包含学习者及协助者两种形态,如学生及老师。

（2）活动。活动在 LD 中是很重要的元素,表示在一个学习流程中要进行什么活动,包含了两种形态,即辅助活动及学习活动。这两种活动都可以再各自定义活动目的、活动条件及描述活动的元资料。若活动需要环境配合,则在活动里需描述参考何种环境。

（3）活动结构。一个活动结构可以包含简单的活动（Activities）或是一个活动结构。它将一组相关的活动结合成一个单一结构,可以建立循序或是选择的结构。例如,教师可以设计在一循序结构中包含两个活动,因此学生必须循序完成在活动结构中的两个活动。

（4）环境。环境包含两个对象部分,即学习对象和学习服务。表示在进行活动时用以辅助及提供给学生的资源。学习对象为在学习活动中使用到的任何对象,如学习教材。学习服务描述在学习活动中所需要的任何服务,如搜寻服务、在线讨论环境服务。

（5）方法。LD 中的方法像是一个剧本,描述整个学习活动如何进行以及什么组件要在什么方法里被参考使用。方法元素可以包含子元素——演出、节目和角色部分来描述活动过程。

2. 学习设计的信息化模型

学习设计是一个复杂的结构,能够再现概念模型的各种元素,信息模型则对这些元素及其行为进行了详细的描述。学习设计的演化信息模型如图 7.5 所示。

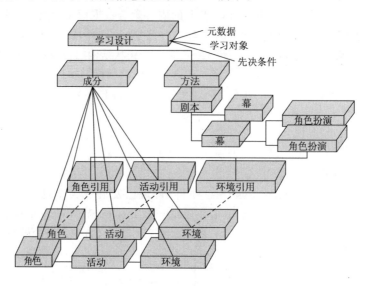

图 7.5　学习设计的演化信息模型

图 7.5 中表现的是信息模型中主要元素的关系,根元素是 LD,其下的成分和方法是信息模型中两个相对应的关键元素:成分是变量声明的地方;方法是体现具体教学方法的地方。设计者以学习设计的理念为基础,对学习资源、学习任务、学习活动、学习环境等各个方面进行分析,构建多种教学法(如基于任务的学习、小组合作学习、基于案例的学习等)。在根据 LD 规范进行具体学习设计的时候,首先要将学习对象、先决条件等元素标识清楚;然后在成分中说明学习设计中使用到的角色、活动、环境等元素,这时并不涉及策略和方法的使用;最后在方法中,通过剧本、幕、角色扮演等元素来体现教学法中的策略和方法。当涉及确定的角色、活动和环境时,就会对成分中的成分进行引用,这样成分和方法就建立了对应关联,形成完善的学习设计。不难发现,通过对各种规范元素的设计和组合,LD 能够表现出多种灵活的教学方法,这是 LD 规范区别于其他规范的一大特征所在。

7.2.4　IMS CC 标准

1. IMS CC 标准的架构

目前,IMS 最主要的推动方向是 CC(Common Cartridge),CC 是 IMS2008 年 10 月发布的新一代数字化学习内容封装标准正式版本,与 SCORM 比较不同的是 CC 标准除了包含 SCORM 与试题标准 QTI 外,更是加入了 LTI(Learning Tools Interoperability),未来封装的不仅是教材内容,也可包含试题与学习活动等第三方提供的相关活动的能力。其中的 LTI 是 IMS 主推的学习工具交换标准,目前已经进入 LTI2.0 版的规划,主要目的是希望未来各学习工具能够互相交换并包含于教材封装中(如 CC),此标准亦为 CC 主要组件之一。

IMS 的 Common Cartridge Profile 中对 CC 规范的定义是一个由内容提供者和学习管理系统共同遵循的内容包的描述,同时为完全或保护性开放的分布内容提供了一个通用的格式。这个标准在 Content Packaging、LOM MetaData、QTI 及 IMS Authorization Web Service 等一系列现有规范的基础上构建,并设计了一种标准化、高效率、互操作的方式来控制分布在不同平台的富媒体网络资源。IMS CC 的架构如图 7.6 所示。

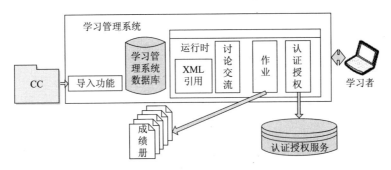

图 7.6　CC 规范构架示意图

图 7.6 中描述了 CC 内容资源包和 LMS 的工作过程。支持 CC 规范的学习管理系统除了拥有一般学习管理系统的功能外,还在运行中加入了对于 CC 的支持,其中包括对于 CC 规范的 XML 的引用、讨论类型的支持、作业类型的支持及对于验证方式的支持。学习者在这样的学习管理系统中安装或导入 CC 内容资源包后,内容资源包的内容和元素依旧存储在资源包服务器中,但可以通过学习管理系统对资源包的内容进行浏览,参与学习单元的活动,或使用其中的学习应用对象。在这个过程中需要两种验证:一种是使用 CC 标准资源包的授权验证;另一种是学习者访问学习管理系统的授权验证。而在使用 CC 内容资源包中的作业和问题的部分时,学习管理系统还可以生成对学习者活动的反馈。

2. IMS CC 资源分类

CC 规范的内容资源包采用文件来组织资源包中的内容和结构,使用标准的内容清单文件 ims-manifest. xml 对包内的文件进行管理。在 CC 中,主要定义了以下几种内容类型:①Folder 元素,用于存储和管理资源包中的内容;②Web Content 资源,可以是网络中的各种资源文件,如 HTML 文件、GIF 图像、JPE 图像、PDF 文档等;③Web Link 资源,引用其他资源的网络链接;④Discussion Topic 资源,讨论主题类型;⑤Assessment 资源,QTI 的作业对象;⑥Associated Content 资源,一系列内容资源的集合;⑦Intra-Package Reference(包内引用),用于包内文件间的引用;⑧IMS CC Package Meta Data(IMS CC Package 元数据),包含资源使用的证书、访问许可和描述信息;⑨QuestionBank,QTI 的试题库对象。CC 内容资源包采用 IMS 的 ContentPackaging 规范来进行封装,使用文件夹来组织资源包中的内容和结构,使用标准的内容清单文件 imsmanifest. xml 对包内的文件进行管理,清单文件中使用角色元数据可以规定哪一个类别的学习者可以访问特定的资源。

3. IMS CC 的用例

CC 规范将学习者分为学生(Student)、教师(Instructor)、教学设计者(Instructional Designer)、管理员(Administrator)4 个基本角色,在大部分的用例流程中,教师和教学设计者所执行的功能基本相同。在 CC 规范中这 4 个角色的主要有导入 CC 标准的内容资源包、授权验证、执行静态的资源包内容、执行动态的资源包内容(客户端)以及呈现动态的资源包内容(服务器端)5 个用例。在这些主要用例中,每个用例都对主要的使用流程、权限验证和授权以及相关的操作做了清晰、明确的说明。图 7.7 展示了这几种学习者在支持 CC 的系统中的典型用例。

以学习者请求浏览或管理内容资源包中的内容为例。首先,需要管理员、教学设计人员或教师等具有导入权限的学习者将内容资源包安装或导

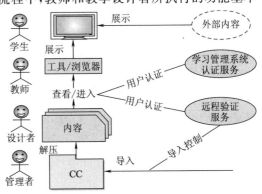

图 7.7　CC 规范用例框架

入学习管理系统中,在导入或安装 CC 内容资源包的时候,学习管理系统会提供"导入控制(Import-Gate)"对导入和安装操作进行授权操作以及对导入和安装流程进行管理。当学习者取得导入的权限后,可以将 CC 内容资源包导入学习管理平台中。之后,当学生或教师学习者发出请求需要查看或管理内容资源或学习单元时,需要先得到学习管理系统中对于学习者访问相关功能的授权和学习者查看管理内容或学习单元的权限。之后,学生或教师学习者才可以查看或管理内容资源包。

需要注意的是,在导入的过程中,学习管理系统会对 CC 内容资源包进行相应的解释和部署,所以,同样的资源包在不同的学习管理系统中有可能呈现出不同的样式。而在教学设计人员和教师对内容包中的资源进行相应改动的时候,由于 CC 标准中对内容资源包和内容与学习管理系统之间采取相对独立的方式进行存储,所以学习管理系统在接收到了改动请求的同时,对内容资源包的文件管理进行相应的变化,自动地去除内容资源包中对学习管理系统的 URI 引用,保证内容资源包的独立性和完整性。

7.3　智慧学习环境中学习资源的服务

智慧学习在空间上充注于学习场所,在资源服务上强调学习的情境化与个性化。智慧学习环境作为智慧化学习的一种典型应用环境,凸显出智慧化与以人为本的理念。智慧学习过程是以学习资源为载体、以服务为支撑、以满足各种学习需要为目的的认知建构与知识创造过程。可以说,智慧学习环境的构建与有效学习的发生都是围绕着学习者、资源与服务 3 个维度实施的,从这 3 个维度研究智慧学习环境中学习资源的服务框架,如图 7.8 所示。

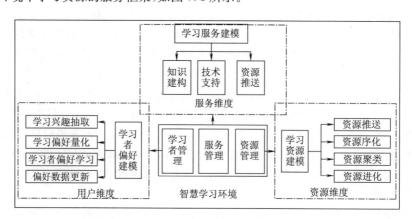

图 7.8　智慧学习环境中学习资源服务框架

1. 智慧学习环境中学习者偏好建模

学习者维度以学习者的学习需求为中心,通过识别、学习、更新与量化学习者学习偏好的过程最终实现学习者偏好建模,进而为智慧学习环境资源推送提供数据分析来源。智慧学习环境中资源的服务应以学习者的学习需求和兴趣偏好为导向。因此,实施资源服务的关键是建立一种分析、识别并管理学习者学习偏好的策略与方法,这是实施智慧环境中资源服务的核心与基础,也是实现资源智能推送的关键步骤。对智慧学习环境中学习者的学习需求进行管理其实质就是学习者偏好建模的过程。学习者偏好建模是以学习者的学习需求为中心,通过学习者偏好数据抽取、学习者偏好量化(偏好的形式化表达)、学习者偏好学习与偏好数据更新 4 方面工作完成,4 个方面是一个循环过程。

偏好数据抽取为学习者模型的学习与更新提供了必需的数据来源,所收集数据的数量和质量影响着学习者偏好学习与更新过程的效率和效果。学习偏好的量化是对学习者学习偏好,尤其是潜在学习偏好的一种形式化表达,直接面向数据结构与算法实现,也是实现技术支持的服务关键。学习者偏好学习与更新是对共同体学习者学习偏好的跟踪,是不断满足学习者兴趣变化与需要的基本保证,也是提高服务有效性和针对性的保证。目前,学习者建模技术已发展得比较完备,常用的学习者建模技术有基于关键词、基于矢量空间以及基于本体和多级学习者模型等建模技术,也有学者在学习资源个性化推荐的研究中采用学习者项目——评分矩阵方法实现学习者学习偏好的建模。

2. 智慧学习环境中学习资源建模

资源维度以学习者的资源需求为中心,以资源的序化、聚类、推送与进化为主要研究内容,这是实现智慧学习环境资源服务的关键。学习资源是智慧学习环境学习者进行互动、交流、协作的基础与介质,资源与学习需求的适当与适量匹配是智慧学习环境有效学习的根本。目前,多数学习环境资源都在杂乱无序地生长,对学习资源进行管理就是以资源需求为中心的学习资源聚类与模型构建过程。智慧学习环境学习资源建模包括学习资源序化、学习资源聚类、学习资源推送与学习资源进化4个关键环节。

学习资源建模首先做的事情就是学习资源的序化,资源序化的策略与方案是多样的,如按学习主题分类进行序化、按知识点语义关联进行序化、按学习进度进行序化等。学习资源建模不仅要进行资源的序化,同时还需要采取相应的策略与手段进行资源聚类,如采用个性化推荐技术实现相似学习者兴趣资源的聚类,从而实现向邻居学习者进行相似资源推荐的目的。资源序化与资源聚类操作虽然能在一定程度上促进学习资源服务的个性化,但要实现持续的资源服务,学习资源的不断生成与进化才是关键。

3. 智慧学习环境中学习服务建模

服务维度以学习者的服务需求为导向,以技术平台的搭建、学习资源的推荐、学习共同体的建立以及社会认知网络的建构为主要研究内容,这是智慧学习环境中资源服务的核心,也是实现知识创造与智慧增值的关键维度。

对智慧学习环境服务进行建模是以学习者的学习服务需求为导向,通过搭建互动交流的技术支持平台、建立有效的资源推送策略、构建基于资源语义的学习共同体以及通过协同认知过程建立社会认知网络4个方面的工作来实践资源服务过程。

7.4 智慧学习环境中学习资源的进化

7.4.1 智慧学习资源进化概述

智慧学习不同于一般的数字化学习,对学习资源具有更高的要求,包括如何满足无限群体的个性化学习需求、如何实现学习资源的动态生成与生命进化、如何构建无处不在的学习资源空间、如何支持非正式学习中的情境认知、如何实现不同微内容基于语义的自然聚合、如何共享学习过程中的人际网络和社会认知网络等。因此,智慧学习资源的进化需要更强的进化动力、更完善的进化保障机制和更适合进化技术支撑。为了从宏观上指导智慧学习资源进化研究,亟需构建完备的学习资源进化模型。

目前,对智慧学习资源的进化缺乏对资源进化动力、进化周期、进化机制等要素的考虑,未涉及学习资源进化模型的系统构建。因此,需要构建完备的智慧学习资源进化模型,以宏观指导智慧化学习资源的进化研究。接下来将依据生物进化理论,同时参考软件进化模型、企业进化模型、知识进化模型、文化进化模型综合考虑智慧学习的特性、资源的生命周期、资源进化的动力源、进化机制和技术支撑环境等要素来构建智慧学习资源的进化模型。

7.4.2　智慧学习资源进化模型设计

智慧学习环境中的学习资源进化模型如图7.9所示。

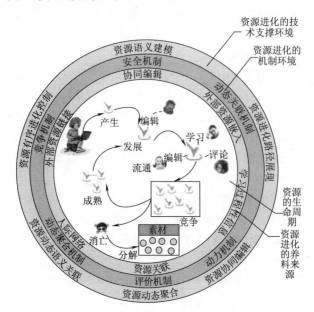

图 7.9　智慧学习环境中的学习资源进化模型

该模型中心显示了资源的完整生命周期,体现了资源的进化路径。外围的协同编辑、学习过程性信息、人际网络、资源关联、外部资源嵌入、外部资源链接等要素作为资源进化的养料来源。第三层圆环为资源进化的保障机制,包括资源进化的安全机制、动力机制、评价机制、竞争机制、动态关联机制、动态聚合机制等。最外层为实现智慧学习资源进化的技术支撑环境,展示了系统的核心功能,包括资源协同编辑与版本控制、资源的语义建模、资源的动态语义关联、资源的动态语义聚合、资源的有序进化控制、资源进化的可视化路径展现等。

1. 智慧学习环境中学习资源的生命周期

从生态学的视角出发,可以将智慧学习资源视为可进化发展的有机生命体,和学习者群体共同组成智慧学习生态系统的两大关键物种。从生命周期理论出发考量学习资源,有助于正确把握智慧学习资源的总体发展规律,摸清资源之间及其与学习者之间的复杂关系,更加高效地建设、利用、传递、管理资源。同时,资源生命周期也是构建智慧学习资源进化模型的基础。学习资源与生物的生命一样,也存在产生、成长、成熟、消亡的一般过程。在普通生命周期的基础上,结合智慧学习资源的泛在性、开放性、社会性、情境性、进化性等特征,设计智慧化学习资源的生命周期。

学习者利用资源制作工具开发各种学习资源,这属于资源的产生期。生产出来的资源需要填充完善内容,创建者可以自己编辑也可以邀请好友一起编辑资源,这是资源的发展期。待资源内容基本充实,制作者认为符合要求后,便可以将资源对外发布,使其进入流通期。流通中的资源作为商品可以自由买卖,学习者、协作者、浏览者等各种学习者都可以编辑资源内容、发表评论、参与资源附加的学习活动等。资源流通过程中产生的各种生成性信息(笔记、评论、历史版本、活动信息等)都将统一存储,一方面作为资源继续进化的养料,另一方面也为资源选择提供依据。流通中的资源进行自由竞争、评价打分、内容质量、活动设计、浏览量、学习人数等都将成为影响资源竞争的因素。竞争中部分优质资源将继续生存下来,继续发展,进入成熟期。质量较差、长时间无人光顾的资源将自动被系统淘汰,进入消亡期,并被系统分解成各种素材,供资源制作者选择性使用。

2. 智慧学习环境中学习资源进化的动力及养料来源

智慧化学习的开展和实施离不开学习资源,学习者对学习的需求是学习资源产生、进化的根本动力来源,正是不断增长的各种个性化学习需求导致了形态各异、千差万别的学习资源不断涌现和持续进化。学习资源的进化需要汲取外界源源不断输入的"养料"来提高自身的质量和"素质"。智慧化学习资源进化的营养主要来自于学习者和资源两个方面。学习者通过贡献集体智慧,协同编辑资源使其内容越来越丰富、完善、精炼和准确。学习者在参与学习的过程中,还会对资源发表评论、写笔记、作批注、参与各种学习活动,所有这些学习的生成性信息都将附加在资源上,成为其进化的"养料"。智慧化学习过程中每个资源都将成为学习者之间产生联通的"管道"和"中继器",隐藏在学习资源背后的人际关系网络也将成为资源的一部分,为资源进化提供营养。除了来自学习者的贡献外,资源之间也将依据语义相似度自动形成主题资源圈,通过资源聚合来增强彼此的生存能力,因此,资源关联也属于资源进化的"养料"。另外,外部开放资源的嵌入和 Web 链接也能加强当前学习资源与外部资源生态系统的联系,从而获得更多来自外部生态系统的进化养料。

3. 智慧学习环境中学习资源进化的机制环境及关键技术

智慧化学习资源系统不是一个纯粹的"自组织"系统,需要借助外部的"他力"来约束、激励资源的持续进化和发展。完全自由进化的资源生态必将出现 WebX 环境下资源散乱生长、难以控制等弊端。为了解决资源进化的"无序性",实现智慧学习资源持续、安全、有序的进化,需要为资源进化提供一套系统的、规范化的、一致的约束规则和保障机制。

资源进化的安全机制主要考虑如何避免学习者的恶意攻击、删除和评论,如何保障资源的存储、运行以及编辑环境的安全、可靠等。资源进化的动力机制主要考虑如何发挥集体的智慧和力量,增强资源进化力,使资源具备持久的进化营养和驱动力。资源进化的评价机制主要考虑如何对每个资源实体进行全面的、合适的、客观的、利于促进资源进化的评价,如何评价资源的质量、资源的进化力等。资源进化的竞争机制主要考虑如何促进资源之间的良性竞争,如何通过竞争淘汰那些陈旧的、缺乏进化动力的资源。资源间的动态关联机制主要考虑资源间自动建立关联需要满足什么样的条件,资源关联的数量有无限制,关联后的资源应该以什么样的形式呈现等问题。资源间的动态聚合机制主要考虑资源个体之间如何依据内在的语义关系自动聚合成结构化的粒度较大的资源。

进化机制本质上是有关学习资源进化的一系列约束规则,技术上表现为促进学习资源进化的软件功能集合。为了保障上述进化机制的实施,实现学习资源的有序进化,必然涉及一些关键性技术。针对资源进化过程中可能出现的内容安全、语义信息不足、关联性差、有序控制难等问题,资源有序进化的关键技术主要包括内容协同编辑与版本控制技术、资源的语义建模技术、资源的动态语义聚合技术、资源的有序进化控制技术、资源进化的可视化路径展现技术等。

7.5 智慧学习环境中学习资源的检索

7.5.1 基于智能代理的学习资源检索机制

智慧学习环境中利用智能 Agent 的自主性、协作性和移动 Agent 的迁移性,构建一个基于 Agent 的 Web 学习资源检索平台,实现一种自主迁移、多点通信协作的 Web 学习资源检索策略,如图 7.10 所示。

智慧学习环境中基于智能代理的学习资源检索平台是一个典型的多代理系统。学习者代理(Learner Agent,LA)是驻留在学习者机的 Agent,负责维护学习者偏好数据库(User Profile Database,UPD);检索代理(Query Agent,QA)是执行资源任务检索的移动 Agent,负责在不同资源库系统之间迁移,检索需要的资源并返回结果。该检索平台的一般运转流程为:①学习者向 LA 发送检索请求;②LA根据学习者请求和学习者偏好,确定检索信息;③LA创建一个QA,并告知检索信息;④QA访问资源数据库A,检索是否有需要的资源;⑤如QA没有找到所需资源,则迁移至资源数据库B。可以看到,平台运转流程中涉及大量的Agent之间的通信。有多种代理通信语言(Agent Communication Language,ACL)可以用来处理Agent之间的通信,其中最有代表性的是知识查询操作语言(Knowledge Query and Manipulation Language,KQML)。

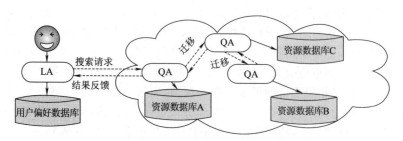

图7.10 基于智能Agent的学习资源检索平台

7.5.2 基于情境感知的学习资源检索机制

智慧学习环境中基于情境感知的学习资源检索模型由5部分组成:情境感知模块、学习资源模块、匹配规则模块、资源检索模块和呈现组件模块,如图7.11所示。

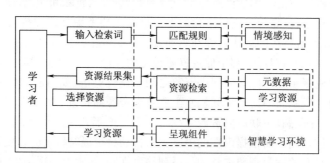

图7.11 基于情境感知的学习资源检索模型

1. 基于情境感知的学习资源检索模块

(1)情境感知模块。情境感知模块由情境获取引擎、情境模型和情境数据库组成。情境获取引擎负责获取、处理和解释学习者的情境信息,并将获取的信息存储到情境数据库。情境模型,即基于本体的情境模型,定义了情境数据库中所存储信息的类型。情境模型与情境数据库的区别在于:情境模型是数据库上层的数据建模,属于概念层,而情境数据库则属于物理层。

(2)学习资源模块。学习资源模型由学习资源元数据和资源实体构成。本模型参照教育资源建设技术规范(CELTS-41)描述学习资源元数据属性,并根据该规范的教育资源分类标准来组织和管理资源实体。为了使检索的学习资源与学习设备物理参数相匹配,"大小"、"位置"、"终端学习者类型"、"适用对象"、"描述"这些在规范中被定义为可选的数据元素在本模型中为必需元素。

(3)匹配规则模块。各种类型的情境信息之间存在相互依赖的关系,如网络通道和学习者的资源类型偏好,当网络通道较小时,视频资源将排除在资源检索集中,即使学习者偏好视频类资源。因此,本模型定义了学习资源过滤规则,规则格式如下:"事件,条件→动作"。当条件为真时,某事件将导致情境的改变并触发相应的过滤规则。条件变量定义了过滤必须满足的条件,动作变量描述了某种具体类型的过滤动作,如检索特定学习资源。该模型在某种程度上发挥着桥梁作用,通过一定的规则建立情境本体和学习资源之间的联系。

(4)资源检索模块。本模型操作分两步执行,首先根据匹配规则模型提供的过滤规则,通过执行相应的处理逻辑和算法进行元数据查询,并将查询结果集以列表的形式返回给学习者。学习者选择特定学习资源后,检索组件从底层资源库和文件系统中检索和下载资源实体。

(5)呈现组件模块。本模型的作用是根据学习者当前所使用的学习设备类型,将检索模型下载的资源实体以最佳的方式呈现给学习者。

2. 基于情境感知的学习资源检索流程

首先,学习者利用学习终端通过一定的传输通道登录基于情境感知的资源检索引擎门户网,情境获取引擎将自动获取、处理和解释学习者的情境信息,并将信息存储到情境数据库。如果学习者是首次登录门户网,系统要求学习者进行注册。学习者输入搜索关键字后,系统根据关键字和数据库中存储的情境信息生成相应的过滤规则。然后,系统根据过滤规则搜索资源元数据中满足条件的资源,并将查询结果以目录的形式返回给学习者。再次,学习者选择学习对象,系统搜索和下载资源实体。最后,呈现组件模块结合学习终端特性以最优的方式将资源呈现给学习者。至此,一次基于情境感知的资源检索过程完成,学习者根据需要可以选择资源结果集中其他学习对象继续学习。总之,基于情境感知的学习资源检索引擎根据学习者的个人信息、日历、关系、偏好等学习者情境信息和服务请求、服务质量、设备、环境等学习服务情境信息,在合适的时间、以合适的方式,提供给使用者合适的学习资源信息。

参 考 文 献

[1] 马宪春,周速,刘巍.学习资源与学习环境辨析[J].电化教育研究,2005(11):30-32.

[2] 王昉,张晓林.面向教育资源的元数据[J].情报杂志,2002(7):37-39

[3] 肖天庆,任翔.浅谈 SCORM 在 E-Learning 中的地位和作用[J].云南大学学报(自然科学版),2008(S2):253-256.

[4] 彭绍东.基于 SCORM 标准的"学习路径"设计[J].现代教育技术,2010(8):114-119.

[5] 张豪锋,朱珂.数字学习标准比较研究[J].中国远程教育,2007(1):68-71.

[6] 孙迪.IMS 学习设计规范及其实践[J].中国电化教育,2006(6):77-79

[7] 程罡,徐瑾,余胜泉.学习资源标准的新发展与学习资源的发展趋势[J].远程教育杂志,2009(4):6-11.

[8] 杨现民,余胜泉.泛在学习环境下的学习资源信息模型构建[J].中国电化教育,2010(9):73-74.

[9] 杨丽娜,肖克曦,刘淑霞.面向泛在学习环境的个性化资源服务框架[J].中国电化教育,2012(7):84-86.

[10] 杨现民,余胜泉.泛在学习环境下的学习资源进化模型构建[J].中国电化教育,2011(9):82-83.

[11] 吴砥,严鹤,蔡蔚.基于软件代理的学习资源检索技术研究与应用[J].计算机科学,2009(4):185-187.

[12] 张屹,等.泛在学习环境下基于情境感知的学习资源检索模型构建[J].中国电化教育,2010(6):104-105.

[13] 顾明远.教育大辞典(第一卷)[M].上海:上海教育出版社,1990.

[14] 田慧生.教学环境论[M].南昌:江西教育出版社,1997.

[15] 马宪春.学习技术系统设计[M].长春:吉林人民出版社,2005.

[16] SCORM 2004 4th Edition [EB/OL]. http://www. adlnet. gov/scorm. 3013-7-10.

[17] SCORM 标准制作技术研究[EB/OL]. http://www. iscorm. cn/. 3013-7-20.

[18] SCORM-维基百科[EB/OL]. http://zh. wikipedia. org/wiki/SCORM. 3013-7-10.

[19] the best SCORM compliance products[EB/OL]. http://scorm. com/. 3013-7-10.

[20] SCORM 标准(入门知识)[EB/OL]. http://www. hroot. com/bbs/Detail88215_0. hr. 3013-7-10.

[21] Sharable Content Object Reference Model[EB/OL]. http://en. wikipedia. org/wiki/SCORM. 3013-7-10.

第8章 智慧学习环境构建的学习技术

8.1 学习技术概述

8.1.1 学习技术的概念

关于学习技术,英国学习技术协会(Association Learning Technology,ALT)认为,学习技术是系统地应用一种整体性知识来设计、执行、管理和评价教与学。整体性知识就是基于对潜在技术及其能力的理解,是基于学习理论、教学设计和变化管理的原理而进行的研究与实践的成果。有学习技术专家认为,学习技术既能增加学习过程的效率,也能增加学习过程的效果。美国教育技术专家戴维·H·乔纳森教授认为,学习技术有很多含义,他比较赞同计算机作为认知工具以促进学习者概念转变的说法。我国也有学者持类似观点,认为学习技术是利用相应的学习工具实现特定学习目标的能力。

具体而言,学习技术是指根据学习科学的理论研究和实践成果,在深刻理解"人是如何学习的",以及在学习本质基础上,对用于学习的硬件技术和智能技术进行系统设计,构建以学习者为中心的学习环境,通过技术的中介更好地支持学习者的知识建构、社会协商和实践参与。其中,硬件技术是指解决实际问题或完成现实任务中使用的工具和设备,如仪器、视听媒体、计算机、网络等硬件及其软件。智能技术是指解决实际问题或完成现实任务中使用的知识、策略、方法和技巧,如思维方法、学习策略、教学设计等。当今,由于信息技术的迅猛发展和对教育的影响越来越大,而且数字技术比信息技术更具本质意义、颠覆作用和时代特征,所以这里所指的学习技术更侧重于数字技术或数字化技术。

8.1.2 智慧学习技术的概念模型

我国学者认为,将来的学习环境会出现资料库和学习工具的分离。资料库只负责资料的存储和检索,并保存资料的变动。工具负责支持学习活动,需要的数据从资料库提取。当学习者的学习进入到某一类活动时,自动调用这些工具。图 8.1 表示将来智慧学习的整体概念模型。

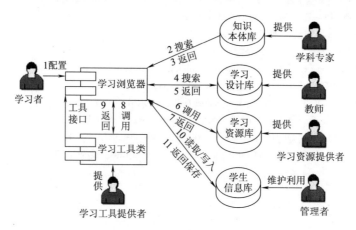

图 8.1 智慧学习技术的概念模型

1. 概念模型中的组件分析

在概念模型中包含学习浏览器、资料库和学习工具集 3 类组件。学习浏览器是独立运行于台式计算机、笔记本计算机、iPAD、电子书包等任何终端设备上。学习浏览器是调用其他学习工具,完成各种学习活动。其主要功能包括:注册和验证学习者信息,可以连接到学习者信息库提取学习者的授权信息和偏好信息;检索、显示知识,显示知识库返回的匹配知识;运行学习设计方案,必须能够正确解析符合学习设计规范的方案;呈现学习资源,可以呈现学习设计调用的学习资源;调用学习活动工具,如考试工具、作业工具和讨论工具;保存各种学习数据、学习结果信息,如作业、测试成绩等会提交给学习者信息库作为学习者电子学档的一部分。

学习资料库只负责资料的存储和检索,并保存学习资料的变动,包括存储知识和能力本体,知识本体库必须能够导入和导出符合知识本体规范的知识能力描述文件。知识本体库还可以通过知识本体之间建立的语义联系支持知识的智能检索;存储符合学习设计技术标准的学习设计方案;保存各种类型的学习资源实体,如讨论主题、测试问题和作业等;用于保存各种学习者信息,包括个人信息、人际网络信息、偏好信息、绩效信息等。

学习工具一般只负责一种类型的教学活动,如支持讨论、测试等。当学习者的学习进入到某一类活动时,自动调用这些工具。学习工具提供标准的接口供学习浏览器调用。

2. 概念模型中的参与者分析

智慧学习中的角色包括学习者、专家、教师、资源提供者、工具提供者、管理者等。学习者的学习过程是:首先配置学习浏览器,如各种资料库的地址、各种学习工具的调用接口等;然后使用个人信息登录浏览器,搜索、浏览并选择要学习的知识,在学习浏览器中运行匹配的学习设计方案,参与到一个学习过程中,完成学习设计方案中的各个教学活动环节,达到预定的学习目标。教师的职责是按照学习设计技术标准的规范格式制定学习设计方案,包括主要考虑如何教授某个知识点,包括选择学习设计方案中使用的合适、优质的学习资源,设计教学环节和教学活动等。专家专门负责拟定大的教学方案,包括各个专业、学历层次要学习的知识和技能,制定知识和技能体系。所有的知识本体信息都用规范的格式描述,存储在知识本体库中。资源提供者负责开发学习资源,包括学习资源库中的所有资源类型。这些资源进入学习资源库后可以被教师在学习设计方案中引用,并且资源提供者可以独立更新它们。工具提供者开发支持学习活动的各种学习工具,如支持作业的作业管理系统、视频会议系统、即时通信工具、考试系统等。这些学习工具都提供开放的接口供学习浏览器调用。管理者维护和利用学习者信息库中的各种学习者信息,包括学习者的个人信息和电子学档、利用学习者学习过程中产生的学习成果和绩效信息进行跟踪和认证、提供学习支持服务及进行教务管理等。

3. 概念模型中的智慧学习流程

智慧学习的流程是:学生登录学习浏览器,配置好各种资料库和学习工具;然后查询或者浏览知识本体库(知识本体库以概念图的形式返回查询结果,或者提供整个知识树);之后,学生选择自己要学习的知识点,浏览器到学习设计库中搜索学习设计方案,学习设计库返回匹配的学习设计方案;接下来,学生运行学习设计方案,调用学习资源库中的学习资源,学习资源库返回学习设计方案需要的学习资源,学习设计方案通过开放接口调用相关学习工具,学习工具运行以支持各种学习活动的开展,并返回相关的结果信息;最后,学习浏览器会调用学生信息库中偏好等信息,并提交学习过程中产生的绩效信息,学生信息库返回学生的个人及偏好信息,并保存各种绩效信息。

8.2　智慧学习环境中的工具支架

8.2.1　学习工具与分类

学习工具的功能就是帮助学习者处理、操作或讨论信息,帮助学习者查找、获取和处理资源,帮助学习者解释和评价资源的用途。智慧学习环境可直接提供学习资源并充当学习工具。学习工具可以使学习者以具体的方法组织并表述他们的理解。智慧学习环境中的学习工具分类如表8.1所列。

表 8.1 智慧学习环境中的学习工具分类

工具	功能	举例
效能工具	提高学习效率	文字处理软件、作图工具、数据处理工具、桌面出版系统、计算机辅助设计软件等,如复制/粘贴功能让学习者可以从大量的资源中收集大量的信息
信息工具	提供和查找资源	各种教学软件、网上学习资源;各种搜索引擎、搜索工具和搜索策略、方法,如网络工具帮助查找数字资源
认知工具	提供认知支持,促进学习者认知/思维过程发展	数据库、电子报表、语义网络工具、专家系统、计算机化通信;头脑风暴或图解让学习者能够以自己的个性组织信息;心智模式表达工具能够帮助学习者将各领域的知识联系起来,或者进行跨域思考问题;模板和程序应用让学习者以自己独特的形式表现知识
情境工具	呈现问题或学习任务,提供范例等	基于案例的学习、基于问题/项目的学习、微世界(MicroWorld)等教学活动方式
交流工具	交流观点	利用异步交流工具(如 C-mail、Listserv、BBS)让学习者方便地交流各自的思考;利用同步交流工具(如视频会议、网络聊天)进行即时问答交流或者进行头脑风暴
评价工具	记录学习过程,促进学习者反思	电子绩效评估系统(Electronice Performance Support System,EPSS)、电子学档(E-Learning Portfolio,ELP)等

智慧学习环境中的学习工具除表8.1的分类外,按照其服务功能还可分为:①信息发布与获取工具,主要是用于发布信息和获取信息;②资源搜索与定制工具,主要是帮助学习者便捷地查找所需的学习资源,并对资源进行定制和共享,创建个性化的知识库;③学习计划工具,主要帮助学习者制定短期和长期的学习计划,追踪并记录学习者的学习轨迹,从而构建持续的学习活动,典型工具包括日程安排表和学习记录簿;④协作交流工具,协作交流工具包括邮件服务列表和即时通信工具,为学习者之间、学习者和指导者之间的交流沟通服务;⑤学习支持工具,主要是指面向特定学习领域的学习支持工具,这类工具可以按照学科门类和学习领域进一步细分,如英语类学习工具、理财类学习工具、职业发展类学习工具等,从而多角度、全方位地满足不同学习者的学习需求;⑥专用学习工具,如共享白板、概念图等。

8.2.2 电子书包

1. 电子书包系统

电子书包(eBag 或 eSchoolbag 或 Electronic Schoolbag 等)是教育信息化的重要组成部分。但目前电子书包尚没有明确的定义,产品也各不相同。例如,新加坡推行的电子书包相当于一个可以阅读、浏览多种内容卡的平台;美国的电子书包开始向 iPAD 终端发展;而我国的电子书包则是在电子学习机或者计算机的基础上演进而来。从广义上讲,电子书包是服务于教育,以教育技术、信息技术和数字出版为支撑,跨越多领域,提供规范化、个性化、交互式教学、娱乐及服务,具备公益性和商业性双重属性的综合系统。同时,该系统还具有富媒性、交互性、关联性及开放性等特点。电子书包系统如图 8.2 所示。

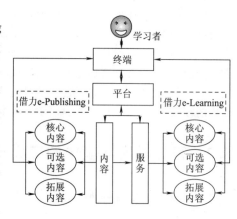

图 8.2 电子书包系统

从图8.2中可以看到,电子书包系统涵盖终端、平台、内容和服务4大要素,内容和服务通过平台或者终端自动提供给学习者,包含围绕学习的主要教学内容和教育服务功能等。在内容和服务的划分上,从核心、可选、拓展3个层面划分内容集与服务集的配置和升级。整个系统的设计包含功能设计、信息架构设计、界面设计、内容和服务设计等多个方面。

2. 电子书包的开发模型

学者张迪梅认为,电子书包是集学、练、评、拓的活动的、立体化、网络化便携式的"电子课堂",是学生、教师的互动平台,也是学生、教师、教学、科研、教育行政、家庭的交流平台。电子书包的开发模型如图8.3所示。

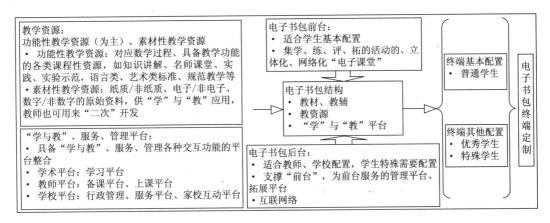

图8.3 电子书包的开发模型

电子书包的结构分为前台与后台。前台包括教材、教辅、教学资源,"学与教"平台这三大版块,是学生的基本配置。后台是支撑前台的服务与管理平台,属于学校、教师及学生特殊需要的配置。通过前台、后台功能的分配与整合体现电子书包的界定与内涵。

3. 电子书包与学习参考资源整合框架

电子书包作为一种学习平台,具有良好的易用性、兼容性和可扩展性。学习参考资源系统建设是当前学校服务模式朝着信息化方向转型的一项代表性工作。学习参考资源是通过信息技术的手段,对与学习相关的学习参考资源进行数字化,将课程信息、学习参考信息、学习参考资源、工具书等统一集成和整合,为学习者提供全方位、多层次的学习参考资源信息服务。电子书包与学习参考资源整合框架如图8.4所示。

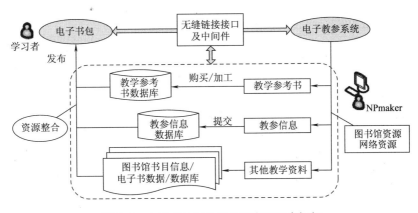

图8.4 电子书包与学习参考资源整合框架

电子书包系统和学习参考资源系统的建设,为未来智慧学习环境中电子书包整合学习参考资源提供了环境支持和具体的可实施方案。

4. 基于电子书包的学习模式

1)基于电子书包的体验学习

基于电子书包的体验学习借鉴 Kolb 体验学习圈的操作流程,开展体验学习,如图 8.5 所示。

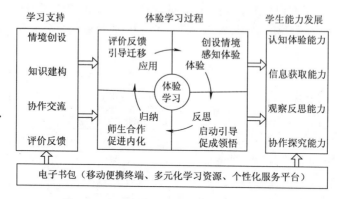

图 8.5　电子书包支持的体验学习活动模型

图 8.5 中电子书包支持的体验学习活动模式解析如下:体验,教师借助电子书包丰富的数字化学习资源创设学习情境,让学生联系现实生活,激发学生学习兴趣,学生借助电子书包采集相关数据,通过电子书包服务平台与教师、同学交流,感知学习体验;反思,在体验实践之后,教师引导学生对体验过程和结果进行反思,在反思内省的过程中,学生提出问题并进行问题解决分工,教师需要启动引导,促成领悟;归纳,教师引导学生查阅相关资料,通过交流讨论,对问题进行研究分析,并形成自己的观点,在师生合作、共同探索的过程中,促成知识内化;应用,学生通过服务平台进行协商讨论,确定问题解决方案,撰写体验报告,并派代表汇报成果。最后,利用电子书包的数字化资源,检测学生认知体验方面的成长。利用电子书包移动、便携、资源丰富等特点,通过协作探究过程,培养学生的观察反思、协作探究能力。引导迁移学生,提高学生获取、判断、使用信息的能力。

2)基于电子书包的家校协同教学

电子书包在家校协同教学中的应用,其模式如图 8.6 所示。

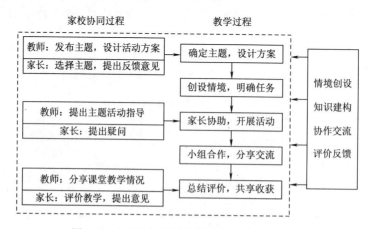

图 8.6　电子书包家校协同教学中的应用模式

图 8.6 中电子书包在家校协同教学中的应用模式如下:首先,确定主题,设计方案。教师根据主题活动教学内容选择若干备选主题,并发布到服务平台。家长查看平台信息,提出反馈意见,共同协

商,确定主题,共同设计主题活动教学方案。其次,创设情境,明确任务。教师利用电子书包中丰富资源创设情境,学生感知情境,家长根据指导手册指导学生制定主题活动方案。在此过程中,学生、家长可以利用电子书包与教师沟通交流。再次,家长协助,开展活动。学生按照主题活动方案进行社会调研,家长协助学生活动。在此环节中,利用电子书包记录学生主题活动过程,并发布到服务平台。同时,家长、学生可以与教师沟通,以促进学生的主题活动顺利开展。接下来,小组合作,分享交流。校外主题活动完成后,学生回归课堂。教师引导学生分组交流,分享与家长进行主题活动的经历和收获,并派代表汇报活动成果。教师及时提供指导,引导学生从活动中获取知识、提升能力、升华情感。最后,总结评价,共享收获。教师引导学生总结主题活动的收获,反思不足,并将活动成果发布到服务平台。家长通过平台了解教学活动过程及学生活动成果,评价教学活动。

8.2.3 学习支架与分类

1. 学习支架的主要表现形式

学习支架的形式没有一定之规,随着学习目标和学习任务的不同,支架的类型会发生改变。学习支架并不提供现成答案,而是通过提供资源、示范、启发、暗示和咨询等手段充分调动学生的认知活动来促进学生的学习。从支架的主要表现形式来看,学习支架可以分为定义、范例、问题、建议、向导、图标等。从使用目的来看,学习支架可以分为接收支架、转换支架和输出支架。此外,支架还有更为随机的表现形式,如解释、对话、合作等。

（1）定义。定义是通过列出一个事物或者一个对象的基本属性来描写或者规范一个词或者一个概念的意义。

（2）范例。范例是符合学习目标要求的学习成果,往往含纳了特定主题的学习中最重要的探究步骤或最典型的成果形式。范例展示可以避免拖沓冗长或含糊不清的解释,帮助学生较为便捷地达到学习目标。

（3）问题。问题是学习过程中最为常见的支架。当教师可以预期学生可能遇到的困难时,对支架问题进行适当设计是必要的。

（4）建议。当设问语句改成陈述语句时,"问题"支架就成为"建议"支架。与"问题"支架的启发性相比,"建议"支架的表现方式更为直接。

（5）向导。向导(亦可称为指南)是问题、建议等片段性支架根据某个主题的汇总和集合,关注整体性较强的绩效。如观察向导可以避免学生错过关键细节;采访向导可以帮助学生收集特定信息;陈述向导可以帮助学生组织思维等。

（6）图表。图表用可视化的方式对信息进行描述,尤其适合支持学生的高级思维活动,如解释、分析、综合、评价等,包括概念地图、思维导图、维恩图、归纳塔、组织图、时间线、流程图、棱锥图、射线图、目标图、循环图、比较矩阵等。

美国圣地亚哥州立大学教育技术系的伯尼·道奇(Bernie Dodge)博士认为学习支架指教师精心设计的学习材料,如现象、案例、问题、变式、半成品等。从使用目的来看,学习支架可以分为接收支架、转换支架和输出支架。接收支架用来帮助学生整理、筛选、组织和记录信息,引导学生关注重要的东西,提高学生收集与发现信息的效率;转换支架帮助学生转换所获得的信息,使所学的知识更为清晰、易于理解,或使劣构的信息结构化;输出支架帮助学生将学到的、理解到的、创建的东西转化为可见的事物,如电子文档、演示文稿等。这些支架能够帮助学生在创作或制作他们的学习产品时,遵循特定的规定或格式。

2. 远程学习交互中的支架

关于学习支架,学习任务的不同,支架的目的也不同。因此,目前对学习支架的形式没有统一的规定。有学者认为,远程学习交互中学生在学习交互的各个阶段均需要得到教师的引导、支持和帮

助,需要为其构建教学支架。这些支架包括以下几种形式:

(1)学习者探究式支架。在远程学习课程开始之前,教师通过学习平台设置的测试问卷。教师可以通过教学材料与学生直接对话,提前规划本虚拟小组学习课程,提供一定的课程支持服务,在学生选择课程和课程规划方面给予指导和咨询。教师对学生的大致了解,包括其学习认知风格、个性特点等;使学习者学习起来得心应手、事半功倍。

(2)交互协作激发式支架。指通过设立学习共同体,教师随时激发提问,可以引发生生之间、师生之间的共享与交流;引发生生之间、师生之间共同解决独立探索过程中所遇到的问题;促进资源、思维的共享并在共享集体思维成果的基础上达到对当前所学知识比较全面的理解,最终完成对所学学习知识的语义和文化建构。

(3)情境创设式支架。教师通过一定的手段,将学生引入一定的问题情境,使学生的已有经验与新的问题情境产生矛盾冲突,从而激发学生学习的结合性动机。情境创设式支架的主要优势表现在:教师创设问题;设定特定的学习任务;构建学习活动。某一学习共同体内的学生又有可能具备解决此类问题的知识经验和能力,大大增强了该共同体学习者的学习积极性,达成较好的学习效果。

(4)信息技术加工式支架。其可分为信息加工式支架和技术加工式支架。前者是指教师筛选特定教学阶段所需的学习交互材料和内容,制定完整的教学过程,为学习者过滤出健康、有效的学习资源,促进学习者自身信息加工能力的提升。信息技术加工式支架主要是教师提供资源及获取资源的技术方法和技巧,鼓励学习者积极利用资源开展学习,并利用掌握的各类现代信息处理技术拓展学习。

(5)评价管理监控式支架。指教师评价学习者的阶段学习效果,根据学习者的学习成绩统计,给出适当评价。评价管理监控式支架的主要优势表现在:教师科学的监督管理对学习者能起到震慑作用;教师及时的评价反馈激励学习者保持学习热情。

3. 虚拟课堂中学习支架的功能与表现形式

虚拟课堂中学习支架的类型如表8.2所列。

表8.2 虚拟课堂学习过程及学习支架类型

学习过程	内部学习事件	外部教学事件	学习支架类型
明确学习目标	警觉、期待	指引方向:告知学习目标,引起注意,唤起兴趣	方向型
认领学习任务	选择知觉、接受与反应	提供任务:呈现新内容、提供指导	任务型
浸入学习情境	恢复工作记忆	创设情境:提供对学生学习有直接刺激作用的具体情境,引起注意、回忆先决条件或相关知识、激发动机	情境型
应用学习资源	选择性知觉、接受与反应	提供资源:为学习者提供学习资源并提供学习指导,进行数据处理	资源型
开展交互活动	语义编码、接受与反应	促进学习发生:提供练习、引发行为表现、提供指导,提供交互学习的时空与交互的内容	交互与协作型
进行学习评价	强化、暗示提取及概括	引导学习评价:提供反馈,测量行为表现,提供保持和迁移	评价型

这些学习支架的主要功能如下:

(1)方向型学习支架。方向型学习支架的功能是指为使学生明确和保持学习方向提供必要的指导:理解学习目标,明确学习目标,导引目标方向;激发学习动机。其表现形式主要有文本解释的形式、结构图的形式和问题的形式。

(2)任务型学习支架。任务型学习支架的功能是提供"抓手",培养自主学习能力;激励学生,保持学习动机。其表现形式主要包括文本解释的形式、流程图的形式和范例的形式。

(3)情境型学习支架。情境型学习支架的功能是激发学生的学习兴趣与积极的思维;帮助学生获得真实的感受;帮助学生获得应用学习情境的方法。其表现形式主要包括案例的形式、问题的形式和建议的形式。

(4)资源型学习支架。资源型学习支架的功能提供有效的学习资源;提供获取资源的方法与技巧;促进学生信息加工能力的提高。其表现形式主要有文本性资料形式、建议的形式、图表的形式和范例的形式。

(5)交互与协作型学习支架。交互与协作型学习支架的功能是提高学生交往能力、协作能力。其表现形式主要包括问题的形式、建议的形式和范例的形式。

(6)评价型学习支架。评价型学习支架的功能是促使学生明确自我评价的重要性;提供评价的方法;及时反馈。其表现形式有概念图的形式、范例的形式、表格的形式等。

8.3　智慧学习环境中的协同学习

8.3.1　协同学习的实现

协同学习(Synergistic Learning)是20世纪后期在美国教育领域出现并逐步兴起的一种全新教育模式,协同学习是指多个学习者共同完成某个学习任务,在共同完成任务的过程中学习者发挥各自的认知特点,相互讨论、相互帮助进行分工合作。学习者对学习内容的深刻理解和领悟就在这种和同伴紧密沟通与协调合作的过程中逐渐形成,进而实现对知识的建构。智慧学习环境中的协同学习就是运用先进的、智能的交流技术实现学习中的协作共享。智慧学习环境中的协同学习必须建构云计算、物联网等多种前沿技术支持的协同学习环境,要集成信息、技术和工具来实现各种学习资源的访问,并提供相应的协作服务工具。分布式系统通过共享资源形成大规模协作环境,可以满足学习者的各种协同需要。分布式系统是并行的、并发的、分散的和合作的集成环境,可提供尽可能多的计算能力和数据的透明访问,以满足学习者的高性能和高可靠性服务需求。目前分布式系统有若干种类和许多计算技术,包括点对点计算、自治计算、互联网计算、普适计算、网格计算和云计算等。随着这些技术的发展,协同学习成了现实。智慧教室、智慧实验室、智慧组织、智慧研究团队、智慧社会网等概念不断涌现。目前有许多支持协同学习的系统出现,但也有许多系统的缺失包括适应性、重用性、集成工具、提供广域资源和群体意识,特别是资源的发现、分配和安全等方面。解决这些问题有效的办法是采用云计算技术管理这些资源,通过云计算服务构建大的智慧组织来共享各种各样的资源,云计算支持各种动态、分布虚拟组织中资源的共享和协作,即它能够按照需求质量有效集成广域分布的由不同组织采用不同策略构建的资源。

8.3.2　协同学习系统模型

在智慧学习环境中,协同学习是经常发生的。祝智庭教授认为,协同学习作为一种面向知识时代的基于创新的学习技术系统新框架,以系统协同思想和知识创新为基础,对传统学习理论进行了拓展,成为一种能够适应当前时代社会结构和技术要求,满足社会变革和学习创新需要的新框架。祝智庭教授提出了协同学习系统(SLS)元模型,如图8.7所示。

在此协同学习模型中,学习过程体现为一种协同的信息加工及知识创建过程,其中个体与群体的信息加工及知识创建相互关联。在此框架中,学习的微观领域、中观领域和宏观领域被有机地连接了起来。这是一种综合考虑了观念、环境、技术、模式等方面因素以获取协同学习效果的构架,也是一种整合取向的学习元模型。元模型是对表述模型的语言进行定义的模型,更多的教学实践模型则是其例化的结果。

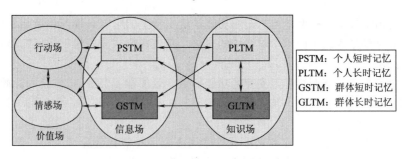

图 8.7　协同学习系统(SLS)元模型

8.3.3　协同学习套具设计

在智慧学习环境中,协同学习技术系统落实到具体的智慧学习实施上就是运用一个协同学习的工具集。同时由于这些工具之间又是可以按需相互组成前后学习过程关系,所以协同学习系统应该是一个基于一定规范的、开放架构的、由多种学习支持工具有机组成的、基于互联网架构的、具有协同学习思想的学习系统。故此,也可称之为协同学习套具。协同学习套具之间的关系和他们在学习过程中的流程示意如图 8.8 所示。

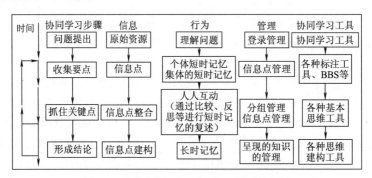

图 8.8　协同学习套具与学习流程示意图

基于协同学习套具的内容包括协同学习的步骤、信息、行为、管理和协同学习工具。随着学习时间的继续,协同标注工具和协同建构工具不断发生作用,使协同学习具有重要的价值意义。协同标注工具和协同建构工具的原理如下:

(1)协同标注工具。协同标注工具的原理是:首先把学生头脑中的信息符号化,然后把符号汇聚起来,最后用算法生成适用于不同情境的逻辑视图。这就像医生诊断病情需要用 CT 机获取分层扫描图那样,协同标注工具可比作教师用的 CT 机。从具体操作的层面上看,教师把一份电子学习文档传递给所有学生,然后学生在文档上添加标注。一旦外化为符号后,就可以用符号机器也就是计算机来快速地汇聚、加工这些符号,生成各种逻辑视图。

(2)协同建构工具。协同建构工具实现了知识的集体建构和集体记忆的图式化呈现。就是教师在课堂上组织各种展示或者讨论形式,将个人记忆汇聚成集体记忆并保存下来,帮助学生在复习的时候回忆起以前的课堂讨论,汇聚、加工和保存集体记忆以致创新。

8.4　智慧学习环境中的移动学习

8.4.1　移动学习的概念

自美国加州大学伯克利分校(UC Berkeley)的人机交互研究室从 2000 年启动名为"Mobile Education"的项目以来,移动学习受到了全世界的密切关注。移动学习是数字化学习的延伸,它是指学习者在其可能实现的任何时间、任何地点通过移动设备(如手机、iPAD、笔记本计算机等)和无线通信网络获取学习资源,与他人进行交流协作,实现个人与社会知识建构的过程。

移动学习不同于数字化学习,表8.3总结了数字化学习和移动学习在网络环境、终端工具、对学习者的要求、学习内容、学习目标、学习时间和学习地点等方面的区别,认识这些区别对理解移动学习具有特别重要的意义。

表8.3 移动学习和数字化学习的主要区别

项目	数字化学习	移动学习
网络环境	有限校园网及因特网	无线宽带、3G、GSM
终端工具	桌面计算机、笔记本计算机	智能手机、PDA、iPAD、笔记本计算机
对学习者的要求	强调学习互动与协作	强调学习的自发性和主动性
学习内容	以文字+图片为主要载体的多媒体课件,内容要求尽量丰富	以声音+图片+动画为载体的学习对象,内容要求简明、生动
学习目标	预先设定,一般不作调整	按需设定,可以自我调节
学习时间	基于计划的,连续整块的时间,知识更新方式为异步。有时延	具有偶然性、片状分散的时间,知识更新可以做到实时
学习地点	从课堂延伸到图书馆、宿舍等具有计算机终端的地点	可以在任何地点进行学习

移动学习具有移动性、及时性、交互性、情境性及个性化等特征。其中移动性是其本质特征,指任何人(Anyone)可以在任何时间(Anytime)、任何地点(Anywhere)学习任何信息(Anystyle),真正实现了"总在线"的弹性学习需求。近年来,越来越多的学者对移动学习的理解不再局限于移动的设备和学习者,他们更倾向于把现代社会看作一个移动的整体。在这样的移动社会中,所有的学习应该是个性化的、以学习者为中心的、情境化的、合作的、随时随地的和终身化的,强调学习是一个社会化的过程,发生于情境、工具及人际的交互中,移动技术的应用是为了构建学习情境,并把不同环境下的正式与非正式学习连接在一起。这种研究趋势在近几年的移动学习项目中有所体现,研究人员通过移动学习的理论与实践研究,扩展了移动学习的研究范畴,同时将移动学习的研究推向新的阶段。

8.4.2 移动学习的架构模型

为了更加深刻地理解移动学习的应用模式,提出了一个分层架构的移动学习服务架构模型,其基本模型如图8.9所示。

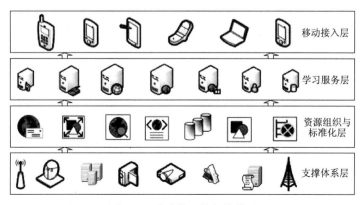

图8.9 移动学习的架构模型

该模型实现了数字化学习和移动学习的融合,分为 4 个逻辑层次,从下而上依次为支撑体系层、资源组织与标准化层、学习服务层和移动接入层,上层调用其下层的服务实现本层的服务和功能。各层的功能描述如下:

(1)支撑体系层。包括校园网无线网络环境、数字化学习平台和资源。前者为移动学习提供了泛在的通信载体和移动环境,后者为移动学习提供学习内容和知识库,它们共同构成了移动学习的基石。

(2)资源组织与标准化层。以学习对象的方式重新组织数字化学习资源,并实现无线通信技术与学习资源表示的标准化。

(3)学习服务层。在标准化的资源组织基础上,构造实现情境感知、信息交互、学习协作等功能的服务中间件,并向移动学习者提供具体的服务应用。

(4)移动接入层。学习者通过各种类型的移动终端,向学习服务层发起移动学习请求,完成移动学习过程。

8.4.3 移动学习技术的实现方式

移动学习技术的实现方式有 5 种:

(1)移动式存储。移动式存储也称播客形式(Podcasting),其实现主要是微型学习资源的开发。微型学习资源可以是一个微型课件,即一个几分钟的音频和视频,也可以是一些课程笔记。

(2)SMS 短信方式。此方式主要是基于文本交流的方式,用途是由学生向教学服务器发送问题,然后服务器从数据库搜查此类问题给予解答,如果搜索不到,则把此问题转发给相应的学科教师,或者是用短信 Push 功能群发学生相关的通知和教学信息。

(3)连接浏览方式。此种方式是学习者用移动设备通过电信的 WAP 网关接入 Internet,然后通过 WAP 协议和网关转换为手机浏览器所支持的 WML 格式,经手机微型浏览器显示出来。

(4)J2ME 方式,这是一种基于 WAP 的 B/S 结构的软件系统开发方式,它针对具体的手机或手持设备型号以及设备的功能进行开发,并需要手持设备安装后方能使用。应用此种方式的有诺基亚开发的行学一族(MobileEdu),若要应用此行学一族软件,需要在客户端安装与手机品牌和型号相匹配的"行学一族"软件,目前此平台只支持诺基亚品牌的手机。

(5)手持设备的课堂反馈系统。系统基于无线网络支持交互性、探究性学习系统,是移动设备在教室中成功运用,能够用于手持式设备的探究性学习。在课堂上,学员每人手持一个手持式设备(如iPAD、学习机等)和与计算机联机的接收器,进行课堂任务驱动的探究性学习,然后提交作业。该系统会利用学员反馈回来的状况,给予教员及时、准确的教学反馈信息,同时教员也能马上诊断学员学习的成效,及时补救教学以及对学员知识结构的分析研究。

8.5 智慧学习环境中的互动体验

8.5.1 体验学习圈简介

1984 年,大卫·库伯教授出版《体验学习——让体验成为学习和发展的源泉》一书,他借鉴约翰·杜威(John Dewey)、库特·勒温(Kurt Lewin)和让·皮亚杰(Jean Piaget)的学习理论,创造性地提出 4 阶段体验学习圈模型,由于这个模型构建了程序化、科学化的体验学习过程,也使得体验学习圈在世界范围内被广为引用。4 阶段体验学习圈界定学习是基于体验的持续过程,包括具体体验(Concrete Experience)、反思内省(Reflective Observation)、抽象概括(Abstract Conceptualization)和应用(Experimentation),如图 8.10 所示。

需要注意的是,体验学习圈不是经由具体体验到行动应用一个阶段就结束了,它不是一个单纯的"平面循环",而是一个"螺旋上升的过程",到行动应用又意味着下一次或新的体验的开始。从具体体验开始再到新一轮的体验循环,是一个持续性的过程,发生的时间可能是数秒、也可以是几分钟、几小时或更长时间,但此时的体验与前一次的体验已经大不相同,从这个意义上讲,所有的体验学习都是全新的学习。因为体验学习是体验的主体把体验(Experience)、感知(Perception)、认知(Cognition)和行为(Behavior)有机地结合在一起的学习过程。体验

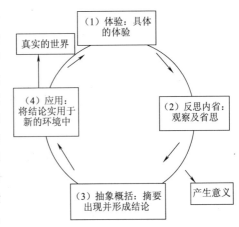

图 8.10　大卫·库伯的体验学习圈

主体获取知识经验的过程是依赖体验主体的感觉、知觉、记忆、思维、想象和注意等,能动地反映着客观世界的事物及其关系,从而为体验主体认识外在世界提供依据。任何新信息的获得主要取决于体验主体认知结构中的过去知识、经验的相互作用,认知过程就是信息的接受、编码、储存、提取和使用的过程。体验学习是体验主体的身心与外部世界产生交往并生成反思的认识与实践活动。体验是对自身存在的反思,体验是对自身存在及其过程的透视和评价。体验优于一般观察之处,就在于它具有一种对人自身的存在及整个生活世界的巨大穿透力。因此,体验学习的哲学原理具有以下特点:

(1)体验是对体验主体的重视。因为真正有价值的学习是以体验主体的经验为基础,是体验主体对知识主动建构的过程,更是使体验主体整个精神世界发生变化的过程。

(2)体验具有的个性化特征。体验需要主体以自己的需要、情感、认知、价值取向及亲身经历等完整的自我去理解、去感受,从而形成自己对事物独特的感受、领悟和意义。体验的过程是人的主体性得以充分施展的过程。

(3)体验是主体情感的体验。体验的最后归结点也是情感,体验的结果常常是一种新的更深刻的把握了生命活动的情感的生成。主体通过全身心的投入,形成对事物的积极态度和内心深处趋于融合。

(4)体验是主、客体的交互作用。体验主体需要调动其全部投入,是身心、情感与理智的积极参与。体验客体是主体对客体的各方面进行的关照,从而形成一种对客体"整体"的认识。

(5)体验是一种生命的超越。体验强调主体通过亲身经历而形成对事物独特的、具有个体意义的感受、情感和领悟,是一种价值性的认识和领悟,它要求"以身体之,以心验之",它指向的是价值世界。主体将自身生命置于关照的对象中,从而实现肉体生命向精神生命的升华。

8.5.2　体验学习的模式

体验学习圈建构了一个学习过程,但内部又有复杂的关系,从纵、横两个向度来说,两向度由辩证性的两端构成,即"具体体验"对应"抽象概括"、"反思观察"对应"行动应用",它们形成的心理结构用库伯的专业术语分别称为"理解"和"转换";从具体的体验到反思内省,再到归纳、到应用,蕴藏着4种学习模式,如图8.11所示。

1. 理解向度的解析

"具体体验"和"抽象概括"代表理解向度,两极分别代表着人类经验获得的方式与经验类别。其中,"具体体验"被看成是"感知",表示依

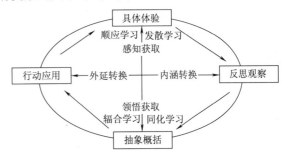

图 8.11　体验学习的内在关系与模式

靠真实、具体的感觉来获得经验,代表着直接经验的属性。"在哲学语境中,感知的优势被表述为直接经验的前提性、真知性以及与间接经验的互补性,它对学习的意义是,如果未来通过记忆复现时,会体现出情节记忆与情绪记忆的效果,会产生真实、自然的场景回忆,有助于与知识产生联系。"因此,在感知时,当事人会"沉浸"在当下,具有与当下环境的共融性,也整合了深刻的情绪成分(如高兴、恐惧)。一般来讲,投身于感知时,在认识上体现出知识的默会性特征,当下的感知只在当事者的体验中,是融通了环境与体验主体的一种存在。人本主义心理学家马斯洛甚至提到一种高峰体验状态,如个体感知到"转眼即逝的极度强烈的幸福感,甚至是欣喜若狂、如醉如痴、欢乐至极的状态",但他认为高峰体验往往伴有某种神秘感而难以言说,这恰恰体现出感知当下的默会性特征。此外,深入内心的体验还要依赖概念解释或符号描述,因此"抽象概括"就代表着"领悟",要将具体体验的观察和感受,运用可言说的话语进行关系判断,趋向"何以如此"的解释。此时,由感官受到的外界刺激把信号传入大脑,已经储存在大脑的间接经验将被调动,向思维推理与逻辑判断聚焦,体现出前文所述的理性经验特征,最终形成了可与他人分享和交流,属于抽象出的词汇和概念或原理等显性知识,这些显性知识就属于间接经验。

2. 转换向度的解析

"反思观察"和"行动应用"代表转换向度,一端代表通过对体验的内在反思而产生意义,另一端代表通过主动延伸至外部世界的行动而验证知识。其中,"反思观察"借助缩小"内涵"的机制,表明要透过反思并检视问题产生的核心所在;"行动应用"借助扩大"外延"的机制,表示领悟的知识要透过检验以验证周围世界。杜威在《我们怎样思维》一书中提到,内涵、外延是意义转换的独特机制。意义转换的辩证,说明知识既有反映事物本质属性的内涵特征,也有对应其适用范围的逻辑外延。体验学习的价值就在于,学习本身既需要知道是什么,还要明白如何用。体验学习中,如果没有内涵的缩小,体验就会稍纵即逝;如果没有外延的扩大,体验就会停留于此时此地,体验学习就会失去它应有的发展效应。

3. 体验学习的基本模式

(1)发散式学习。发散式学习主要依赖于具体体验和反思观察,即通过内涵式感知获得认知。这种学习的优势在于具有丰富的想象力和对意义及价值的高敏感度。发散式学习方式主要是顺应能力,具有这种学习方式的人注重观察而不是行动。而且他们具有丰富的想象力,情感非常丰富。发散式学习方式与人格类型有关,而这种人格类型由内向型和情感作为主导过程。

(2)同化式学习。同化式学习方式主要依赖于抽象概括和反思观察,即通过内涵式领悟获得认知。优势在于理性推理能力和创造理论模型的能力强,能将完全不同的观察结果同化为一种解释。

(3)辐合式学习。辐合式学习方式主要依赖于抽象概括和主动应用,即通过外延式领悟获得认知。采用这一方法的好处在于问题解决,决策制定以及实际应用方面的能力很强。哈德森对这种学习的研究表明,辐合式学习的人受情绪表达的控制,他们宁愿做技术工作来处理技术性问题,也不愿意处理社会性的人际关系问题。辐合学习方式以外向思维型为特点。

(4)顺应式学习。顺应式学习方式主要依赖于具体体验和主动应用,即通过外延式感知获得认知。主要靠实践,实施计划,完成任务,融入新体验。这一学习方式更关注寻找机会、接受冒险和采取行动。具有这种学习方式的人很容易与人相处,但有时却被认为缺乏耐心,人格类型是外向型感觉。

8.5.3 体验学习的发展

约翰·杜威认为体验学习圈不是一个循环而是一个螺旋上升的过程。每个体验的阶段都具有发展的可能性,因而通过学习的这个过程,个体得到了发展。在上述4个学习模式中,可以通过整合来描述学习决定发展过程的方式:具体体验中的情感复杂化导致较高水平的情感;反思观察中的知觉复杂化导致较高水平的情感;抽象概括中的符号复杂化导致较高水平的概念;行动应用中的行为复杂化导致较高水平的行为。体验学习的发展如图 8.12 所示。

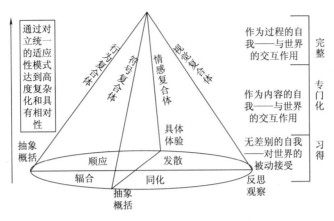

图 8.12　体验学习的发展

在发展中,应对外部环境和个体经验的方式变得越来越复杂,越来越具有相对性,4 种基本学习形式之间的对立冲突也得到了较高水平的整合。在发展的早期,这 4 个维度之间各自的发展相对较为独立,但是在发展的最高阶段适应是为了致力于学习和创造,这就对 4 种基本适应形式提出了整合的强烈要求。一种学习形式的发展促进了另一种学习形式的发展。

8.6　智慧学习环境中的交互阅读

8.6.1　交互阅读的概念

交互阅读(Interactive Reading)是国外阅读研究界在 20 世纪 70 年代末提出的阅读理论,该模式认为阅读是运用高层次技能和低层次技能处理和解释语篇的过程,语篇信息和来自读者自身的信息同时加工以重新构建语篇意义。阅读处理既不是传统的自下而上的解码,也不是纯粹的自上而下的心理语言猜测游戏,是两种策略相互作用的过程。故此,交互式阅读模式是指自上而下和自下而上的阅读过程的融合和统一,是信息处理之间的互动过程。20 世纪 80 年代后期,交互阅读研究在国外外语阅读研究中占有重要地位,引起广泛关注,且至今影响着外语阅读教学。交互阅读为阅读研究开辟了新的领域,为阅读教学提供了更广阔的视野。

8.6.2　交互阅读的特点

通过对交互阅读分析,认为交互阅读具有以下主要特点:

(1)阅读是多种认知技能并用的一种动态的活动过程。这种阅读过程强调自然、真实、互动的学习体验。

(2)阅读技能培养的综合性。阅读作为语言和信息主要输入来源,需要利用听、说、写等综合技能交流思想、意见和信息,"交互性"阅读过程必须是语言整体性运用过程。

(3)阅读能力只能通过阅读行为本身才能得到提高。强调在学习中学会学习,在学习中体验学习的观念。

交互式阅读模式认为,阅读理解是宏观的认知图式(Schemata)与微观的语言文字辨认之间的信息互动过程,整个过程中信息在这些层次之间双向流动,上层图式信息影响自下而上的信息处理;反之亦然。首先，在阅读过程中读者和文章相互作用。读者从文章中提取信息，和自己所掌握的先验知识相互作用，从而获取文章的含义。因此，"自上而下"和"自下而上"阅读过程相互补充达到理解的目的。其次，多种阅读技巧同时存在并相互作用，以达到高效、准确理解文章的目的。从认知上来讲，读者是一个有解码和理解文章能力的积极、主动的学习者，阅读活动就是解决问题的过程。可见，"交互式"阅读过程涉及初级自动识别和高级理解技能，综合了"自下而上"和"自上而下"两种模式的优点，避免两种阅读模式的相互排斥。

8.6.3 交互阅读模式

根据现代认知科学的研究成果，人脑在提取阅读信息过程中要经过多层次的信息处理。首先语言信息输入人的感觉记录器，或称感觉记忆中，感觉记录器与此同时要从长时记忆中提取相匹配的信息，对言语信息进行选择性的识别，从而辨别文字符号的发音、词态、词形。它将一直保存需要进一步处理的阅读信息，直到短时记忆来处理信息。短时记忆相当于人大脑中的中央处理器。在阅读过程中，短时记忆利用长时记忆储存的既存阅读信息和背景知识，对单词、短语的知觉信息进行短时保持和有意识的加工，形成语句，并通过语法、句法分析、理解其表层语义。然后，把处理的信息输送到长时记忆中进行深层次的处理。在长时记忆系统里，大脑利用长时记忆储存的既存阅读信息和背景知识，对语词或句子的表层语义信息进行精细的语义重新编码，建立上下文的语义内在联系，并理解其深层语义。

然而，在整个阅读过程中，大脑的评价系统也同时开启。阅读开始，语言信息输入启动，大脑同时对语言刺激进行评价。这样，阅读的过程就是产生交互的过程。产生的交互一方面反馈给评价系统，另一方面输入到长时记忆中，与其他各种认知信息一并储存在大脑中。新的交互信息在长时记忆中和其他认知信息建立联系，并且修正原有交互信息以及原有交互信息和其他信息的联系。

根据中枢能量理论，人的中枢能量是有限的，对信息选择处理的多少取决于可得到的资源和唤醒（Arousal）相联系的状况，并可以因情绪等因素的作用而发生变化。由此可以推定，由于评价系统对信息的评价而对交互在语言信息处理的各个层面影响中枢能量的分配，影响信息的获得、提取和重建。这样，评价系统通过对感觉记忆、短时记忆和长时记忆的影响，从而影响整个阅读过程的各个层次的信息加工。在此基础上，构想出一个包含交互方式的阅读模式，如图 8.13 所示。

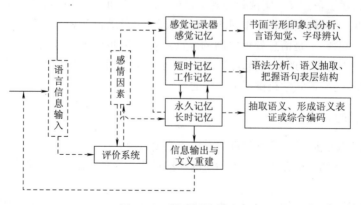

图 8.13　情感阅读模式

这一模式说明，阅读理解在心理上是一个多系统协同作用的结果。评价系统是认知系统不可分割的一部分，在图 8.13 中用虚线表示。评价系统所产生的交互方式通过干涉中枢能量分配，在认知的各个层面影响阅读的整个过程。同时，阅读认知的结果又会反馈给评价系统，引起交互的调整或强化已有的交互因素。在整个阅读中，评价系统和阅读认知系统之间存在着多层次、多循环的反馈，读者的交互方式会随着阅读过程的不断深入而不断调整变化,阅读进程也会随着读者的交互方式变化而发生变化。

参 考 文 献

[1] 吴涛. 从教学技术到学习技术[J]. 电化教育研究,2008(4):16-20.

[2] 赵厚福,祝智庭,吴永和. 数字化学习技术标准发展的趋势、框架和建议[J]. 中国远程教育,2010(2):69-74.

[3] 顾小清,李雪,姜晓辉. 终身学习环境的工具集服务设计[J]. 开放教育研究,2009(3):22-27.

[4] 左美丽,陈少华. 基于用户体验的电子书包系统设计研究[J]. 科技与出版,2012(8):88-90.

[5] 张迪梅. "电子书包"的发展现状及推进策略[J]. 中国电化教育,2011(9):88-89.

[6] 叶甜. 数字图书馆与虚拟学习环境整合——以 Blackboard 与电子教参整合为例[J]. 图书馆学研究,2012(8):36.

[7] 刘繁华,于会娟,谭芳. 电子书包及其教育应用研究[J]. 电化教育研究,2013(1):.73-76.

[8] 闫寒冰. 信息化教学的学习支架研究[J]. 中国电化教育,2003(11):18-20.

[9] 王雪晴,庄秀华,张静. 远程语言教学中教师支架构建研究[J]. 山西师大学报(社会科学版),2012(S3):122-124.

[10] 张丽霞,商蕾杰. 虚拟课堂学习支架的类型及功能[J]. 中国电化教育,2011(4):27-30.

[11] 钟国祥. 基于网格的协同学习环境资源管理模型研究与实现[J]. 计算机科学,2012(S1):419-421

[12] 祝智庭,王佑镁,顾小清. 协同学习:面向知识时代的学习技术系统框架[J]. 中国电化教育,2006(4):5-9.

[13] 钱冬明,等. 协同学习技术系统的套具设计[J]. 中国电化教育,2010(7):119-121.

[14] 侯伟,朱东鸣. 移动学习技术开发实践的研究[J]. 现代教育技术,2010(1):115-117.

[15] 严奕峰. 体验学习圈:体验与学习发生的过程机制[J]. 上海教育科研,2009(4):59-61.

[16] 张而立,张丹宁. 体验学习的哲学思考[J]. 中国电化教育,2013(3):19-22.

[17] 严奕峰,谢利民. 体验教学如何进行——基于体验学习圈的视角[J]. 课程·教材·教法,2012(6):21-24.

[18] 陈金诗. 自主学习环境中的交互式专门用途英语阅读教学——基于语料库的语篇信息教学实践[J]. 外语界,2011(5):32.

[19] 胡庭山,郭庆. 心理评价机制与二语阅读过程中的认知信息处理交互关系[J]. 外语研究,2007(5):55-56.

[20] 莱夫 J L,温格 E. 情境学习:合法的边缘参与[M]. 王文静译. 上海:华东师范大学出版社,2002.

[21] 任友群. 技术支撑的教与学及其理论基础[M]. 上海:上海教育出版社,2007.

[22] Kolb D A. Experiential Learning:Experience as the Source of Learning and Development[M]. New Jersey:Prentice-Hall,1984.

[23] Learning Technology and Learning Technologist Definitions. [EB/OL]. http://www.alt.ac.uk/learning_technology.html. 2013-7-1.

[24] Learning Technologies. [EB/OL]. http://www.rdg.ac.uk/cdotl/learning_techs/index.htm. 2013-7-1.

[25] Alan Cooper,Robert Reimann,David Cronin. About Face 3 交互设计精髓[M]. 刘松涛,等译. 北京:电子工业出版社,2008.

[26] Steven Heim. 和谐界面:交互设计基础[M]. 李学庆,译. 北京:电子工业出版社,2008.

[27] [美]彼得·圣吉. 第五项修炼:学习型组织的艺术与实务[M]. 上海:上海三联书店,1998.

[28] 王灿明. 体验学习——让体验成为学习和发展的源泉[M]. 上海:华东师范大学出版社,2008.

第9章　智慧学习环境构建的智慧教室

9.1　智慧学习环境中智慧教室的概念

9.1.1　智慧教室形态概述

智慧教室作为未来教室的一种主要表现形态,在国外的文献中有几种表述:Intelligent Classroom、I—Room、I-Classroom、Smart Classroom、Future Classroom,其中 Smart Classroom 得到绝大多数学者的认同。智慧教室,我们认为就是一个装备了视听设备,能利用触摸、交互式电子白板、电子书包等手段进行交互的,具有高度智慧的学习环境。在这个环境中,泛在网络环境提供无线接入,便于学习者、设备、资源相互之间的无缝连接;师生能利用各种智能终端获取教学资源实施教学活动;电子书包和触控技术实现了教学者、学习者之间的多元有趣的互动,引发及提高学生的学习兴趣,并进而启发学生的创意与思考,以多元的管道汲取知识,包括使用各类硬件载具,如学习机、交互电视、3G 手机、电子书包等。师生利用教室反馈系统进行实时交互,教室录播系统对教室中学习者的学习进程进行记录,并存放在云存储服务器上供学习者和教学者使用;基于 RFID 的物联网技术为智慧教室提供智慧环境系统控制,可根据学习者的需要对教室内的光、电、声、温等环境参数进行调节;基于云计算的教育资源服务平台,为教师和学生的教与学提供了足够的支撑和服务,提高了教室主体的能动性、创造性、智慧性和交互性。

“智慧教室”的核心是互动,这种互动活动是教室教学活动中人、技术、资源和环境之间的高度耦合,它跟传统教室最大的不同在于它借助先进科技来打破学习空间限制,强调并赋予学生更大的主动性。在智慧教室里,教学模式不再是教师讲、学生听的传统灌输模式,更多的是基于学习资源和问题解决的学生个性化学习与小组合作。智慧教室系统具备以下特征:互动体验、协同合作、分享利用、多元学习和真实模拟。智慧教室系统强调多元化培养学生的信息技术能力和解决问题能力,通过创造出协同合作的虚实结合学习环境,鼓励学生主动学习、深度互动和积极思考,充分提高学生自身的自主学习能力。

9.1.2　智慧教室的概念模型

北京师范大学黄荣怀教授认为,智慧教室的“智慧性”涉及教学内容的优化呈现、学习资源的便利性获取、教室教学的深度互动、情境感知与检测、教室布局与电气管理等多个方面的内容,可概括为内容呈现(Showing)、环境管理(Manageable)、资源获取(Accessible)、及时互动(Real-time Interactive)、情境感知(Testing)5 个维度,简写为“S. M. A. R. T.”,这 5 个维度正好体现了智慧教室(Smart Classroom)的特征,可称为 SMART 概念模型,如图 9.1 所示。

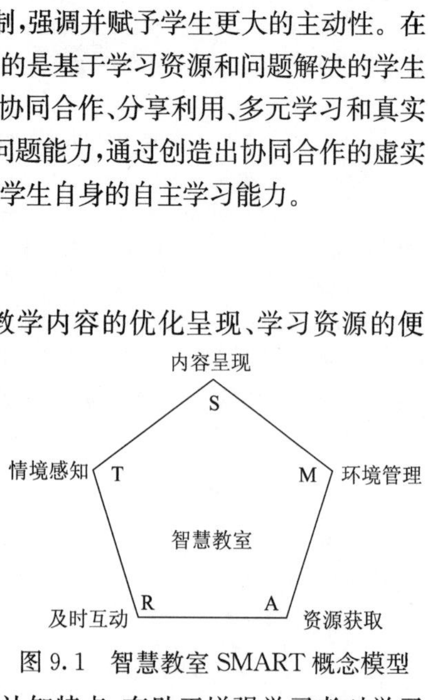

图 9.1　智慧教室 SMART 概念模型

1. 内容呈现

内容呈现主要表征智慧教室的教学信息呈现能力,不仅要求呈现的内容清晰可见,而且要求呈现内容的方式适合学习者的认知特点,有助于增强学习者对学习材料的理解和加工。内容呈现主要包括视觉呈现和听觉呈现两个方面。听觉方面,良好的听闻环境可保证语言交流的顺畅,利于师生间互动。视觉方面涉及清晰度、视野、亮度、视角等多个因素。智慧教室可以通过配置多屏幕来显示教学内容,降低认知负荷和提高学习者成绩,以有效改善单一屏幕造成学生思维"间断性"的问题。智慧教室配置有光线传感器,以智慧判断环境光线的强弱,甚至能自动控制窗帘的开合与室内灯光的启闭,从而保证屏幕对师生眼睛的适宜。

2. 环境管理

环境管理主要表征智慧教室的布局多样性和管理便利性。智慧教室的所有设备、系统、资源都应具备较强的可管理性,包括教室布局管理、设备管理、物理环境管理、电气安全管理、网络管理5个方面。教室布局方面,智慧教室的布局应灵活、多样,提高空间的利用效率;课桌椅设计符合人机工程学原理,使其符合青少年身体的尺度。设备管理主要考虑网络设备、传感设备、照明设备、供电设备、空调设备、计算机、屏幕、投影机等设备。物理环境管理要求声、光、温等环境因素有益于学生的学习。电气安全管理要求教室内的所有设备在供电安全上可以控制。网络管理要求对师生室内网络包括病毒的防范、网络传输、访问流量等有保障。

3. 资源获取

资源获取主要表征智慧教室中资源获取能力和设备接入的便利程度,涉及资源选择、内容分发和访问速度3个方面。信息技术资源要有利于学生自主、合作、个性化学习。在资源选择方面,智慧教室应能提供丰富的教学资源以灵活支持教学活动,计算机、电子书包、3G手机、iPAD、无线投影机、交互式白板等多种设备均可便利接入,并支持在教学的过程中对资源进行互动、操作和再生成。在内容分发方面,与学生学习相关的课程、辅导书等均应能便利地分发到学习终端。

4. 及时互动

及时互动主要表征智慧教室支持教学互动及人机互动的能力,涉及便利操作、流畅互动和互动跟踪3个方面。在便利操作方面,智慧教室应能支持人机的自然互动,所有互动设备及界面具有操作简单、功能全面、导航清晰、符合人的操作习惯等特点,触控、视觉和语音等互动方式可以改善鼠标、键盘的人机互动体验,使互动更趋于自然。在流畅互动方面,智慧教室中的硬件能够满足多终端、大数据量的互动需求。在互动跟踪方面,智慧教室能够记录并存储师生、生生以及人机的互动轨迹,为学习分析提供基础数据,从而为教师的决策和学生的自我评估提供支持。

5. 情境感知

情境感知主要表征智慧教室对物理环境和学习行为的感知能力。传感器技术的发展和普及使得智慧教室可以通过各种传感器,实时检测室内的噪声、光线、温度、气味等参数,根据预设的理想参数,自动调节百叶窗、灯具、空调等相关设备,将教室内声、光、温、气调节到适宜学生身心健康的状态。学习行为的感知是指能够获取学习者的位置、姿势、操作、情感等方面的数据,以便能分析学生的学习需求,提供适应性支持。

9.1.3 智慧教室的物理架构

目前,智慧教室的实现重点是解决教师与教学资源的互动问题,以及学习者与学习资源的互动、师生之间的互动,进而充分关注学习者的创新能力培养和学习者个体学习需要。智慧教室的互动形式丰富,通过相应技术的支持可以实现人、技术、环境、资源4个维度相互之间的良好互动。作为未来学习环境的智慧教室,其实现主要依托于多屏交互显示设备、触控输入设备、即时反馈系统、教室录播系统、视频会议系统以及智慧化环境控制平台等相应的硬件及软件平台。智慧教室的物理架构如图9.2所示。

智慧教室的物理架构设计充分体现和围绕"互动"这一核心。其在云计算、泛在网络环境支持下,由交互式双屏电子白板、人体工效学桌椅、智慧环境控制系统、电子书包、无线反馈系统、视频会议系统、智慧教室录播系统等部分构成,体现、满足和促进人与人、人与技术、人与资源、人与环境、技术与技术、技术与资源、资源与环境、技术与环境、资源与资源、环境与环境等之间的良好互动。

云计算、泛在网络环境是智慧教室的信息与技术基础，提供泛在的无线接入环境，便于学习者、设备、资源相互之间的无缝连接。交互式双屏电子白板的设计体现其交互性，拥有多个显示终端，既便于大班教学和小组合作学习，也利于学习资源的多角度显示。交互式双屏电子白板作为显示设备，除了能够显示信息外，教学者、学习者还能与之产生多元形式的互动。电子书包主要提供给学习者进行资源的获取，以及与教学者、其他学习者之间的互动、交流。例如，在教学中，教师也可以借助电子

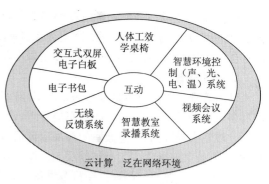

图 9.2　智慧教室的物理架构

书包浏览到学生计算机屏幕上显示的内容，并可以随时操控学生的电子书包，根据学生的需要及时协助学生完成课程，学生在校园里分组讨论也可及时与教师沟通讨论结果。智慧教室里师生的互动不但频繁而且实时，无线反馈系统主要供学习者与教学者之间的互动，教学者可以根据教学过程的需要设计问题，学习者可以利用无线反馈系统进行回答。这样教师与学生的互动会非常清楚、细致且实时。视频会议系统可以实现本地教室与国内其他地区学校或他国学校进行实时教室互动，并基于虚拟学生技术，形成虚拟学习小组，方便不同学校学习者之间的合作，促进不同文化之间的交流，有助于学习者全球观的形成。智慧教室录播系统可以对教室中学习者的学习过程，包括自我学习和小组合作学习等过程进行记录，储存于云端资源服务平台中，可供学习者课后进行学习过程的回放，支持反思。智慧环境控制系统主要基于 RFID 的物联网技术，根据学习者学习的需要对教室内的光、电、声、温进行控制，还可以根据教室外的光照条件调节照明，根据季节气候的不同调节温度，根据教室内的声场环境调节声音系统等。

　　总的来说，智慧教室的物理架构设计呈现出以互动为核心，多屏显示、多元互动、资源丰富、形式易变、虚实结合等诸多特点，并体现了后现代的特征。

9.2　智慧学习环境中智慧教室的技术

9.2.1　智慧教室的技术模型

　　在 AECT05 对教育技术学的最新界定中，对技术使用效果的高绩效性做了专门的阐述，这标志着对教育技术学的研究已经从技术本身转变为对如何合理使用技术以提高教育的效果方面的研究。据此，智慧教室技术模型重点应该关注如何利用技术改善教学效能，对教学各个环节进行分析，促进学生提高学习效率。智慧教室的技术模型如图 9.3 所示。

　　模型中不仅具有先进的无线传输、多点触控、交互白板、情境感知、智能代理、电子书包、云计算和物联网技术，而且还有无线 WiFi、无线投影以及其他数字媒体技术。

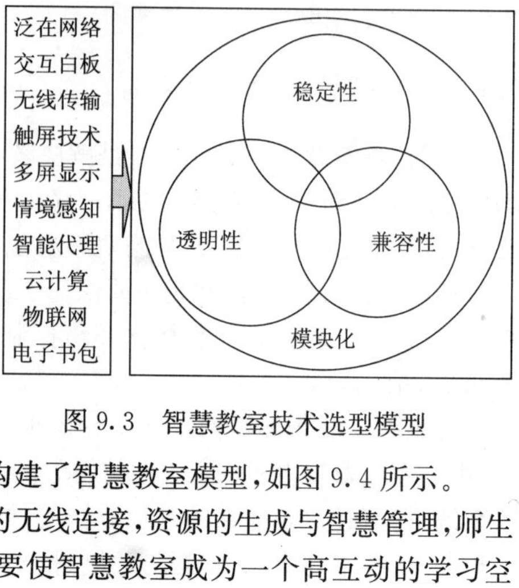

泛在网络
交互白板
无线传输
触屏技术
多屏显示
情境感知
智能代理
云计算
物联网
电子书包

稳定性

透明性　　兼容性

模块化

图 9.3　智慧教室技术选型模型

9.2.2　智慧教室的关键技术

　　根据对于智慧教室的界定以及对于智慧教室的分析，构建了智慧教室模型，如图 9.4 所示。

　　该空间人体工效学桌椅具有组织形式灵活，设备之间的无线连接，资源的生成与智慧管理，师生教与学活动的即时的互动反馈与结果呈现、记录等特点。要使智慧教室成为一个高互动的学习空

间,可以预测,智慧教室需要配置以下关键技术和工具:交互白板、学习反应系统、智慧实录平台、电子书包、学习资源云端服务平台、视频会议系统、泛在无线系统等。智慧教室设计和应用的理念就是要充分发挥教室各组成要素之间良性的互动,目的在于构建能够有效促进学习者知识和技能的建构、问题解决及创新能力的培养的学习空间。要实现互动形式,智慧教室的关键技术包括以下几个方面:

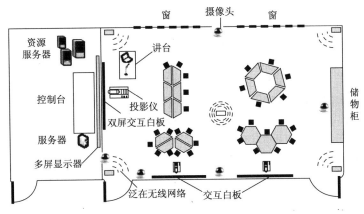

图9.4　智慧教室模型

1. 泛在网络技术

泛在网络是智慧教室构建的物理基础,其实现是基于泛在计算技术基础之上的,即在整个物理环境中都是可获得的,而用户则觉察不到计算机的存在。泛在网络的目标是要建立一个充满计算和通信能力的环境,同时使这个环境与人们逐渐地融合在一起。泛在网络是硬件、软件、系统、终端和应用的融合,它把网络空间、信息空间和人们生活的物理空间集成为一个整体,从而使网络如同空气和水一样无所不在,并自由地融入人们的生活和工作中。允许用户在任意时间、任意地点、使用任意工具,通过宽带及无线网络接入并交换信息。泛在网络所涉及的技术支撑包括 RFID、人机交互、上下文感知计算、多接入、移动性管理、网络安全、网络管理等。泛在网络在兼顾物与物相连的基础上,涵盖了物与人、人与人的通信,是全方位沟通物理世界与信息世界的桥梁。泛在网络首先关注的是人与周边的和谐交互,各种感知设备与无线网络只是手段。最终的泛在网络在形态上,既有互联网的部分,也有物联网的部分,同时还有一部分属于智慧系统(智慧推理、情境建模、上下文处理、业务触发)范畴。在智慧教室中,基于泛在网络技术可以实现教室内各主体之间,包括人与技术、技术与技术、技术与环境等相互之间的交互,使学习变得更为便捷和人性化。

2. 交互白板技术

基于白板硬件技术的不同,电子交互白板可以分为两大类,即电磁感应类硬板和压触通导类软板。作为智慧教室辅助教学的工具,电子交互白板将替代黑板成为智慧教室教学的主流技术。交互白板提供了教师与学生、学生与学生、师生与资源、本班师生与外界师生及专家的交互平台,极大地促进了多种多样的交互活动。这是交互白板在技术集成和资源整合基础上得以实现的对于教室教与学最有价值的特征,也是交互白板同用于教室教学的其他信息技术装备相比较时显示出的巨大优势和核心竞争力。在基于交互白板的教室中主要存在 3 种形式的交互:一是对话式人际交互(通过言语、体态、手势进行交互);二是笔触式人机交互;三是自我交互(通过自我反思得到提高)。不但有师生之间的交互、师生与交互白板之间的交互,还包括师生和教学内容之间的深度交互。学生通过与交互白板的技术交互实现与教学内容的交互。在智慧教室中,电子白板将成为主要的教学展示工具和互动学习工具。

3. 多点触摸技术

多点触摸技术也叫多点触控技术。多点触控（又称多重触控、多点感应、多重感应，英译为Multi-Touch）是一项由计算机使用者透过数只手指达至图像应用控制的输入技术。多点触摸技术可以同时对于多个点的触摸做出响应，在多点触屏上不但可以兼容单点触屏的功能，还可以对于操作做出更多的扩展。多点触摸屏的最大特点在于可以两只手、多个手指、甚至多个人，同时操作屏幕的内容，更加方便与人性化。它采用人机交互技术与硬件设备共同实现的技术，能在没有传统输入设备（如鼠标、键盘等）的情况下进行计算机的人机交互操作。随着技术的发展，多点触摸交互技术能支持同时多点触摸输入，使得触摸手势输入和多人合作交互成为可能，可以提高交互的智慧性、合作性和自然性，也推动了人机界面逐渐由图形用户界面（GUI）向自然用户界面（NUI）的转变。将双手手势动作定义成人们在日常生活中常用的自然动作并用来操作计算机，可以大大减少操作者的认知负担，降低学习操作的门槛。触摸手势交互作为一种更自然的人机交互方式，它符合用户的认知，提高了交互的自然性。多点触控在实际应用中被分为两个层面：其一是主控芯片能够同时采集多点信号；其二是能够判断每路手指触摸信号的意义。换句话说，就是能够为用户提供手势识别功能。多点触摸可以分为两种，即Multitouch Gestures和Multitouch All Point，用户可以基于手势进行浏览图片的旋转、放大、缩小或进行游戏控制、GPS的起点和终点控制等。"多点触摸"是人类最自然、最得心应手和最有效率的交互方式。在智慧教室中，触屏技术主要应用于学生学习用的平板计算机或电子书包、触屏式交互白板等设备，以及可以供多人协同或合作学习的多点触控互动桌，为学习者与学习资源、学习者与学习技术之间的互动创造了良好的条件。

4. 情境感知技术

情境感知依赖于上下文感知计算。情境感知简单说就是通过传感器及其相关的技术使计算机设备能够"感知"到当前的情境。通过情境感知的移动设备，学习者可以轻松地感知并获取学习对象的详细信息和学习内容，利用头盔式显示器、穿戴式计算机或其他设备，提供一个新的、虚拟与现实交织的学习空间，并利用位置跟踪器、数据手套、其他手控输入设备、声音等使得参与者产生一种身临其境，全心投入和沉浸其中的感觉，并透过无所不在的智慧网络，利用对话、实践社区、合作学习、社交过程的内化、参与共同活动来实现社会学习。

在泛在网络环境中，人会连续不断地与不同的计算设备进行隐性交互，这时需要系统能感知在当时的情境中与交互的任务有关的上下文，并据此做出决策和自动地提供相应的服务。智慧教室是一个泛在的学习空间，可以借助相应的技术创设丰富的学习情境，智慧教室具有情境感知的特性，可以自动感知学习者的位置、所处的环境信息、正在进行的学习活动、学习者与环境或他人的交互情况等信息，并经过分析处理形成对学习者行为和需求的理解，据此来提供最高效能的使用环境。智慧教室允许学习者在一种"自然的"的学习环境中以最适合自己的自然方式获得学习资源。如基于情境感知的资源检索引擎根据学习者周围的情境信息，在合适的时间、以合适的方式、提供给使用者合适的信息。学习者借助情境感知设备通过表情、动作、语言等人们自然的行为与学习情境进行交互，与智慧知识主体或与社会群体以自然的方式交互，共享和构建个体认知网络和社会认知网络的过程。具有情境感知特性的智慧教室为学习者提供个性化与适应性学习服务，并且在环境改变时，学习服务不会被中断，使学习者能够沉浸的、连续的、深入的引发知识的意义建构。

5. 人工智能技术

人工智能技术是当前信息技术教育应用的一个研究热点，基于人工智能技术开发的智能教学系统使得计算机软、硬件系统能够更好地服务于学习者的学习过程。以智能专家系统（Intelligent Tutoring Systems，ITS）为例，ITS是一种能仿真人类教师的计算机教学系统，以学习者为主设计的教育软件，它能感知学习者的学习状态，而提供适合学习者程度及喜好的指导、决定学习者模块内容及选择特殊设计以辅助学习指导及练习（Shute & Psotka.，1995）。ITS利用AI技术推论学习者的学习状况、理解状态及分析学习者特质,进而决定教学的内容、时间点与方式。这不但塑造了一对一教学的理想环境,同时也提供了针对不同学习者需求,量身定做的适性化(Adaptive)学习内容。ITS以学生模型(Student Model)、教学模块(Pedagogical Module)、领域知识(Domain Knowledge)、接口模块(Interface Module)4个组件来达成上述的各项功能。

6. 计算机视觉技术

计算机视觉是用计算机或机器对生物视觉的仿真,是一门综合性的学科,它包括计算机科学和工程、信号处理、物理学、应用数学和统计学、神经生理学和认知科学等。计算机视觉就是用各种成像系统代替视觉器官作为输入敏感手段,由计算机来代替大脑完成处理和解释。计算机视觉的最终研究目标就是使计算机能像人那样通过视觉观察和理解世界,具有自主适应环境的能力。在智慧教室中,人的行为识别理解、物品识别与定位以及场景恢复等问题都需要利用计算机视觉技术作为主要或者辅助手段来解决。用到的与计算机视觉相关的技术主要有图像处理、图像识别和图像理解。图像处理技术把输入图像转换成具有期望特性的另一幅图像,图像处理主要利用图像处理技术进行预处理和特征提取;图像识别是指根据从图像抽取的统计特性或结构信息,把图像分成预定的类别,图像识别主要用于对人的动作、物品等的识别与定位等;图像理解不仅描述图像本身,而且描述和解释图像内容所代表的含义,图像理解主要用于对场景的理解和对人的行为和意图的识别等。

7. 无缝数据管理技术

利用无缝数据管理模块来提供和共享信息。从用户的角度来看,进入智慧教室后,不同计算设备上的信息被放置在一个系统中,用户无需关心信息的上传和下载,只需利用下文介绍的多功能交互笔就能在不同显示设备上方便地显示、切换、标注这些信息,使得用户的注意力能主要放在讨论和信息理解的过程中,无需过多理会计算系统的细节。

在多种显示设备集成的智慧学习环境中,课堂教学主体无需依赖传统的鼠标键盘,可以通过物理环境(如墙面、桌面)、日常用具(如笔、激光笔)、新型信息设备(如PDA、麦克风阵列)以及语音命令等自然便捷的方式与信息系统交互,以使对计算机不熟练的人员也能够直观地访问、处理信息。此外,智慧教室这一智慧学习环境中的技术还可能包括增强现实技术(AR)、多模态信息融合、自动记录决策过程、内容增加技术(如把有意义的元数据添加到现有的音频和视频内容中)、新的压缩和表现技术(使音频和视频能实时地产生复合型媒体)和适应技术等,以支持智慧教室用户主体和课堂技术、资源和环境间的自然交互等。

8. 物联网技术

智慧教室的物理架构是泛在网络环境支持下,由多屏显示、活动桌椅、智能环境控制系统、桌面平板计算机、无线反馈系统、视讯会议系统、智慧课堂实录系统等部分构成。目前,要实现这些设备之间的无缝链接,主要可以采取物联网技术来完成。物联网(The Internet of things)通过射频识别(RFID)、红外感应器、全球定位系统、激光扫描器等信息传感设备,把任何物品与互联网连接起来,进行信息交换和通信,以实现身份信息将自动被读取,智能化识别、定位、跟踪、监控和管理。

9. 云计算技术

云计算在教育中的应用表现在以下几个方面:

(1)设备集成和智慧化控制。智慧教室是一个由许多先进技术支持的泛在技术学习环境,众多技术被整合到智慧教室中必然会带来一定的问题。为保证各个技术系统的模块化,就要求硬件系统必须各自独立存在,并需要通过相应软件系统的支持。智慧教室中进行的各种教学活动和交互活动必然会产生各种实时数据,如教室实录数据、交互白板、学生终端等学习生成性资源等产生的数据都需要传输和存储系统的支持,因此需要相应的后台支持系统提供安全、可靠的软、硬件支撑。云计算技术的出现提供了解决这些问题的方法,用户可以根据自己的需要租用远端的云计算中心提供的各种服务,包括存储服务、计算服务和应用程序服务。许多在传统模式下需要花费大量资金才能实现的建设目标,在云计算技术的助力下可轻松实现,为智慧教室资源整合和集成服务提供可靠的技术支持。

(2)1:1数字化学习环境。智慧教室强调学习者学习的个性化,强调为学习者的自主、个性化学习创设便利的学习支持,在学习过程中学生可以自主控制学习过程。学生可以在教师的引导下,利用学习终端自主地到中心"云"里选择适合自己的学习模型和学习媒体,根据自己的学习风格可以随意地终止或进行学习,学生可以选择适合自己的学习方式和自我控制学习过程,实现真正意义上的学习。

(3)安全可靠的数据存储和管理。智慧教室下的教室录播系统和各种交互学习设备在每次教室教学中都会产生大量的数据信息,这些信息不仅需要一个海量存储空间,还需要很高的安全性和可靠性,这就需要投入大量的资金来建设这个存储环境,并不断升级。云计算提供了最可靠、最安全的数据存储中心,不用再担心数据的丢失或损坏。因为在"云"的另一端,可以借助专业的团队来帮你管理信息,先进的数据中心来帮你保存数据,严格的权限管理策略帮你放心地与你指定的人共享数据。这样学习资源可以达到真正意义上的最低成本的共享。

(4)数据和软件的共享。智慧教室中大量技术的应用为智慧教室中的教师和学生提供了大量的便利,但同时也带来一些问题。技术需要各种应用软件的支撑,有些软件购买了会长期使用,而有些软件购买了可能只会偶尔用一次,这种情况造成了资金的浪费。云端存储提供了数据和软件的采集和使用,极大地节约了时间,提高效率。智慧教室的教师和学生在获得了一定的授权后,可以在任何时间、任何地点通过互联网访问云端资源,实现资源共享。

(5)学习个性化。智慧教室中的教师和学生都是有不同特性的个体,面对不同的个体提供的应该是个性化的学习支持,不同的教师对同一个知识点有不同的理解,会采用不同的方法进行教学,需要提供不同的教学资源进行支撑。不同的学生在同一知识点上产生不同的学习进度、不同的学习需求,需要不同的学习资源库支撑,这就是常说的因材施教。

总之,要实现智慧教室的互动,除上述技术外,还涉及许多技术,包括教室智慧录播技术、人体工效学桌椅、视频会议系统等。

9.2.3 未来影响教室的技术

1. 电子书包
电子书包作为智慧教室的一个重要组成部分,将成为智慧学习的必备终端之一。电子书包的便携性、可移动性使得教室无限扩大,把从前只能在教室中进行的教学活动拓展到了户外的真实生活情境中,克服了时空限制,延展了学习空间,实现了泛在学习模式。

2. 智慧移动终端
智慧手机、iPAD、电子书包等便携式移动终端的出现,使得移动设备作为一种新型的支持教与学的技术得到了持续的关注。移动设备被广泛地认为是符合最新学习和研究方式的工具,而且移动应用将迅速成为学生智慧接受教育的关键环节。

3. 增强虚拟现实技术
增强虚拟现实是指通过计算机技术,将虚拟的信息应用到真实世界,真实的环境和虚拟的物体实时地叠加到了同一个画面或空间。增强虚拟现实技术在更广阔的教育范围内具有很大的吸引力,因为它可以根据学习活动的需要设计一个相匹配的学习情境。通过给学生创设一个学习情境,让学生去发现他们所接受的教育和实际生活之间存在的内在联系。对学生的学习迁移能力的培养起到了很好的作用,学习迁移能力从现代认知理论的角度认为是一种学习活动对另一种学习活动的影响,即已获得知识对学习新知识的影响和作用。

4. 教育游戏

通常认为游戏与教育的关联存在两种方式：一种是游戏被认为是一种概念性的实践活动，通过这种活动让学生能够获得一种基于信息技术的必备的专门技能；另一种是游戏内容与课程内容之间存在重叠，帮助学生从一个全新的视角去看待学习材料，以一种更为复杂和细致的方式参与学习。

5. 第六感技术

未来的教育离不开计算机的操作，现阶段制约信息技术在教育中应用的最主要因素就是计算机操作的复杂性和有限性，第六感技术使得人类操作计算机将只需要动作就可以实现，摆脱了传统计算机操作的不足，把教师和学生从复杂的键盘和鼠标操作中解放出来，让他们操作计算机就好像拿自己的铅笔、文具盒一样的简单。

6. 学习分析

学习分析的核心是一个学习评估系统，通过对学生的个人资料的采集，包括作业情况、考试成绩、出勤等方面的信息，进行综合分析并打分，从而得出对该学生的评估等级。学校根据这个评估结果对学生采取相应的措施，如警告、补课等，让教师可以更精确地找出学生的学习需要并加以适当的教学指导。

9.3 智慧学习环境中智慧教室的特征

大卫·米利班德(David Miliband)在学校的创新性设计中提出智慧教室应该体现出漂亮(Beautiful)、激发灵感(Inspirational)、可适应的(Adaptable)、可持续的(Sustainable)、兼容的(Inclusive)、新鲜的(Fresh)、安全的(Safe)、灵活的(Flexible)、信息通信技术能动的(ICT enabled)、多用户的(Multi-User)、有趣的(Fun)、令人愉快的(Delightful)、曲线的(Curved)、不断成长的(Growing)、自然的(Natural)特征。作为融合了先进理念和技术、关注教与学主体自由和发展的智慧教室，首先应是一种集成多种媒体的教室，具体体现为多屏显示、能提供多种媒体、实现无线上网和分区学习、合作、互动等。其次，智慧教室应是一个能够体现后现代特征的概念教室，教室设计上更多地体现人性化设计，舒适，灵活。最后，智慧教室还可以是一个能够实现虚拟现实的教室，虚拟教室中每个虚拟学生对应着一个实际的学习者，现实与虚拟的教与学主体可以在网络空间中参与在线课程等。下面将从人性化、开放性、智慧性、交互性4个方面详细阐述智慧教室的特性。

9.3.1 智慧教室的人性化

智慧教室的使用主体是教与学活动的人，所以智慧教室的设计应更多地体现对于组成教室主体的教学者与学习者的关注。在相应技术的支持下，在技术设计与应用上更多地体现以人为本的精神，如在教室设计方面应体现绿色环保和无障碍设计。欧美许多学校都接受了能源和环境设计的领导力的论证(LEED)。LEED在5个方面关注人和环境：可持续的发展、水资源的利用率、能源利用率、材料的选择、内部环境的品质。对于智慧教室而言，往往需要考虑教室的节能、绿色、环保，使用的油漆和涂料等有机化合物的挥发性，家具在设计、制造、拼装和运输中使用再生材料等。无障碍设计也是智慧教室人性化特性表现，通过标准化的设计，智慧教室可以满足一些特殊人群学习者的需求。智慧教室的人性化还应体现在智慧教室能充分解放教师被教学技术的束缚，更多地关注于教学过程本身。如智慧教室中交互白板、电子书包的应用，可以有利于教师身体语言的发挥，教师使用交互式白板容易对材料展示过程进行控制，教师不必到主控台前操作，就可以控制演示材料的播放，这使得教室中教师的身体语言得以充分发挥，也避免了教室上由于教师往返于黑板与主控台间而分散学生注意力的问题。使用交互式白板，教师们能在教室前为全班上课，将最新技术与有效的教学方法相结合，肢体及视觉与课程资料产生互动，而不是躲在计算机背后，提高学生学习兴趣，保持其注意力。对于学习者而言,智慧教室中交互白板、电子书包的应用也使得以前色彩单调、呈示材料类型仅止于手写文字和手绘图形的黑板变得五彩缤纷,既可以像以往一样自由板书,又可展示、编辑数字化的图片、视频,这将有利于提高学生的学习兴趣,保持其注意力。有研究表明,白板在教室中的合理使用与提高学生的参与性有一定的正相关性,它能有助于学生积极参与,让学生能够展示他们所学到的知识,减少或消除学生的行为问题,有助于与学习较慢的学生进行沟通。

9.3.2 智慧教室的开放性

智慧教室的开放性主要体现在教室教学组织形式的开放及教学资源的开放。SCUP Scott Weber 2004 年提出不同的教法需要有对应的学习空间的观点,如表 9.1 所列。

表 9.1 教学法与学习空间对应

教法	教授	应用	创造	交流	决策
特征	教师讲解控制,关注讲解内容,被动学习	控制下的观察,一对一非正式的主动学习	多个学科没有领导,主动学习研究	知识是分散的,交流及时,有组织的信息	信息共享,领导设置最终方向,半正式到正式做决策
学习空间设计					

智慧教室中的桌椅设备调整应是灵活的,在教室桌椅设计上能够方便根据不同教学活动的要求灵活进行组织,而无需过多地移动桌椅。例如,台湾地区元智大学的智慧教室,采用的六边形桌子(参照仿生学中蜂屋的形状),可以提供 3 人小组亲密互助的学习空间,每张桌子椅子都可移动,桌子和桌子可以拼接成不同的形状。在资源方面,教学者和学习者可以很方便地获得教室内外的资源,并与资源进行良好的交互。此外,开放性也体现在教室的设计需要为未来技术的应用预留空间。虽然现在还无法预计不远的将来哪一种技术将会盛行,但是可以判断,技术一定会朝更加灵活、个性化和便携的方向发展。在一般的教室应用中,电子书包和 iPAD 一定会代替台式机,无线网络一定会成为标准。教室的设计需要考虑这种技术发展的趋势:无线高速网络将使我们在教室里方便地获取视、音频,各种设备都将无线化(如无线投影仪);教师可以携带自己的设备到教室中,而不必使用教室中原有的设备;交互式电子白板、表决器、手写板、电子书包、大屏幕显示器将会越来越多地得到应用,大型的触摸屏可能会成为小型教室中的必要装备等。在教育资源应用上也体现出智慧教室的开放性。首先,基于互动白板、电子书包的智慧教室能够有效实现教室教学过程中资源的生成性和预设性的完美融合。其次,数字化资源的显示更灵活。使用交互式白板、电子书包能即时、方便、灵活地引入多种类型的数字化信息资源,并可对多媒体材料进行灵活的编辑组织、展示和控制。它使得数字化资源的显示更灵活,也解决了过去多媒体投影系统环境下,使用课件和幻灯讲稿高度固化的问题。再者,随着交互式白板、电子书包的使用,使得教学过程中对计算机的访问更加方便,白板系统与网络、与其他计算机程序互补,促使师生皆以计算机作为认知和探索发现的工具。

9.3.3 智慧教室的智慧性

智慧教室应是一个智慧化的教室。智慧性主要表现在智慧教室实际上是一个嵌入了计算、信息设备和多模态的传感装置的智慧学习空间,教室各组成要素都具有自然便捷的交互接口,以支持教与学主体方便地获得智慧教室中计算机系统的服务。教与学主体在智慧教室中的教与学过程就是人与计算机系统不间断的交互过程。在这个过程中,智慧教室中的设备不再只是一个被动地执行人的显式的操作命令的信息处理工具,而是协助人完成任务的帮手,是人的伙伴,交互的双方具有和谐一致的合作关系。这种交互中的和谐性主要体现在人们使用智慧教室中的设备学习和操作负担将有效减少,交互完全是人们的一种自发的行为。自发意味着无约束、非强制和无需学习,自发交互就是人们能够以第一类的自然数据(如语言、姿态和书写等)与教室设备(计算机系统)进行交互。智慧教室的智慧性可以使教学者与学习者更多地关注教与学的过程本身,而无需关注技术。智慧的、友好的人机交互使得人的潜能能够尽可能发挥。如当教与学的主体进入教室后,教室的设备会根据主体的身份识别提供相应的服务,教学设备会自动启动进入到待用状态,教师的教学内容会自动进入到学生的学习终端设备,教室的摄像像设备也会智慧地跟踪教学者与学习者的活动,并进行记录,存储在服务器上,供学习者课后复习或提供给远程的学习者。

9.3.4 智慧教室的交互性

互动是教室教学的核心内容,也是有效教室教学的体现形式之一。前面在对智慧教室的界定和定位中已经指出互动是智慧教室设计的核心。智慧教室应能促进教室的交互。智慧教室应有多种不同类型的交互原则,其中教师与学生的联系、学生与学生的合作、快速教室反馈、高期待的沟通应用最普遍。智慧教室的交互性主要体现在智慧教室中的教与学的过程,更多地体现为一种互动过程,这种互动包括教学者与学习者之间的互动,学习者与学习者之间的互动,教学者、学习者与教学资源、学习资源之间的互动,教室教学主体与教室设备之间的人机互动,现实教室与虚拟教室中的人、资源与设备的互动等。

9.4 智慧学习环境中智慧教室的构建

9.4.1 智慧教室初步探索

目前,国内、外典型的智慧教室案例包括 DELL 的智慧教室、卓越智慧教室、加拿大麦基尔大学(McGill University)的智慧教室和清华大学的智慧教室等。此外,美国麻省理工大学提出了 TEAL 智慧教室,由 8 部投影机、8 部电子白板、13 部摄像系统以及个人及时反馈系统构成,该教室最大的特色是桌椅的空间布局,以教师讲桌为中心,周围排列 13 张圆桌,每桌 9 人,每 3 名同学为一组配备一部计算机供汇报交流,实现沟通互动无障碍。中国台湾网奕资讯科技集团将智慧教室的等级划分为经济级、互动级、旗舰级与专业级 4 种,与之相对应的教学系统也逐渐完善升级。如互动级智慧教室在经济级的基础上添加 ISR 实时反馈系统,将单向的教学模式变成双向互动,旗舰级智慧教室则是在互动级的基础上导入多媒体控制台,将计算机主机、喇叭、手写屏幕、电子书包充电柜等小型设备进行整合,集中管理。华东师范大学张际平教授提出基于“人—技术—资源—环境”之间的高度互动,设计出由多屏显示器、活动桌椅、智慧环境控制系统、桌面平板计算机、无线反馈系统、视频会议系统、智慧教室录播系统等组成的智慧教室教学系统,该系统在泛在网络的环境中,多种设备围绕“互动”来进行设计;清华大学专家则在分布式认知的基础上,充分考虑智慧教室教学系统的稳健性和执行效率,提出了面向分布伺服式交互空间的智慧教室软件支撑平台 Smart Platform,该平台支持多 Agent 模型,通信机理采用中心转发兼类 RPC 模式,保证 Agent 间的低耦合度,并且通信语言格式采用 XM,减少了自己开发专用分析器的工作量。

经过初步探索,目前对智慧教室研究主要从 3 个方面展开:一是智慧教室的空间布局,主要探讨如何在这种高科技支持下的学习环境中构建出教与学过程的最优化活动模式和方案;二是从智慧教室的智慧性配置入手,主要探讨如何实现新科技的优化组合使用;三是从智慧化软件入手研究智慧教室教学系统的智慧代理技术,主要分析如何实现智慧教室中学生的个性化学习问题。在上述 3 个方面的研究中,当前还主要停留在较低的层面,具有知识管理和专家指导的智慧代理软件研制和多元化教与学活动新模式研究还只是刚刚起步,还需要作进一步的探讨和分析。

9.4.2 智慧教室系统构建

目前,国内、外建构的智慧教室教学系统主要由呈现部分、传感部分、信息获取部分、整合部分、控制部分构成。具体见表 9.2。

表 9.2　智慧教室系统的基本组成

功能模块	所需设备	功能作用
呈现部分 (多方位、多角度、多渠道呈现信息)	双屏交互式电子白板	完成教学信息的呈现演示和师生间的互动交流,一般一屏用来呈现教学信息,另一屏用来呈现学生的学习信息
	触摸式液晶电视	既可作为电视机使用,又可作为师生互动屏幕;教师在教学过程中可以随意用手或普通的笔在屏幕上书写,随写随擦,并进行绘图标注及多点展示等
	电子书包	是学生学习的终端介质,是一种内嵌丰富软件系统资源且具备网络功能的学生专用笔记本或平板计算机
	无线手写板	主要是实现师生通过手指或书写笔取代鼠标和键盘,直接在白板或液晶电视屏幕上书写注记与操作计算机功能,为师生提供自由自在的无线交流体验
传感部分 (支持信息的数字化传送)	无线网络设备	在教室范围内构建一个能够实现互动共享的网络环境,一般要实现两种网络互联方式,即 3G 和 WiFi
	护眼超短焦投影机	只需架设极短的距离就能投出理想的大画面,为师生建设一个更安全、流畅的视觉呈现教学环境
信息获取部分 (数字化资源获取并储存)	数字化视频展示台	利用 USB 接口与计算机进行连接,可以把实体文件、书本、物品等实体素材快速、实时地传送到计算机上,并可以直接在投影大屏幕上对其进行标注等操作,而且还可以将讲解的内容储存于数字笔记等
	智慧教师影音录编系统	可利用多台摄像机多角度对现场师生教学活动进行录制,并且通过影音录制软件系统制成流媒体格式视频资源
整合部分 (将零散小型设备进行整合,实现统一管理)	教学信息整合控制台(多功能讲桌)	可以高效整合手写液晶屏幕、计算机主机、音响设备、DVD、充电柜及网络联机等设备,能够对它们实现统一化管理
控制部分 (对智慧教师内嵌式软件资源进行控制,是智慧教室教学系统的核心)	实时反馈系统	由学生端反馈装置、教师端专属遥控装置、信息接收器和系统内嵌式软件系统 4 部分组成。在教学过程中,应用该系统可以实现随时提问、随堂测验或其他交互式教学活动方式
	学习历程数据库系统	一个能够自动建立学生学习历程数据的整合平台,主要是主动整合所有教学评价活动记录,以及课堂上的各种学习信息记录,累计成学习历程资料
	智慧教室管理系统	主要提供屏幕管理和环境管理,其中,屏幕管理主要是实现教室范围内师生计算机屏幕的管理;环境管理则是根据学习者学习的需要,基于一定的物联网技术对课堂内的电、声、温等进行控制

智慧教室三维模型如图9.5所示。

智慧教室的核心是互动,它强调借助先进科技来打破学习空间限制进而赋予学生更大的主动性,推动学生基于学习资源和问题解决的个性化学习与小组合作。智慧教室系统构建的过程中主要要解决以下几个问题:

(1)无线网络构建。支持利用网络上各种优质的教育和学习资源,利用无线网络使学生学习终端能够组成特定的合作组,进而完成学习经验的共享与交流。

(2)手写智慧数字终端设备的发展与成熟,键盘操作数字化教室文化正快速地向以手势运算为特征的新数字化教室文化转变,教师和学生的活动会更加简便、深入与个性化。

(3)教学即时信息反馈系统,促进教师对学生知识掌握和能力应用情况的信息掌握与分析反馈。

(4)实时监控与分析系统,能够将学习过程中师生各自的活动情况实时地监控录制下来进行内容分析,并将结果可视化呈现。

(5)个性化分析与资源智慧推送系统的搭建,能够对学生进行个性化的差异分析,找到学生的个性化需求,进而能够将网络数据库平台中的相关积累性教学资源有针对性地提供给学生,完成对学生学习的个性化智能引导。

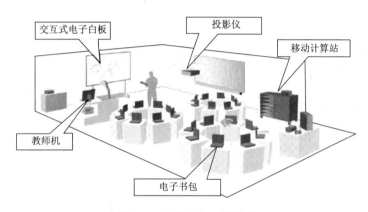

图9.5　智慧教室三维模型

9.4.3　智慧虚拟教室设计

智慧虚拟教室(Smart Virtual Classroom),顾名思义就是在网络空间中建立一个虚拟的可交互的智慧教学系统,通过模拟传统的教室教学功能,为分处各地的师生提供一个可共享的虚拟学习环境。智慧虚拟教室是远程教育教学系统的核心组成部分,是一个在线教学系统,它为远程教育中的普及教育、继续教育及岗位培训提供了一种十分有效的手段。纵观目前国内外专家学者对智慧虚拟教室及虚拟教学的研究,创建智慧虚拟教室的方法主要有两大类:一类是基于计算机支持的协同工作理论(CSCW)所创建的智慧虚拟教室,它以 BBS、聊天室和电子白板之类的交流工具为教学的主要形式,教学内容可以以多种媒体形式呈现;另一类是基于视频会议系统的智慧虚拟教室,由于视频会议系统具有完善的会议功能,可以共享各种信息服务,如实时的视频信息、数据传递、会话选择、成员角色判断和控制等。

目前,为了增强智慧虚拟教室的"智慧性",尽可能真实地再现教室教学情境,采用人工智能中的多 Agent 技术对系统功能、场景调度、师生行为及服务器群进行协同操控,运用网络及分布式增强现实(DAR)技术创建一个拟生态的、分布式的三维虚拟学习环境,能够解决远程教学中非面对面教学所带来的真实感和沉浸感不强、交互性弱等问题,也解决了目前大多数智慧虚拟教室所存在的真实感不强、智慧化控制弱等问题,同时也能为开展适应性学习、非正式学习和智慧化授导提供平台支撑[8]。智慧虚拟教室系统如图9.6所示。

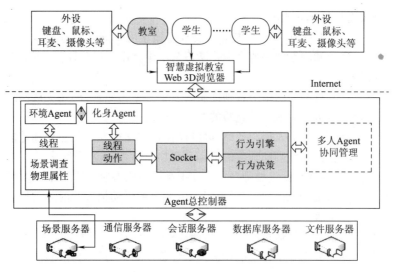

图 9.6　智慧虚拟教室系统体系结构

整个结构分为 3 层,即用户层、多 Agent 总控制层和服务器层。

(1)用户层。智慧虚拟教室的客户端用户主要包括学习者和教师,浏览器采用支持 Web 3D 浏览器插件,允许客户端和服务器端的交互。

(2)Agent 总控制层。包含行为引擎 Agent 和多智慧体系统协同管理两个子模块。行为引擎 Agent 子模块通过 Socket 调用 Agent 行为引擎,实现虚拟学生的并发行为控制,如行走的同时还要讲话、做手势等高级行为;多智慧体系统协同管理子模块主要负责对行为引擎 Agent 子模块中的虚拟学生 Agent 群和环境 Agent 群的管理与协调,对它们所发生的行为做出响应,负责管理学习者或教师直接调用服务器中的数据,完成并行任务。

(3)服务器层。其主要包括场景服务器、通信服务器、数据库服务器、会话服务器和文件服务器。智慧虚拟教室的教学功能需求可概括为:通过电子白板或屏幕显示教学及相关内容;展现教室场景;接收、传输以及发送师生音频信号;在线答疑;教案和作业的上传与下载等。

智慧虚拟教室的智慧性,体现在教师与学生之间的自然交互,智慧虚拟教室内的实体具有感知性,虚拟学生能体现人的一些基本操作,具体表现在以下几个方面:①对虚拟教师而言,能够知道自己授课时的位置,控制教案的讲解与播放,管理与控制学生的发言;②对学生而言,如同进入普通教室一样:进入教室,找到座位听教师授课,有问题时能够举手发言,可以通过交互界面下载课件、上传作业等,与教师之间的交互应该具有实时性、双向性和便利性;③对环境而言,应该突出教学环节的各项主体活动,场景对各个虚拟学生的活动具有感知性。智慧虚拟教室设备运作主要有以下功能:

1. 智慧追踪

在智慧虚拟教室中,教学活动的主体是教师、学生和屏幕,因此,为了显示方便,在教室内设置虚拟摄像机。在屏幕的正上方架设一台摄像机,用于摄取学生场景;教室的后上方架设摄像机来摄取教室全景。另外,还有获取屏幕的场景,远程学生根据学习需要可以将屏幕最大化,通过用户操作界面来控制切换。

2. 智慧寻径

虚拟学生在虚拟环境中最基本的行为活动是行走,包括等待、向前、向后、转弯等,也就是寻径问题。行走的智慧性体现主要有两种方法:第一种是用户通过键盘操作键控制虚拟学生的走向及其行走动作,通过人与虚拟学生之间的交互完成寻径任务,在三维虚拟空间中可以感受到虚拟学生的自主行走;第二种是让虚拟学生自动行走,无需人的操作控制,只要预先设置路径,给定路径搜索算法,用户只要指定虚拟学生寻径的目的点,虚拟学生就按照预设的路径和搜索算法自动地走到目的点,完成行走过程中如转弯、向前、向后等的各种行为活动。在第二种情形中,虚拟学生自行选路行走,体现了智慧性。智慧虚拟教室中的教师和虚拟学生,可以采用第二种方法,沿着指定路径走到某一指定点位置。其设计思想是:在地面上设置许多路径节点,连接各路径节点,分别形成教师虚拟行走路径图和虚拟学生行走路径图。虚拟学生行走时,只要为其设定目标点,虚拟学生便会搜索出从起始点到目标点之间的多条可选路径中的最短路径,然后沿最短路径走到目的点。

3. 行为控制

虚拟学生在智慧虚拟教室中的行为可有多种,如行走、举手、谈话、交互、面部表情等形式,虚拟学生的行为活动可以以一种行为出现或几种行为并发出现。例如,学生在教室中行走的同时,还可以一边看一边说话,当学生要求发言时,虚拟学生存在举手和讲的动作,而虚拟教师则有听和授权(允许发言)的并发动作。因此,如何有效地控制和虚拟管理行为,将直接关系到系统的智慧性、可操作性和交互性。基于 Agent 的行为引擎,将虚拟学生行为分为两个级别,即低级行为和高级行为。低级行为只涉及虚拟学生的简单动作行为,存在于客户端,并将每个行为表示为线程,利用线程池控制并发行为;高级行为完成行为选择和行为实现,存在于服务器端,将所有的行为脚本封装在行为引擎内。低级行为与高级行为的调用通过客户端套接字 Agsocket 和服务器端套接字 Socket 实现行为通信和调用。

9.5 智慧学习环境中智慧教室的应用

9.5.1 智慧教室中教学的有效性

智慧教室为教学活动的开展提供更宽阔、更灵活、更丰富的物质空间。智慧设备为教师的教、学生交互提供了方便,也为新型教学模式的创造和应用提供了技术平台,智慧教室开展的教学具有教学资源的丰富性、共享性、交互性和适应性特性。每一特性与有效教学的属性之间的关系如表 9.3 所列。

表 9.3　智慧教室特性与有效教学属性相互影响表

教学特性	有效果	有效益	有效率
教学丰富性	影响较大	影响较小	影响较大
教学共享性	影响较小	影响较小	影响一般
教学交互性	影响较小	影响一般	影响较小
教学适应性	影响较大	影响较大	影响较小

1. 教学资源的丰富性

智慧教室为教师提供图形、图像、文字、动画、视频等多种信息表达方式,通过多元化、富有立体感的信息,不断刺激学习者的神经中枢,提高学习记忆效果,同时,也将自然界中稍纵即逝和肉眼观察不到的现象,利用数字技术进行处理、展示,把瞬间问题延缓化、宏观问题微观化、整体问题局部化,达到身临其境的感觉,提高教学效果。教学资源的丰富性是以媒体表现信息为前期,而这些信息的获取,必然是以教师大工作量和学校教学的高物力投入为前提,在与传统教学环境取得相同效益的同时,有效教学的效率正增长也在增加。

2. 教学资源的共享性

智慧教室的教学资源能够长久保存并可以通过网络或其他通信手段广泛传播,便于学生自学和教师交流,实现了网上媒体信息的传递和资源共享,从而改变了传统教学中信息资源利用率低的局面。在智慧教室教学,教师的智慧和经验都将在其制作的课件中得到充分的体现,同时扩展了教学时空的范围、丰富了学生的知识、开拓了学生的视野、培养了学生的自学能力、提高了教学信息的利用率。多媒体课件、教案,特别是一些优秀教师的教学资源都可以通过云存储为教师所共享。

3. 教学过程的交互性

智慧教室环境的一个显著特点是人机交互、及时反馈,这是其他任何媒体所不具有的。采用交互式教学,形成生动、活泼的学习氛围,通过形象生动的画面、言简意赅的解说、悦耳动听的音乐、及时有效的反馈,充分调动学生的积极性,有效地激发学生的求知欲望,使他们的学习状态处于最佳。同时师生在智慧教室环境下可进行匿名式的文字、图片的交流,为教师了解学生的真实情感创造条件。匿名的、非实时的、非线性的交互作为教室交互的补充,使教师能更好地掌握学生的心态动向、学习状态,有利于针对性地调整教学策略、重组教学序列、遴选教学方法,达成更好的教学效果。

4. 教学过程的适应性

教学过程的适应性在此界定为教学的过程切合学生的认知结构、认知风格,并且有效激发学习者的动机。教学过程的适应性,主要是教师在智慧教室中,依托智慧教室的软、硬件平台,将面授和学生自主学习结合起来,针对学生的认知风格与原有的认知结构,一方面,应用适应性教学系统,针对学生的起点水平,给予个性化的学习材料,让学生自主学习;另一方面,学生在学习过程中,遇到困难,具有认知难度时,由教师进行指导,通过面对面的交流形式,传递师生情感,激发学生的学习动机。教学过程的适应性特性,能达到较好的教学效果,既能利用软件系统来适应学生的学习能力差异,开展个性化学习的活动,又能保持传统教室师生面对面的情感交流优势,激发学习者动机,更加有利于学生的学和教师的教。教学的适应性对学生有效益的达成,也具有较好的促进作用。学生在学习的过程中,有教学软件的因材施教。软件根据学生的学习状况,通过随机测试,得出学生现有的水平,始终提供给学生最合适的教学资料,既不会让学生感觉过难,也不会感觉过易,同时教师也在学生需要的时候,进行点拨与交流,让学生感觉整个教学过程是为自己定做一样。

9.5.2 智慧教室应用模式

智慧教室为了支持学习者的各类学习在设计建构上尤其注重高效率互动、合作学习、探究学习、基于问题的学习、基于任务的学习等学生学习活动的特点。以学习者为中心,合作学习为主要方式,在关注知识传递的同时,关注学生技能与情感的学习,培养学习者的高阶思维以及在实际情境中的问题解决能力。智慧教室的应用模式包括教师引领型、学生合作型和软件展示型 3 种。这些教学模式都是在充分利用智慧教室架构特点的基础上,提倡并鼓励学生采用互动交流、讨论分享的参与方式,重点培养学生的探究思维能力和创新能力。

1. 教师引领型

教师引领型模式主要是最大限度地发挥教师的教学引导作用,教师根据教学目标,通过各种媒体设备,将教学的重点、难点甚至是整个教学内容通过多媒体形式(如图、文、音、影等多种方式)呈现给学生。教师引领型的基本流程通过 5 个步骤实现。该教学应用模式流程如图 9.7 所示。

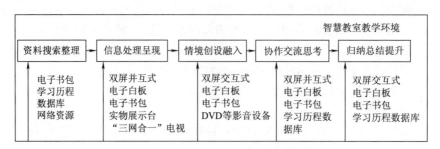

图 9.7 智慧教室教师引领型教学模式

（1）资料搜索整理。教师根据教学目标和内容,搜索网络资源和学习历程数据库中的资源进行充分的课前准备。

（2）信息处理呈现。教师利用电子白板、实物展示台和液晶电视等智慧设备,用图、文、影、音等多种形式对所授信息进行处理和总体呈现。

（3）情境创设融入。教师利用智慧教室中的设备进行情景创设,激发学生的兴趣,使学生融入环境。

（4）协作交流思考。教师利用智慧教室中的电子书包和电子白板,根据教学需要,设计交流思考的问题,并及时在电子白板上进行结果呈现,或上传至学习历程数据库供电子书包下载学习。

（5）归纳总结提升。教师利用电子白板等呈现设备,对本次授课进行总结概括,教师通过利用多功能桌面中内嵌的影音设备创设的教学情境来调动学生兴趣,展示相关教学信息并引导学生思考,最后教师总结归纳整个教学内容,升华主题。

2. 学生合作型

学生合作型教学模式是智慧教室的主要应用模式,首先以问题为开端,将学生分成若干个合作小组,每个合作小组完成一个独立的研究主题或是一个课题中的一部分,让各个合作小组将研究成果进行演示交流,分享各自的成功与失败体验。学生合作型教学模式是一种基于问题解决活动的协同性知识建构过程,它结合自主探究和合作探究两种方式,有利于发展学生个体思维能力和团体的沟通、包容能力,培养学生的团队精神,增强社会角色体验,有助于高级认知能力的发展,如图9.8所示。

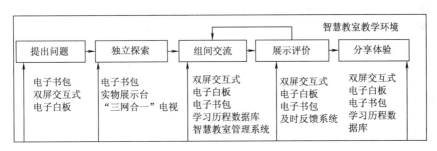

图 9.8　智慧教室小组合作型教学模式

学生合作型教学应用模式通过 5 个步骤实现。

（1）提出问题。教师根据教学内容提出一定的问题,通过电子书包、交互式电子白板展示出来。

（2）独立探索。学生根据教师给出问题的难易程度与任务大小,组建合作小组,通过教室内桌椅的重组,创建合作的文化氛围。学生将问题下载于自己的电子书包中,通过实物展示台、交互式电视等进行问题求解。

（3）组间交流。组内得出结论后,组间可以通过智慧教室系统的屏幕管理系统,在交互式电子白板上实现多屏展示,供各合作小组分析讨论,并可以将讨论过程进行录制上传至学习历程数据库平台,累积成学习历程资料,供课后随时查阅。

（4）展示评价。根据问题探究的结果,形成集体的结论和解决方案。通过交互式电子白板或者电子书包进行结论展示,同时利用实时反馈系统进行评价。

（5）分享体验。展示评价结束后,每位学生通过电子书包、电子白板进行经验总结,无论是成功的还是失败的经验,整理成学习体会,上传至学习历程数据库。通过真实或接近于真实的任务和问题驱动,将所学知识与现实生活进行有机的结合,让学生在做中学,在学中用,理论与实践有机结合,知识与问题解决有机结合,促进学生深度会谈。

3. 软件展示型

软件展示型教学模式主要借助计算机模拟软件,展示现实中的情境特征,供学生操作练习。学生在练习过程中可以及时存储反复操作,有亲临现场的角色体验,提高学生的动手能力。智慧教室环境中,基于泛在网络技术,学生可以充分利用多媒体技术、互动技术、模拟技术来进行虚拟操作,并可以利用电子书包、交互式电视和交互式电子白板进行实时交流讨论,分享经验。其流程如图9.9所示。

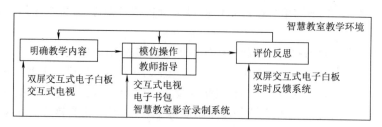

图9.9 智慧教室软件展示型教学模式

软件展示型教学应用模式通过3个步骤实现。

(1)明确教学内容。教师利用双屏交互式电子白板、交互式电视等设备介绍本次操作的基础知识,使学生有一定的了解,明确实验内容。

(2)教师指导下进行模仿操作。在软件展示型教学模式下,教师和学生利用电子书包、交互式电视进行相关资料的下载与分享,学生一边进行独立操作,教师利用交互式白板进行指导,并且整个操作过程经智慧教室影音录制系统进行录制,供后续学习。

(3)评价反思。经过模拟操作,学生有一定的实战经验,利用实时反馈系统进行评价,并通过电子白板进行反思汇报,形成实验报告,在反思的基础上再次进行操作,循序渐进地提高自己的操作技能。

参 考 文 献

[1] 张际平. 智能教室——未来课堂之探究[R]. 教育技术昆明高峰论坛,2009.

[2] 陈卫东,叶新东,张际平. 未来课堂的互动形式与特性研究[J]. 电化教育研究,2011(8):92.

[3] 黄荣怀,等. 智慧教室的概念及特征[J]. 开放教育研究,2012(2):22-25.

[4] 陈卫东,等. 未来课堂——高互动学习空间[J]. 中国电化教育,2011(8):6-12.

[5] 陈卫东,叶新东,许亚锋. 未来课堂:智慧学习环境[J]. 远程教育杂志,2012(5):42-48.

[6] 王麒,等. 未来课堂视域下的关键技术研究[J]. 中国远程教育,2012(10):57-64.

[7] 陈卫东,张际平. 未来课堂的定位与特性研究[J]. 电化教育研究,2010(7):24-27.

[8] 李鸣华. 面向远程教育的智能虚拟教室的设计[J]. 中国电化教育,2008(6):97-100.

[9] 余亮,罗会棣. 基于多媒体教室的教学有效性探析[J]. 西南师范大学学报(自然科学版),2008(4):108.

[10] 胡卫星,田建林. 智能教室系统的构建与应用模式研究[J]. 中国电化教育,2011(9):127-131.

[11] 张际平. 第十四届全国计算机辅助教育学会年会论文集[C]. 上海:华东师范大学出版社,2010.

[12] 侯元丽. 课堂有效互动研究[D]. 上海:华东师范大学,2009.

[13] Gilbert J A. Development of an Advanced Classroom Technology Laboratory:An "Incubator"for Next Generation Learning [J]. MERLOT Journal of Online Learning and Teaching,2008,4(1):51-55.

[14] Molnar G. New ICT Tools in Education-Classroom of the Future Project[A]. Dragan Solesa(ed.). The Fourth International Conference on Informatics,Educational Technology and New Media in Education[C]. Sombor, Szerbia,2007:332-339.

[15] 侯元丽. 课堂有效互动研究[D]. 上海:华东师范大学,2009.

第 10 章　智慧学习环境工效学研究

10.1　智慧学习环境中的人机系统模型

10.1.1　智慧学习环境中的系统工效

智慧学习环境中的系统工效采用欧美国家系统工效的表述方法,它包括图 10.1 所示的 4 个方面内容:人的工效、人体工程、环境工效、系统工效。

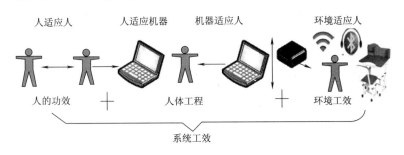

图 10.1　系统工效

其中,人的工效:主要研究人员选拔与训练,使其生理与心理上与学习和机器相适应。人体工程:主要研究 3 个方面:①机器适应人的硬件工效问题(Hardware Ergonomics),主要是人体测量学、学习域(人的学习姿态、座椅、显示/操作器、环境)工效设计等;②机器适应人的软件工效问题(Software Ergonomics),主要研究人—计算机—显示屏最佳匹配的工效规律及设计方法;③机器适应人的认知工效问题(Cognition Ergonomics),研究人与信息系统之间信息交互、决断的工效规律及系统设计,使信息系统与人的认知过程相适应。环境工效:人与环境或人机系统与环境的共处作用中,研究环境(温度、照明、噪声等)适应人的生活和学习要求的措施。系统工效:研究人、机的特点及能力,工效及系统任务要求等。

10.1.2　人脑的基本机能模型与系统

在人脑的机能模型中,输入的信息经过"处理器"处理,然后输出。在输出之前,输出选择器要将其存入长时记忆中。其过程如图 10.2 所示。

作为人神经中枢的大脑,对人的一切活动均具有管理和支配作用,其机制非常复杂,在不同的学科领域具有不同的解释途径,在工效学中,将大脑作为"人机"系统的一部分,即信息处理部分加以讨论。信息的处理过程中,可分为 3 个阶段:感知信息、解释信息和加工信息。在以上 3 个阶段中,长期保持警觉是脑的思维活动的一个基本保证,即人只有在保持清醒的情况下才能进行信息的处理工作。

在人机交互(图 10.3)过程中,人通过感知来接受系统的相关信息,经过大脑分析、判断后做出下一步动作的指令,通过系统的操作件,对系统进行操作。系统"运行",即 CPU 在完成操作指令的同时,产生出各类反馈(结果、声音、显示等)信息从而再次刺激人体的感官。

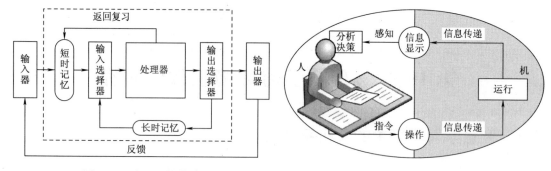

图 10.2　脑的机能模型　　　　　　　　　图 10.3　人机交互系统

显然,要使上述的闭环系统有效地"运行",就要求人体结构中许多部位协同发挥作用。首先是感觉器官,它是操作者感受人机系统信息的特殊区域,也是系统中最早可能产生误差的部位;其次,传入神经将信息由感觉器官传到大脑的理解和决策中心,决策指令再由大脑传出神经传到肌肉;最后,身体的运动器官执行各种操作动作,即作用过程。为了建立人与机之间相适应的关系,以组成一个高效的人机交互系统,从工效学的观点来讨论人的感觉系统、神经系统和运动系统的机能特点及其功能限度,为人机工效设计提供有关的人体生理学和心理学基础。

10.1.3　智慧学习环境中人脑信息加工

1. 人机对话

现代技术的发展,智能机器使得机器输出的能量和运作复杂程度大大提高,人在操作过程中的手眼协调并不是解决问题的关键,而决策能力要求越来越高。因此,人机之间的信息交流和操作活动变得越来越重要了。显示与操作已成为目前工效学研究的主要内容。

2. 信息加工

加涅(R. M. Gagne)被称为行为主义和认知主义的折中主义者,是信息加工认知学习理论的重要人物。信息加工学习理论把人的认知用计算机进行功能模拟,用信息加工的观点看待人的认知过程,认为人的认知过程是一个主动地寻找信息、接收信息,并在一定的信息结构中进行加工的过程。受此观点的影响,有越来越多的人接受了计算机模拟的思想,把学习过程作为一个信息加工的过程,并用计算机模拟来分析人的内部心理状态和过程。1974 年,加涅根据现代信息加工理论提出了学习与记忆的信息加工模型,如图 10.4 所示。通过这个模型可以了解在学习时学习信息在学习者内部的主要流程。

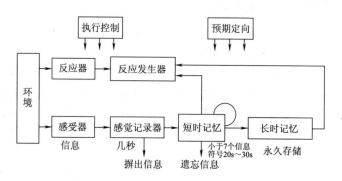

图 10.4　学习与记忆的信息加工模型

该模型表明,来自学习者的环境中的刺激作用于他的感受器,并通过感觉登记器进入神经系统。信息最初在感觉登记器中进行编码,最初的刺激以映像的形式保持在感觉记录器中,保留几秒。当信息进入短时记忆后它再次被编码,这里信息以语义的形式储存下来,在短时记忆中信息保持的时间也很短,一般只保持 20s~30s。但是如果学习者做了内部的复述,这样信息在短时记忆里就可以保持长一点时间,但也不超过 1min。经过复述、精细加工和组织编码等,信息还可以被转移到长时记忆中进行储存,以备日后的回忆。大部分学习理论家认为长时记忆中的储存是长久的,而后来回忆不起来的原因是由于"提取"这些信息困难。从短时记忆或长时记忆中检索出来的信息通过反应发生器,反应发生器具有信息转换或动作的功能,这一神经传导信息使效应器(肌肉)活动起来,产生一个影响学习者环境的操作行为。这种操作使外部的观察者了解原先的刺激发生了作用——信息得到了加工,也就是学习者确实学了点什么。

需要指出的是:在这个信息加工过程中,"执行操作"和"期望"这两个部分非常关键。"执行操作"是指已有的学习经验对当前学习过程的影响;"期望"是指动机系统对学习过程的影响,整个学习过程都是在这两个部分的作用下进行的。这两个部分也为智慧环境中的学习者提供了线索。

3. 认知系统

认知心理学把一个人当作学习与认知的系统,这个系统可以如图 10.5 所示。虚线所围成的部分就是学习与认知的系统,而虚线之外的部分表示外在环境。

4. 认知瓶颈模型

人体通过多种感受器接收信息,并通过多维通道将信息传送至大脑进行加工,再通过语言、动作等发出信息。从纯生理角度看,人的信息通道容量是相当大的,接受能力为每秒十亿比特,输出能力为每秒一百万比特。但研究表明,人的感觉信息通道容量约为 100bit,大脑皮层处理信息的能力约在 100bit。因而形成了如图 10.6 所示的瓶颈模型。

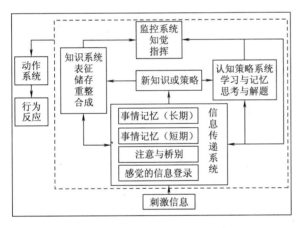

图 10.5　人类学习与认知系统

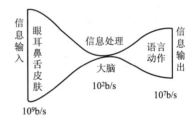

图 10.6　知觉瓶颈模型

10.2　智慧学习环境中的人体机能特征

10.2.1　人体信息通道及特征

人体各种各样的感受器,有的感受器形态结构简单,如位于皮肤内的环层小体等;有的感受器形态结构比较复杂,不但有主体部分的感受器,而且还有辅助装置部分。例如,视觉器官的主体结构是眼球,像眼睑、结膜、泪腺和眼肌等是视觉器官的辅助装置。一般说的感觉器官就是感受器及其辅助装置的总称。产生感觉的器官,在身体外部的有眼、耳、鼻、舌、皮肤 5 种,称为五官。高级神经活动的生理学称它们为分析器,即视分析器、听分析器、嗅分析器、味分析器和皮肤分析器。

人体除了身体外部的 5 种感觉器官外，还有身体内部的几种感官。一是动觉、静觉、触觉，分布在肌肉、肌腱、关节、内耳位置器等处，接受运动和平衡的刺激，有时也称本体感官；二是机体觉，也称内觉，分布在内脏和血管等处，像感受消化器官的饱、饿、渴以及呼吸器官的顺畅、喘逆等。不同类型的刺激（信息），首先要经相应的感受器来接受，并通过感受器的换能作用，把刺激能量转变为神经冲动，经感觉神经传到中枢神经，建立机体与内、外环境间的联系。所以，就把这些信息能通行的感觉器官称为信息通道或感觉通道，如视觉通道、听觉通道等。所有信息通道都有以下的共同特性：

1. 一种通道只接收某一类信息

一种通道只接收某一类信息，比如：眼睛只接收外部光信息，识别外部对象的颜色、形状和大小等特征，具有鉴别作用；耳只接收声音信息，识别声音的特性，具有报警和联络作用等。这种对应的刺激关系称为适应刺激。人的感觉通道的适应刺激和识别外界的特征如表 10.1 所列。

表 10.1　感觉通道的适应刺激和识别特征

感觉类型	感觉通道	适应刺激	刺激来源	识别外界的特征	作用
视觉	眼睛	光	外部	色彩、明暗、位置、运动、形状等	鉴别
听觉	耳	声音	外部	声强、声调、韵律和方向等	报警、联络
嗅觉	鼻腔内的嗅觉细胞	挥发的和飞散的物质	外部	辣气、香气和臭气等	报警
味觉	舌	以唾液溶解的物质	接触时表面	甜、酸、苦、辣和咸等	报警
皮肤感觉	皮肤及皮下组织	物理和化学物质对皮肤的作用	直接和间接接触	触觉、痛觉、温度和压力等	报警
深部感觉	肌体神经和关节	物质对肌体作用	外部和内部	撞击、重力和姿势等	训警
平衡感觉	耳内部器官神经	运动刺激和位置变化	内部和外部	回转运动、直线运动和摆动等	调整

2. 适应性刺激和识别特征

刺激本身要有一定的强度，不然这个通道仍不通。适应性刺激和识别特征如表 10.2 所列。

表 10.2　适应性刺激和识别特征

感觉类型	感觉器官	适应刺激	刺激来源	识别外界的特征	作用
视觉	眼睛	光	外部	色彩、明暗、位置、运动形状等	鉴别
听觉	耳	声音	外部	辣气、香气和臭气等	报警联络
嗅觉	鼻腔内的嗅觉细胞	挥发的和飞散的物质	外部	辣气、香气和臭气等	报警
味觉	舌	以唾液溶解的物质	接触表面	甜、酸、苦、辣和咸等	报警
皮肤感觉	皮肤及皮下组织	物理和化学物质对皮肤的作用	直接和间接接触	触觉、痛觉、温度和压力等	报警
深部感觉	肌体神经和关节	物质对肌体作用	外部和内部	撞击、重力和姿势等	调整
平衡感觉	耳内部器官神经	运动刺激和位置变化	内部和外部	回旋运动、直线运动和摆动等	调整

如光刺激亮度很弱或没有，眼睛就不能看清物体，没有分辨能力。发声要达到一定的响度时耳才能听到声音，否则将不起作用。但若刺激强度超过一定限度（最大阈值）时，不但无效，而且有害。如高强的声音会使耳聋，过冷过热都会引起痛觉等。

在实际工作中，人们还会碰到同时采用多种视觉输入或多种听觉输入，或视觉与听觉同时输入的情况。当同时输入两个视觉信息时，人往往只倾向于注意其中的一个，而忽视另一个。如果同时输入的是两个强度相同的听觉信息，则对所要听的那一个信息的辨别能力将降低 50%，并且只能辨别先到（先输入）的信息和强度大的信息。当视觉信息与听觉信息同时输入时，听觉对视觉的影响大，视觉对听觉的影响小。人的各种感受器官具有一些共同特性。各种感觉的刺激强度范围如

表 10.3 所列。

表 10.3 各种感觉的刺激强度范围

感觉	刺激强度的范围	
	最小识别阈值	最大识别阈值
视觉	$(2.2\sim5.7)\times10^{-2}$ J	约 $10^2\times$ 阈值强度
听觉	1×10^{-2} J/cm^2	约 10^{14} 阈值强度
机械振动(振幅)	0.00025mm	最大阈值约为 40dB
触觉(压力)	2.6×10^2 J	
嗅觉	2×10^{-2} mg/cm^3	
温度	$62.8\times10^3\mu$g·J/(cm^2·s)	$91.3\times10^{-2}\mu$g·J/(cm^2·s)
味觉	4×10^{-7} mol/L(硫酸试剂摩尔浓度)	
角加速度	0.12°/s^2	加速时为$(5\sim8)\times9.8$m/s^2 减速时为$(3\sim4.5)\times9.8$m/s^2
直线加速度	减速时 0.08×9.8m/s^2	身体脊椎方向动作力的限制与角加速度有关

10.2.2 人体视觉特征及其应用

在人与外环境的协调统一中,人的视觉机能应用最多,同时也最重要。正因为有了视觉器官,人才会感知各种物体的形状、大小、位置、颜色等。人们认识外部世界的信息,有80%以上是通过视觉感受器获得的。从人体工效学角度而言,视觉机能特征应研究以下几个方面:

1. 视野

(1)一般视野。眼睛(单眼)向前平直注视时所能看到的空间范围,叫视野,也叫周边视力。视野反映视网膜的普遍感光机能状况。一般正常视野为:上方55°~60°;鼻侧60°;下方70°;水平(颞侧)方向90°。在垂直方向6°和水平方向8°的范围内所见到的物体,其影像落在黄斑上(为视网膜最敏感区域)。人眼睛的视角在1.5°左右(水平方向和垂直方向),影像落黄斑中央,视看物体显示最清晰。由此可见,眼睛的最佳视区范围是很有限的。由于眼球的转动和头部的活动可使视看范围大大超过了1.5°。人的两眼大部分视觉是重叠的。在共同视野内的某一物体,可以同时刺激两眼的视网膜。因此,一个物体,虽然通过两眼感受,冲动传到两侧大脑皮层,却仍被看成一个物体。双眼视野比单眼视野除具有立体感外,还能扩大视野,弥补一侧眼视力减弱,克服一侧眼视野缺损等优点。视野范围如图10.7所示。

(2)色觉视野。光线的不同波长,给予视网膜不同的刺激,因而产生颜色感觉。辨别颜色的机能称为色觉。色觉视野的范围与视标大小及颜色有关。图10.8是在水平方向和垂直方向的色觉视野。白色的视野最大(180°);黄色视野其次(120°);蓝色视野再次(100°);绿色、红色视野最小(60°)。

2. 色彩研究基点

众所周知,人眼色彩的形成过程是光通过物体

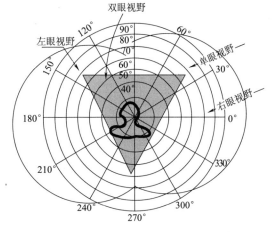

图 10.7 视野范围

形成反射或入(透)射光,再进入人的眼睛(太阳光和照明光源也能直接进入人的眼睛),当视网膜上

的感色细胞遇到光时,就会产生一定的刺激,而这个刺激通过神经传导到大脑皮层的视觉中枢,便会产生色彩的感觉。这个色彩的感觉即刻联系到外界的物体,就像是被感知物自身自然附着色彩一样。这样,经过光→物体→眼睛→大脑产生的联系过程,色彩才能产生,眼睛就是这样经过光物体被感知。关于色彩的理论,要从艺术和科学两方面来研究。它以色彩学理论为基础理论,并借助于物理、化学、生理学、心理学、美学等有关方面的知识,来探求色彩的整体。其目前研究基点应是:从理化方面研究色彩的基本性质;从生理学方面研究色彩的视觉规律;从心理学方面研究色彩的感情推测;从工效学的专业角度寻求配色的功能及其美的感觉。

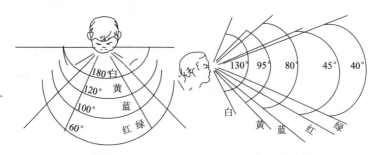

图 10.8　色觉视野(水平方向和垂直方向)

3. 孟塞尔颜色系统

关于孟塞尔颜色系统(MunsellColor System)是美国艺术家阿尔伯特·孟塞尔(Albert H. Munsell,1858～1918)在 1898 年创制的颜色描述系统,如图 10.9 所示。

孟塞尔颜色系统的空间大致成一个圆柱形:南北轴＝明度(Value),从全黑(1)到全白(10)。经度＝色相(Hue)。把一周均分成 5 种主色调和 5 种中间色:红(R)、红黄(YR)、黄(Y)、黄绿(GY)、绿(G)、绿蓝(BG)、蓝(B)、蓝紫(PB)、紫(P)、紫红(RP)。相邻的两个位置之间再均分 10 份,共 100 份。距轴的距离＝色度(Chroma),表示色调的纯度。其数值从中间(0)向外随着色调的纯度增加,没有理论上的上限(普通的颜色实际上限为 10 左右,反光、荧光等材料可高达30)。由于人眼对各种颜色的的敏感度不同,色度不一定与每个色调和明度组合相匹配。具体颜色的标识形式为:色相＋明度＋色度。

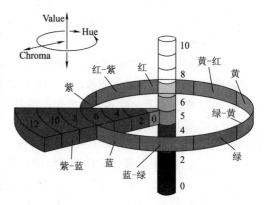

图 10.9　孟塞尔颜色系统

4. 色彩与知觉心理效应

色彩对人的刺激会引起人的知觉心理效应。这种效应具有普遍性,但是随着时间、地点和其他条件的变化有所不同。色彩的心理效应主要有以下6 种:

(1)温度感。人们在处于不同的色彩环境中时,会有不同的温度感,红、黄、橙色给人温暖感,它们属于暖色系;蓝色和蓝绿色给人寒冷感,它们居于冷色系。但是它们又具有相对性,如紫与橙并列时,紫就有冲色感的心理效应,而紫与蓝并列时,紫就趋向暖色感。明度高时,紫色和绿色趋于冷色条,而彩度和明度高时,黄绿和紫红近于暖色。室内设计时,可利用色彩的这种温度感来调节室内环境气氛。

(2)距离感。即使实际距离一样,不同的色彩给人的感觉距离也不同,色相和明度对距离感的影响最大。一般高明度的暖色系色彩感觉突出(近感),称为突出色或近感色;低明度冷色系色彩感觉

154

后退(远离感),称为后退色或远感色。色彩的这一心理效应可用来调节室内空间尺度感。

(3)重量感。色彩具有轻重感,明度对轻重感影响最大,明度越大,感觉越轻,同时彩度强的暖色感觉重,彩度弱的冷色感觉轻。室内设计中,顶部设备宜采用轻感色,底部应比顶部显得重,给人稳重的安定感。

(4)醒目感。色彩不同,引起人的注意程度不同。色相对醒目感的影响最大。光色的醒目感顺序为:红＞蓝＞黄＞绿＞白;物体色的醒目感是红色＞橙色及黄色;建筑色彩的醒目感还取决于它与背景色彩的关系。在黑色或中灰色背景中,醒目感为黄＞橙＞红＞绿＞蓝,而在白色背景下则是蓝＞绿＞红＞橙＞黄。

(5)尺度感。物体色彩不同,给人产生不同的尺度感觉,一般明度高和彩度大的物体显得大,顺序为:白＞红＞黄＞灰＞绿＞蓝＞紫＞黑。

(6)性格感。色彩有使人兴奋和沉静的作用。色相起主要作用,一般红、橙、黄、紫红为兴奋色;蓝、蓝绿、紫蓝为沉静色;黄绿、绿和紫色为中性色。

10.2.3 音频编码基本原理及应用

1. 频域上的掩蔽效应

频域上的掩蔽效应如图 10.10 所示。幅值较大的信号会掩蔽频率相近的幅值较小的信号。

2. 时域上的遮蔽效应

时域上的遮蔽效应如图 10.11 所示。

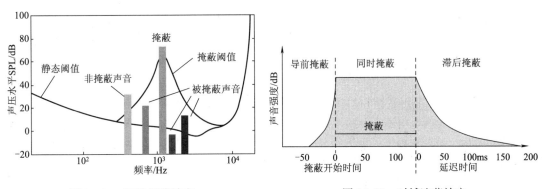

图 10.10　频域掩蔽效应　　　　　　图 10.11　时域遮蔽效应

在一个很短的时间内,若出现了两个声音,则 SPL(Sound Pressure Level)较大的声音会掩蔽 SPL 较小的声音。时域掩蔽效应分前向掩蔽(Pre-Masking)和后向掩蔽(Post-Masking),其中后向掩蔽的时间会比较长,约是前后掩蔽的 10 倍。

10.3　智慧学习环境中的典型要件设计

10.3.1　工效学原理与坐姿的优、缺点

坐姿是一种人体的自然姿势,坐姿比立姿更有利于血液循环。人站立时血液和组织液会向腿部蓄积,坐时肌肉组织松弛,腿部血管内的流体静压力降低,血液流至心脏的阻力就会减少。座椅有助于操作者采取更为稳定的姿势完成各种精巧的动作,而且坐姿也是操作足踏式操作装置的较佳姿势。虽然如此,坐姿在某些方面也存在缺点,其中最重要的是它限制了人体的活动性,尤其是在需要用手或手臂用力或从事具有旋转动作时,坐姿较立姿不方便。长期的坐姿对人体健康也不利。例

如,它会引起腹部肌肉松弛,脊柱不正常的弯曲,以及损害某些体内器官的功能(如消化器官、呼吸器官)等。而且坐姿也会在人体的主要支撑面上产生压力,长时间坐在硬质的座垫上,臀部局部受到压力,会有很不舒适的感觉等。

10.3.2 智慧学习环境中人体姿势影响

智慧学习环境中,椅面倾角为正值的学习座椅,还使前倾学习者的腹部处于受挤压的不良状态。因此,座椅的合理座面倾角,与学习坐姿即学习中上身的前倾程度密切相关。综合起来可简要归纳为以下几点:

(1)座面倾角可取 $\alpha = 0° \sim 5°$,常推荐取 $\alpha = 3° \sim 4°$。

(2)主要用于前倾学习的座椅,适宜于椅面前缘低一点,即椅面倾角约略取值为负值。

如图 10.12 所示为人在前倾学习条件下,座面的倾角和椅面受到的体压之间的关系。

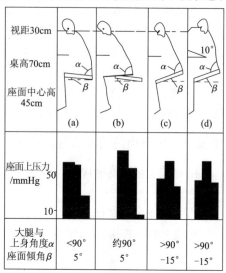

图 10.12 前倾学习时座面倾角与椅面体压的关系(1mmHg=133 322Pa)

从图 10.12 中可以看出,对于(a)与(b)情况,座面倾角为正值,在使用者的膝腘窝附近承受了过大的压力,不适感很明显;对于(c)和(d)情况,座面倾角为负值,座面上的压力基本集中在人的坐骨节点附近,椅面压力的分布较为合理。由于设计的是学生座椅,那么它的主要功能是操作计算机,所以前倾的时间并不是很长。因此,合理的座椅的座面倾角,根据《工作座椅一般人类工效学要求》(GB/T 14774—1993),推荐值为 3°~4°。

10.3.3 坐舒适性与不舒适性的理论模型

DeLooze 等提出了坐舒适性和不舒适性的理论模型,如图 10.13 所示。

该模型侧重于分析坐舒适性和坐不舒适性的影响因素对坐舒适性和坐不舒适性的主观感受的产生和作用过程。该理论模型的左边是坐不舒适性的影响因素分析,坐不舒适性与物理因素相联系。外在因素是指外部因素造成的对个体内在状态的干扰,内在状态能够激发人体的机械的、生化的和生理的连锁反应。座椅的物理特性、任务性质等对人体造成了外在负荷而影响内在状态。其表现形式有肌肉活动、内驱力、椎间盘压力、神经与血液循环的参与、皮肤和身体温度的升高等。这些生化和力学反应通过人体的各个感觉器官的神经传导被中枢神经系统所感知,经过大脑的信息加工,就产生了不舒适的感觉。该理论模型的右边是坐舒适性的影响因素分析,坐舒适性与放松、自在的主观感受相联系。在交互层面,除了物理环境和任务性质以外,还有如学习满意感、社会支持等社会心理因素起作用。在座椅层面,座椅的美学设计会直接影响到坐舒适性。在人的层面,其影响因素还包括个体期望和情绪等各种个体主观感受。

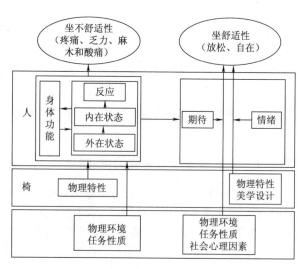

图 10.13 坐舒适性和坐不舒适性的理论模型

10.3.4 智慧学习环境中桌椅工学标准

1. 人体最佳坐姿与座椅尺寸

人体最佳坐姿关节角度范围如表10.4所列。各关节最佳坐姿角度如图10.14所示。图10.15所示为人体工程学的阅览室桌椅。

表10.4 人体最佳坐姿
关节角度范围

各关节角度	角度范围
α_1	0°~10°
α_2	90°~100°
α_3	170°~180°
α_4	90°~100°
α_5	90°~100°
α_6	0°~10°

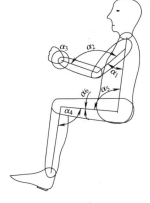 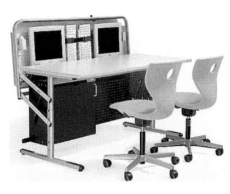

图10.14 各关节最佳坐姿角度　　图10.15 人体工程学的阅览室桌椅

2. 学习姿势与显示终端

由于学习时必须同时能看清学习资料、键盘和屏幕,因此视觉的要求牵涉学习姿势和显示终端设计。反过来学习姿势和显示终端也影响到阅读和看的视距和方向。如果不同时考虑这两个方面(视觉、学习姿势和显示终端的设计)是得不到好效果的。

在考虑显示终端设计时,特别要注意臂、脊椎、骨盆和腿(这是最受影响的人体骨架部分),同时也包括颈、背、腹和腿的肌肉。任何固定的或保持较长时间的姿势都是不好的,肌肉处于静态施力情况下是最易疲劳的。每个人必须时常改变姿势,这将大大有助于推迟疲劳的感觉。当考虑学习位置与显示终端和学习者的人体尺寸的关系时,可以参考图10.16至图10.18所示的几种建议。

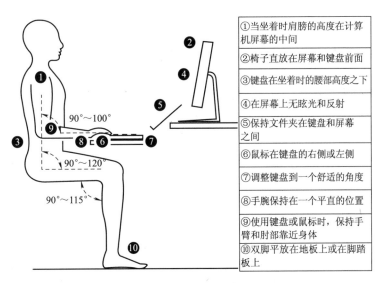

①当坐着时肩膀的高度在计算机屏幕的中间

②椅子直放在屏幕和键盘前面

③键盘在坐着时的腰部高度之下

④在屏幕上无眩光和反射

⑤保持文件夹在键盘和屏幕之间

⑥鼠标在键盘的右侧或左侧

⑦调整键盘到一个舒适的角度

⑧手腕保持在一个平直的位置

⑨使用键盘或鼠标时,保持手臂和肘部靠近身体

⑩双脚平放在地板上或在脚踏板上

图10.16 学习姿势与显示终端设计

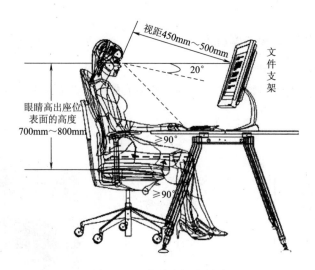

图 10.17 文稿夹视距设计

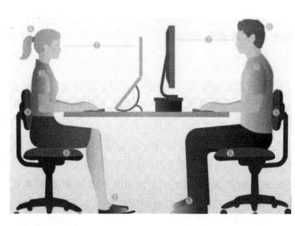

①肘：在书桌的上方，在 90~110°；
②肩膀：放宽而不是驼背；
③手腕：与前臂一条线；
④臀部，膝盖，脚踝：坐时成90度左右；
⑤脚：与脚凳平放在地面上；
⑥头：与肩直立；
⑦眼睛：看着屏幕前三分之一，考虑使用你的专业笔记本计算机；
⑧座椅：应足够长，以提供工作支持；
⑨靠背：腰背部有足够的腰部支撑，支撑线的角度在90~110°。

图 10.18　最佳学习坐姿

3. 人体工学坐姿探讨

(1)人体工学坐姿标准规格如图 10.19 所示。

(2)飞利浦智能人体工学探讨。飞利浦 ErgoSensor 技术让一切梦想成为可能,在智能人体工学显示器(图 10.20)的外边框上方设置有 CMOS 摄像头,相对应的则在显示器内部有专门的处理器。CMOS 摄像头可通过确定用户头部的位置和瞳孔之间的远近,并反馈到处理器,而后根据分析结果,ErgoSensor 能够根据人体工学理论,提供姿势矫正建议。如在检测到用户距离显示器过近时,显示器的右下角就会弹出提示信息"请端坐于远离显示器 10cm、20cm 的位置";又如在检测到用户的姿势有问题时,同样会提示,如请挺直头颈端坐。这样的提示非常亲切和实用。

　　除了进行及时善意的提醒外,飞利浦在智能人体工学显示器上还配备了人性化十足、具有线缆管理装置的显示器底座 SmartErgoBase。该底座拥有的人性化高度、旋转、倾角和旋转角度可让显示器带来最大的舒适感,以使人们在学习时能够放松紧张、疲惫的身躯。还有一点值得一提,依靠飞利浦杰出的 SmartErgoBase 技术,智能人体工学显示器可降低至接近书桌的高度,以便为用户提供最舒适的观看角度。同时,它还允许不同身高的用户在使用显示器时设置自己偏爱的角度和高度,以帮助他们降低疲惫和劳累感。

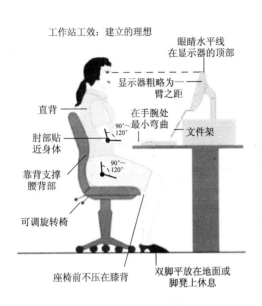

图 10.19　人体工学坐姿探讨

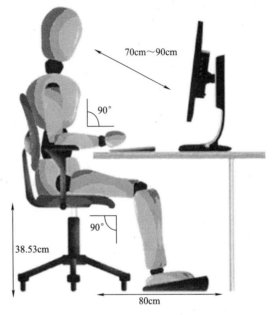

图 10.20　全球首款 ErgoSensor 智能人体工学显示器

（3）人体工学键盘、鼠标。键盘（图 10.21）上的按键呈"八"字形排列，并有一定的高低起伏变化。特殊的键面设计让学生使用键盘打字时可以保持较为舒适的手感，减轻长时间使用键盘造成的疲劳感。

图 10.21　微软人体工学多媒体键盘、鼠标

10.3.5　智慧学习环境中多块式空间

1. 学习操作空间范围

　　学习者坐姿或立姿进行操作时，手和脚在水平面和垂直面内所能触及的运动轨迹范围，称为操作范围，它有平面操作范围和空间操作范围之分。坐姿近身操作范围的尺寸是操作空间设计与布置的主要依据，它主要受功能性臂长的约束，而臂长的功能尺寸又由操作方位及操作性质决定，如图 10.22 所示。

　　坐姿操纵时手在水平平面内的操作范围，学习者的手臂运动在水平平面上所形成的运动轨迹范围，称为水平平面操作范围；手向外伸直，以肩关节为轴心在水平面上所画成的圆弧范围，称为最大平面操作范围;手臂自由弯曲(一般弯曲为成人手长的 3/5),以肘关节为轴心在水平面上可画成的圆弧范围,称为正常平面操作范围。由于学习者在学习时肘部也是移动的,所以实际上的水平平面操作范围是图 10.22 中黑线所围成的区域。

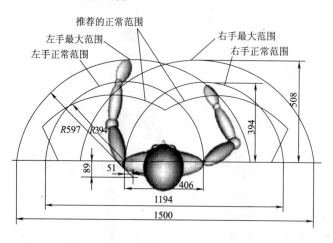

图 10.22　手在水平平面内的操作范围

2. 学习用椅的人体工程学设计尺度

在设计学习用椅时要根据人体形态尺度和生理特征来设计合理的尺度,要特别注意的是人体坐下以后的椅子尺度,因为它才是决定人体坐姿的。因此要选择适当的材料,进行大量的实验测试,制定椅子的设计尺度。学习用椅可分为学习轻型椅、教室椅和会议室椅。

学习轻型椅的设计尺度如图 10.23 所示。学习轻型椅主要包括电子等装配和学生学习用的椅子。其特点是靠背倾角(上身支撑角较小),座面倾角为 0°~3°,靠背较短。

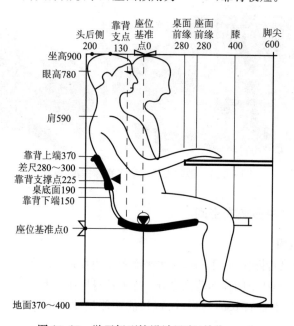

图 10.23　学习轻型椅设计尺度(单位:mm)

3. 多块式操作面板的空间

多块式操作面板的空间位置与几种类型的操作面板空间位置如图 10.24 和图 10.25 所示。

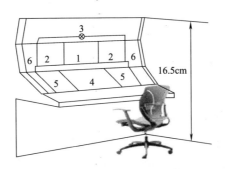

图 10.24　多块式操作面板的空间位置

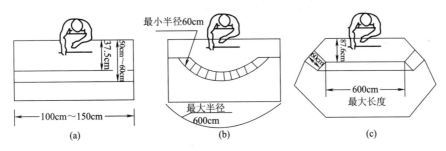

图 10.25　几种类型的操作面板空间位置

10.3.6　智慧学习环境中学习空间构成

关于智慧学习环境中学习空间的构成,不同学者的理解有不同的分类法。根据空间的形态,学习空间可以分为3种,即形体空间、色彩空间和明暗空间,如图10.26所示。

图10.26中,形体空间包括室内两种不同而又相互联系的空间,即总体空间("母空间")和构成室内总体空间的各个虚空间("子空间")。明暗空间,即在天然采光与人工照明的不同条件下,明亮空间与暗淡空间的组合关系,即明空间、灰空间和暗空间。色彩空间,即"母空间"与"子空间"或"明亮空间"与"暗淡空间"的色彩组合关系。形体空间、明暗空间与色彩空间构成三位一体,相互制约,对处于室内环境中的人,产生强烈的生理和心理反应。

智慧学习环境中设计空间构成遵循人、自然和社会的和谐,如图10.27所示。

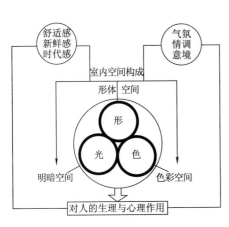

图 10.26　智慧学习环境中室内空间构成

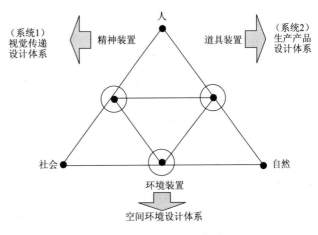

图 10.27　设计空间构成

10.4　智慧学习环境中的移动交互模型

10.4.1　智慧学习环境中的移动交互模型

在智慧学习环境中,直接、自然的人机交互被最大程度地应用到学习中。目前,移动终端可支持的交互通道及方式有键盘输入、触摸屏、语音和手势等。视频、语音及正处于研究热点的手势交互和动眼交互是研究的前沿。每一种交互通道可对特定的功能任务起到良好的支持作用,并能根据特定环境和特殊人群,进行交互通道的改变与个性化参数调整。移动终端多通道交互模型如图 10.28 所示。相比其他人机系统,移动终端多通道交互操作具有其独特的特征,充分了解这些特征是进行其交互系统可用性研究的基本前提。

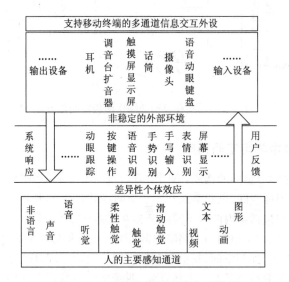

图 10.28　移动终端多通道交互模型

10.4.2　智慧学习环境中的移动交互评价

1. 智慧学习环境中的移动交互可用性评价

目前,移动终端可用性主要着眼于软件系统的图形表现及菜单结构,集中于视觉界面的研究。实际上移动终端软硬件系统的匹配度、任务、使用环境与交互方式选择之间的关系对移动终端学生的影响等都是全面考察多通道的移动终端交互系统可用性水平的重要因素。根据人机信息交流的实现途径,把多通道交互系统的可用性指标分为 3 个方面,分别是视觉显示可用性指标、听觉显示可用性指标和触觉显示可用性指标。多通道交互系统的可用性综合水平由这 3 个方面可用性情况共同决定。针对不同的人群,在不同的使用场景和环境执行不同的任务,视、听、触觉 3 方面的影响因子并不稳定,它们共同决定了面向学生的多通道整合模型的搭建与评价。移动终端多通道交互评价体系如图 10.29 所示。

2. 未来智慧学习环境中的移动交互发展

未来在多屏显示的智慧学习环境中,学习者可以通过物理环境(如墙面、桌面)、日常用具(如笔、激光笔)、新型信息设备(如 PDA、麦克风阵列)以及语音命令等自然便捷的方式与智慧学习环境进行交互,无需依赖传统的鼠标键盘,以使对计算机不熟练的人员也能够直观地访问、处理信息。智慧

学习环境通过语音等多显示表面上的交互提供直接的支撑技术,包括以下内容:

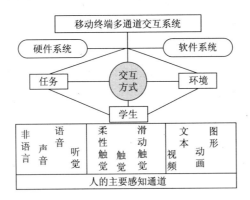

图 10.29　移动终端多通道交互评价体系

(1)室内定位系统(Cicada):智能会商室是一个典型的多人协作的学习环境。利用室内定位系统、麦克风阵列以及能区分人员身份信息的交互笔来自动区分决策人员及其当前的活动状态。同时,智能会商室内的人员可以与远程决策人员进行不同于传统的视频会议系统的充分的远程协作。清华大学研制了一种新型室内定位系统——Cicada,它基于射频和超声波达到时间差来测量距离。Cicada 不仅能对静止和移动物体进行准确定位,而且拥有全向型的学习区。

(2)多功能交互笔(uPen):uPen 是一个具有压力传感器的触摸笔,可以发射激光,笔身上还有激光发射和鼠标左右键共 3 个功能按键。结合触摸板和计算机视觉技术,学生利用一只 uPen 就能够以便捷的方式在会商室中与各种显示设备进行交互。每一支 uPen 在使用过程中能向系统发送唯一的 ID 信息,为多支 uPen 同时学习提供了基础。结合室内定位系统,就能够确定使用人员的当前交互状态,为系统的主动服务和学生相关的过程记录提供了可能。

(3)交互桌面(iTable):交互桌面结合了使用者可以用笔或手指直接在大尺寸的桌面式显示平面上与计算机交互。iTable 结合 uPen,能够提供多人同时操作的解决方案。基本原理是基于压力传感和视觉跟踪的技术。交互桌面的表面装备摄像头跟踪 uPen 的轨迹,学生手持的 uPen 笔尖装有压力传感器,当笔尖接触到交互桌面时,通过 uPen 轨迹、笔的当前受压时间和自身的 ID,系统将可区分多支笔在桌面上同时操作时的当前位置和 ID。

(4)交互显示墙(iWall):显示墙是多人协同学习情况下的有效的信息呈现手段。智能会商室中的交互显示墙包括利用投影仪投放到普通墙面的主屏幕,以及若干个小面积显示屏组成的辅助屏幕。学生对交互显示墙的操作通过 uPen 完成,其基本原理是用视觉跟踪的技术识别 uPen 发出的激光点在交互显示墙上的位置,学生手持 uPen 可以改变激光点的位置和发出无线命令信号。系统根据识别得到的激光点轨迹和接收到的无线命令信号执行操作,如改变交互显示墙上的内容、完成在主辅显示屏之间的切换等。

参 考 文 献

[1] 王继成. 产品设计中的人机工程学(二版)[M]. 北京:化学工业出版社,2011.

[2] 项英华. 人类工效学[M]. 北京:北京理工大学出版社,2008.

[3] 吴疆,王润兰. 21 世纪现代教育技术[M]. 北京:人民邮电出版社,2001.

[4] 赖维铁. 人机工程学(第二版)[M]. 武汉:华中科技大学出版社,2005.

[5] 孙柏枫,董琼. 发现你的潜能——人体工效学[M]. 长春:吉林教育出版社,1990.

[6] 陆剑雄,张福昌,申利民. 坐姿理论与座椅设计原则及其应用[J]. 江南大学学报,2005(6):621-622.

［7］刘志平.动态界面座椅改善坐不舒适性的工效学研究［D］.浙江大学,2011.

［8］杨公侠.建筑.人体.效能建筑工效学［M］.天津:天津科学技术出版社,1999.

［9］http://www.robinsoncorp.com.au/ergonomics#

［10］http://www.mydr.com.au/files/images/categories/worksafety/desk_ergonomics.gif.

［11］李文彬,朱守林.建筑室内与家具设计人体工程学［M］.北京:中国林业出版社,2002.

［12］智能空间［EB/OL］.http://www.360doc.com/content/06/1013/14/9936_229595.shtml.2013-7-5.

［13］周志敏.触摸式人机界面工程设计与应用［M］.北京:中国电力出版社,2013.

［14］吕杰锋,陈建新,徐进波.人机工程学［M］.北京:清华大学出版社,2009.

［15］刘刚田.人机工程学［M］.北京:北京大学出版社,2012.

［16］项英华.人类工效学［M］.北京:北京理工大学出版社,2008.